高等学校土木工程专业"卓越工程师"教育"十三五"规划教材

建 筑 材 料

（第 2 版）

主　编　黄显彬

副主编　李　静　郭子红　肖维民

武汉理工大学出版社

·武汉·

内 容 简 介

本书参照《高等学校土木工程本科指导性专业规范》要求编写,选材适当,内容精练,论述透彻,特别注重理论联系实际,紧贴新规范、新标准。

本书主要讲述常见建筑材料的品种、规格、性能、应用及试验检测与评定。全书共分 12 章,包括绪论、材料的基本性质、金属材料、集料、无机气硬性胶凝材料、水泥、普通混凝土、特种混凝土、建筑砂浆、墙体材料简介、沥青材料简介和水泥稳定土。

本书为"卓越工程师"教育"十三五"规划教材之一。本书可作为高等院校土木工程专业及相关专业的教材,也可作为自学考试、网络教育用书。本书还可供从事土木工程及相关专业工作的科研、教学、设计、施工人员参考。

图书在版编目(CIP)数据

建筑材料/黄显彬主编. —2 版. —武汉:武汉理工大学出版社,2018.6(2019.1 重印)
ISBN 978-7-5629-5768-3

Ⅰ.①建… Ⅱ.①黄… Ⅲ.①建筑材料-高等学校-教材 Ⅳ.①TU5

中国版本图书馆 CIP 数据核字(2018)第 082804 号

项目负责人:高 英 汪浪涛 戴皓华　　　　　　　　　　责任编辑:戴皓华
责 任 校 对:余士龙　　　　　　　　　　　　　　　　装帧设计:兴和印务
出 版 发 行:武汉理工大学出版社
社　　　址:武汉市洪山区珞狮路 122 号
邮　　　编:430070
网　　　址:http://www.wutp.com.cn
经　　　销:各地新华书店
印　　　刷:武汉兴和彩色印务有限公司
开　　　本:787×1092　1/16
印　　　张:15
字　　　数:374 千字
版　　　次:2018 年 6 月第 2 版
印　　　次:2019 年 1 月第 2 次印刷
定　　　价:40.00 元

凡购本书,如有缺页、倒页、脱页等印装质量问题,请向出版社发行部调换。
本社购书热线电话:027-87785758　87384729　87165708(传真)

前　言

（第 2 版）

本书根据高等学校土木工程学科专业指导委员会颁布的《高等学校土木工程本科指导性专业规范》要求编写而成。

本书在《建筑材料》（第 1 版）基础上，进行了部分修改和删减，全书沿用了第 1 版的基本风格，重点章节和主要知识点继续保留。考虑到兼顾理论教学的需求，增加了水泥等部分理论性知识。同时，在重要章节增加重要知识点和典型例题及参考答案，并增加一套试题及参考答案，供教师和学生参考。

本书凝聚了编者近 30 年的教学和工程实践经验，在编写过程中特别注重应用型人才培养的要求，力争贴近工程实际，结合新规范、新标准，强化工程应用与新标准和新规范的一致性，注重学生的实际应用能力培养，注意理论与实践相结合。为了提高学生的实际动手能力，本书在每一章末增加了大量结合工程实际的复习思考题。本书既可以作为土木工程材料专业的专业教材，也可以作为土木工程专业的基础教材。

本书重点讲述土木工程重要材料，对次要材料没有过多阐述；根据卓越工程师的培养特点，本书对建筑材料的重要试验也进行了简要的介绍。特别是对工程中最为重要又不易控制的、常规的主用材料钢筋混凝土和混凝土所用的砂、石、水泥、钢材及其相关试验检测做了重点介绍，试图使读者不仅掌握理论知识，还力求在实际应用及试验检测方面有所突破。本书最大特点就是应用性强，可减少读者脱离实际的盲目性。

本书由四川农业大学黄显彬担任主编，四川农业大学李静、郭子红和肖维民担任副主编。由四川农业大学、广安职业技术学院、邵阳学院、西华大学、东北林业大学和中咨盛裕交通设计研究有限公司合作编写。具体编写分工如下：邹祖银、李静、莫优、侯松、雷波、蒋胜晖、陈春阳、吕彦明、陈佳负责编写第 1～5 章；黄显彬、郭子红、莫优、张青青、康浩、贾国杰、谢宗荣、陈伟、侯松、曾永革、舒志乐、张琴、梅玉娇负责编写第 6 章；黄显彬、王朝令、李林、刘晨阳、曾永革、田玉梅、张青青、康浩、贾国杰、谢宗荣、陈伟、罗飞、梅玉娇负责编写第 7 章和第 8 章；郭子红、刘晨阳、陈春阳、张露云、李林、雷波、宋娟、陈凤辉、赵中国、杨欣、陈伟负责编写第 9～12 章。全书经过反复讨论、修改、相互校核后由黄显彬统稿。

本书在编写中，参阅了相关规范、标准和多本同类教材，在此对作者表示感谢。

限于编者的水平，书中难免存在不妥之处，敬请广大读者批评指正，以便今后改正。

编　者
2018 年 6 月

目　　录

1 绪 论

　　土木工程包括房屋、桥梁、道路、水工、环境工程等,它们是用各种材料建造而成的,用于这些工程的材料总称为土木工程材料,又称建筑材料。土木工程材料是土木工程建设的物质基础。本章主要从土木工程材料发展概况、土木工程材料分类、建筑模数及标准化三个方面对土木工程材料进行概述。

1.1　土木工程材料发展概况

　　土木工程材料是伴随着人类社会的不断进步和社会生产力的发展而发展的。在远古时代,人类居于天然山洞或巢穴中,以后逐步采用黏土、石块、木材等天然材料建造房屋。18000 年前的北京周口店龙骨山山顶洞人(旧石器时代晚期)仍然住在天然岩洞里。在距今约 6000 年的西安半坡遗址(新石器时代后期)已采用木骨泥墙建房,并发现有制陶窑场。河南安阳的殷墟是商朝后期的都城(约公元前 1300—公元前 1046),建筑技术水平有了明显提高,并有制陶、冶铜作坊,青铜工艺也已相当纯熟。烧土瓦在西周(公元前 1046—公元前 771)早期的陕西凤雏村遗址中已有发现,并有了在土坯墙上采用三合土(石灰、黄砂、黏土混合)抹面。说明我国劳动人民在 3000 年前已能烧制石灰、砖瓦等人造建筑材料,冶铜技术亦相当高明。到战国时期(公元前 453—公元前 221),铜瓦、板瓦已广泛使用,并出现了大块空心砖和墙壁装修用砖。在齐都临淄遗址(约公元前 859—公元前 221)中,发现有炼铜、冶铁作坊,说明当时铁器已有应用。

　　在欧洲,公元前 2 世纪已有用天然火山灰、石灰、碎石拌制天然混凝土用于建筑,直到 19 世纪初,才开始采用人工配料,再经煅烧、磨细制造水泥,因它凝结后与英国波特兰岛的石灰石颜色相似,故称波特兰水泥(即我国的硅酸盐水泥)。此项发明于 1824 年由英国人阿斯普定(J. Aspdin)取得专利权,并于 1825 年用于修建泰晤士河水下公路隧道工程。钢材在土木工程中的应用也是 19 世纪的事。1823 年英国建成世界上第一条铁路;1850 年法国人郎波制造了第一只钢筋混凝土小船;1872 年在纽约出现了第一所钢筋混凝土房屋。1883 年在纽约建成布鲁克林悬索桥,主跨 486 m;1889 年建造的巴黎埃菲尔铁塔高达 324 m。由此可知,水泥和钢材这两种材料的问世,为后来大规模建造高层建筑和大跨度桥梁提供了物质基础。

　　建筑材料的发展概括来说:穴居巢处(约 18000 年前);凿石成洞,伐木为棚(距今约6000 年);筑土、垒石演变为秦砖汉瓦(虽然普通黏土砖瓦已经逐渐淡出历史舞台,但在当时是建筑材料史上的一次革命,推动了建筑业的巨大发展);18 世纪、19 世纪建筑钢材、水泥、混凝土相继问世,出现了钢筋混凝土(钢筋混凝土是建筑材料史上的又一次革命,为人类修筑高楼大厦提供了可能);20 世纪出现了预应力混凝土(可以说预应力混凝土是建筑材料史上的又一次革命,它保证了大跨度、大荷载结构的经济可靠)。

随着土木工程材料生产和应用的发展,材料科学已经成为一门独立的新学科。采用现代的电子显微镜、X 衍射分析、测孔技术等先进仪器设备,可从微观和宏观两方面对材料的形成、组成、构造与材料性能之间的关系及其规律性和影响因素等进行研究。应用现代技术已可以实现按指定性能来设计和制造某种材料,以及对传统材料按要求进行各种改性。

在工程建设中,材料费用一般要占工程总造价的 50%以上,有的甚至高达 70%,因此,发展材料工业意义十分重大,在我国现代化建设中,是一个必须先行的行业。为适应国民经济可持续发展的要求,土木工程材料的发展趋向是研制和开发高性能材料和绿色材料等新型材料。

高性能建筑材料是指比现有材料的性能更为优异的建筑材料。例如:轻质、高强、高耐久性、优异装饰性和多功能性的材料,以及充分利用和发挥各种材料的特性,采用复合技术制造出的具有特殊功能的复合材料。

绿色建筑材料又称生态建筑材料或健康建筑材料。它是指采用清洁生产技术,不用或少用天然资源和能源,大量使用工农业或城市固态废弃物生产的无毒害、无污染、无放射性,达到使用周期后可回收利用,有利于环境保护和人体健康的建筑材料。总之,绿色建筑材料是既能满足可持续发展之需,又做到发展与环保统一;既满足现代人安居乐业、健康长寿的需要,又不损害后代人利益的一种材料。因此,绿色建筑材料是世界各国 21 世纪工业发展的战略重点。

应该指出,新型土木工程材料的发展除了应有优良的技术效果和环境效益外,还应同时具有经济效益,而结构材料的发展方向是轻质高强。

1.2　土木工程材料分类

土木工程材料的种类繁多、组分各异、用途不一,可按多种方法进行分类。

(1) 按材料化学成分分类,可分为有机材料、无机材料和复合材料三大类。

(2) 按材料在建筑物中的功能分类,可分为承重材料、非承重材料、保温和隔热材料、吸声和隔声材料、防水材料、装饰材料等。

(3) 按使用部位分类,可分为结构材料、墙体材料、屋面材料、地面材料、饰面材料,以及其他用途的材料等。

1.3　建筑模数及标准化

土木工程材料的技术标准是产品质量的技术依据。对于生产企业,必须按照标准生产合格的产品,这样可促使企业改善管理,提高生产率,实现生产过程合理化;对于使用部门,则应按照标准选用材料,才可使设计和施工标准化,从而加速施工进度,降低工程造价。技术标准又是供需双方对产品质量验收的依据,是保证工程质量的先决条件。

我们的祖先很早就注意材料的标准化,如在秦始皇陵兵马俑陪葬俑坑中,以及明代修建的长城山海关段,所用砖的规格已向条砖转化,长宽厚之比接近 4∶2∶1,与目前普通砖的规格比例相近。又如天津蓟县独乐寺是公元 984 年的建筑,其观音阁的梁枋斗拱种类多达几十种,构件上千件,但规格仅有 6 种。

目前我国绝大多数的建筑材料都制订有产品的技术标准,这些标准一般包括产品规格、分类、技术要求、检验方法、验收规则、标志、运输和贮存等方面的内容。

我国土木工程材料的技术标准分为国家标准、行业标准、地方标准和企业标准四级,各级标准分别由相应的标准化管理部门批准并颁布,我国国家技术监督局是国家标准化管理的最高机关。国家标准是全国通用标准,是国家指令性技术文件,各级生产、设计、施工等部门,均必须严格遵照执行,行业标准是在全国某一行业范围内使用的标准。

各级标准都有各自的部门代号,例如:GB——国家标准;JGJ——住建部行业标准;JC——国家建材行业标准;JG——建筑工业行业标准;YB——冶金行业标准;JT——交通行业标准;SD——水电行业标准;ZB——国家级专业标准;CCES——中国土木工程学会标准;CECS——中国工程建设标准化协会标准;DB——地方标准;QB——企业标准。

我国的土木工程标准还分为强制性标准和推荐性标准两类;强制性标准具有法律属性,在规定的使用范围内必须严格执行;推荐性标准具有技术上的权威性、指导性,是自愿执行的标准,它在合同或行政文件确认的范围内也具有法律属性。

标准的表示方法是由标准名称、部门代号、编号和批准年份等组成,例如:国家标准《混凝土外加剂应用技术规范》(GB 50119—2013)。标准的部门代号为 GB,编号为 50119,批准年份为 2013 年。国家推荐标准《普通混凝土力学性能试验方法标准》(GB/T 50081—2002)。其中 GB 为标准部门代号,T 为推荐性标准代号,编号为 50081,批准年份为 2002 年。

各个国家均有自己的国家标准,例如"ANSI"代表美国国家标准("ASTM"是美国试验与材料协会标准)、"JIS"代表日本国家标准、"BS"代表英国标准、"NF"代表法国标准、"DIN"代表德国标准等。另外,在世界范围内统一执行的标准称为国际标准,其代号为"ISO"。

材料标准化就必须与建筑模数联系起来。模数分基本模数和导出模数,导出模数又分扩大模数和分模数。其中基本模数是模数协调中的基本单位尺寸,其值为 100 mm,符号为 M,即 1 M＝100 mm,整个建筑物和建筑物的一部分以及建筑物组合件的模数化尺寸,应是基本模数的倍数。扩大模数是基本模数的整倍数,例如 3 M、6 M、12 M、15 M、60 M,相应尺寸为 300 mm、600 mm、1200 mm、1500 mm、6000 mm。分模数是整数除基本模数的数值,例如 $\frac{1}{10}$ M、$\frac{1}{5}$ M、$\frac{1}{2}$ M,相应尺寸为 10 mm、20 mm、50 mm。

 复习思考题

1.1 材料按照化学成分分为哪几类?

1.2 我国土木工程技术标准有哪些?

1.3 我国技术标准的表示方法是什么?

1.4 模数分为哪几类?

1.5 什么是基本模数?

2 材料的基本性质

【重要知识点】

1. 密度、表观密度(容重)、孔隙率、空隙率、含水量(率)、强度的概念。

2. 根据外力形式不同进行强度分类,抗压、抗拉和抗剪强度计算公式,水泥胶砂试件抗折强度计算公式,水泥混凝土路面抗折强度计算公式。

3. 全面理解抗压、抗拉和抗剪强度计算公式的应用,领会强度单位 MPa 的深刻含义。

2.1　材料的物理性质

2.1.1　材料的密度、表观密度和堆积密度

(1) 材料的密度

材料在绝对密实状态下单位体积的质量(俗称重量)称为材料的密度,用公式(2.1)表示。

$$\rho = \frac{m}{V} \tag{2.1}$$

式中　ρ——材料的密度(g/cm^3);

　　　m——材料在干燥状态下的质量(g);

　　　V——干燥材料在绝对密实状态下的体积(cm^3)。

材料在绝对密实状态下的体积是指不包括材料内部孔隙的固体物质本身的体积,亦称实体积。建筑材料中除钢材、玻璃、沥青等外,绝大多数材料均含有一定的孔隙。作为理论研究,测定含孔隙材料的密度时,须将材料磨成细粉(粒径小于 0.02 mm),经干燥后用李氏瓶测得其实体积。材料磨得愈细,测得的密度值愈精确。

(2) 材料的表观密度

材料在自然状态下单位体积的质量称为材料的表观密度(原称容重),用公式(2.2)表示。

$$\rho_0 = \frac{m}{V_0} \tag{2.2}$$

式中　ρ_0——材料的表观密度(kg/m^3);

　　　m——材料在干燥状态下的质量(kg);

　　　V_0——材料在自然状态下的体积(m^3)。

材料在自然状态下的体积是指材料的实体积与材料内所含全部孔隙体积之和。对于外形规则的材料,其表观密度测定很简单,只要测得材料的质量和体积(用尺量测)即可算得。不规则材料的体积要采用排水法求得,但材料表面应预先涂上蜡,以防水分渗入材料内部而使测值不准。土木工程中常用的砂、石材料,其颗粒内部孔隙极少,用排水法测出的颗粒体

积与其实体积基本相同,所以,砂、石的表观密度可近似地视作其密度,常称视密度。

材料表观密度的大小与其含水情况有关。当材料含水时,其质量增大,体积也会发生不同程度的变化。因此测定材料表观密度时,须同时测定其含水率,并予以注明。通常材料表观密度是指气干状态下的表观密度。材料在烘干状态下的表观密度称为干表观密度。

(3) 材料的堆积密度

散粒材料在自然状态下单位体积的质量称为堆积密度(或称松装密度),用公式(2.3)表示。

$$\rho_0' = \frac{m}{V_0'} \tag{2.3}$$

式中　ρ_0'——散粒材料的堆积密度(kg/m^3);

　　　m——散粒材料的质量(kg);

　　　V_0'——散粒材料在自然堆积状态下的体积(m^3)。

散粒材料在自然堆积状态下的体积,指既含颗粒内部的孔隙又含颗粒之间空隙在内的总体积。测定散粒材料的体积可通过已标定容积的容器计量而得。测定砂子、石子的堆积密度即用此法求得。若以捣实体积计算时,则称紧密堆积密度。

大多数材料或多或少有些孔隙,故一般材料的表观密度总是小于其密度。

土木工程中在计算材料用量、构件自重、配料和材料堆场体积或面积,以及计算运输材料的车辆时,均需要用到材料的上述状态参数。常用土木工程材料的密度、表观密度和堆积密度如表 2.1 所示。

表 2.1　常用土木工程材料的密度、表观密度和堆积密度

材料	密度($g \cdot cm^{-3}$)	表观密度($kg \cdot m^{-3}$)	堆积密度($kg \cdot m^{-3}$)
钢	7.8～7.9	7850	—
花岗岩	2.7～3.0	2500～2900	—
石灰石	2.4～2.6	1600～2400	1400～1700(碎石)
砂	2.5～2.6	—	1500～1700
水泥	2.8～3.1	—	1100～1300
烧结普通砖	2.6～2.7	1600～1900	—
烧结多孔砖	2.6～2.7	800～1480	—
红松木	1.55～1.60	400～600	—
泡沫塑料	—	20～50	—
玻璃	2.45～2.55	2450～2550	—
铝合金	2.7～2.9	2700～2900	—
普通混凝土	—	1950～2600	—

2.1.2　材料的孔隙率与空隙率

(1) 孔隙率

材料内部孔隙的体积占材料总体积的百分率,称为材料的孔隙率(P_0),用公式(2.4)表示。

$$P_0 = \frac{V_0 - V}{V_0} \times 100\% \qquad (2.4)$$

式中符号意义同前。

材料的孔隙率的大小直接反映材料的密实程度,孔隙率大,则密实度小。孔隙率相同的材料,它们的孔隙特征(即孔隙构造与孔径)可以不同。按孔隙构造,材料的孔隙可分为开口孔和闭口孔两种,两者孔隙率之和等于材料的总孔隙率。按孔隙的尺寸大小,又可分为微孔、细孔及大孔三种。不同的孔隙对材料的性能影响各不相同。土木工程中对需要保温隔热的建筑物或部位,要求其所用材料的孔隙率要较大。相反,对要求高强或不透水的建筑物或部位,则其所用的材料孔隙率应很小。

(2)空隙率

散粒材料(如砂、石子)堆积体积(V_0')中,颗粒间空隙体积所占的百分率称为空隙率(P_0'),用公式(2.5)表示。

$$P_0' = \frac{V_0' - V_0}{V_0'} \times 100\% = \left(1 - \frac{\rho_0'}{\rho_0}\right) \times 100\% \qquad (2.5)$$

式中符号意义同前。

2.1.3 材料与水有关的性质

(1)亲水性与憎水性

当材料与水接触时可以发现,有些材料能补水润湿,有些材料则不能补水润湿,前者称具有亲水性,后者称具有憎水性。

材料产生亲水性的原因是因其与水接触时,材料与水之间的分子亲和力大于水本身分子间的内聚力所致。当材料与水接触,材料与水之间的亲和力小于水本身分子间的内聚力时,则材料表现为憎水性。

材料被水湿润的情况可用润湿边角 θ 表示。当材料与水接触时,在材料、水、空气三相交汇处,作沿水滴表面的切线,此切线与材料和水接触面的夹角 θ,称为润湿边角,如图 2.1 所示。

θ 角愈小,表明材料愈易被水润湿。试验证明,当 $\theta \leqslant 90°$ 时,材料能被水润湿而表现出亲水性。当 $\theta > 90°$ 时,材料表面不易吸附水,表现出憎水性。上述概念也适用于其他液体对固体的润湿情况,相应地称之为亲液材料和憎液材料。

亲水性材料易被水润湿,且水能通过毛细

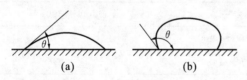

图 2.1 材料润湿示意图
(a)亲水性材料;(b)憎水性材料

管作用而被吸入材料内部。憎水材料则能阻止水分渗入毛细管中,从而降低材料的吸水性。憎水性材料常被用作防水材料,或用作亲水性材料的覆面层,提高其防水、防潮性能。土木工程材料常为亲水性材料,如水泥、混凝土、砂、石、砖、木材等,只有少数材料如沥青、石蜡及某些塑料等为憎水性材料。不同材料的毛细水沿毛细管上升的高度不一样,一般来说亲水性材料毛细水上升高度较大,憎水性材料毛细水上升的高度较小,比如黏土毛细水上升高度为 0.5~0.7 m,砂砾石毛细水上升高度为 0.2~0.5 m,所以砂砾石填料比黏土更透水、更防潮,砂砾石是建筑工程和公路工程中很好的填料和换填材料,也是透水性材料。

（2）材料的吸水性和吸湿性

① 吸水性

材料在水中能吸收水分的性质称为吸水性。材料的吸水性用吸水率表示，吸水率有以下两种表示方法：

a. 质量（重量）吸水率

质量吸水率是指材料在吸水饱和时，内部所吸水分的质量占材料干质量的百分率，用公式（2.6）表示。

$$W_m = \frac{m_b - m_g}{m_g} \times 100\%$$ （2.6）

式中　W_m——材料的质量吸水率（%）；

m_b——材料在吸水饱和状态下的质量（g）；

m_g——材料在干燥状态下的质量（g）。

b. 体积吸水率

体积吸水率是指材料在吸水饱和时，其内部所吸水分的体积占干燥材料自然体积的百分率，用公式（2.7）表示。

$$W_V = \frac{m_b - m_g}{V_0} \times \frac{1}{\rho_w} \times 100\%$$ （2.7）

式中　W_V——材料的体积吸水率（%）；

V_0——干燥材料在自然状态下的体积（cm^3）；

ρ_w——水的密度（g/cm^3），在常温下取 $\rho_w = 1\ g/cm^3$。

土木工程材料一般采用质量吸水率。质量吸水率与体积吸水率之间的关系见公式（2.8）。

$$W_V = W_m \times \rho_0$$ （2.8）

式中符号意义同前。

材料中所吸水分是通过开口孔隙吸入的，开口孔隙愈大，材料的吸水量愈多。由此可知，材料吸水达饱和时的体积吸水率，即为材料的开口孔隙率。

材料的吸水性与材料的孔隙率和孔隙特征有关。对于细微连通孔隙，孔隙率愈大，则吸水率愈大。闭口孔隙水分不能进去，而开口大孔虽然水分易进入，但不能存留，只能润湿孔壁，所以吸水率仍然较小。各种材料的吸水率差异很大，如花岗岩的吸水率只有 0.5%～0.7%，混凝土的吸水率为 2%～3%，烧结黏土砖的吸水率达 8%～20%，而木材的吸水率可超过 100%。

② 吸湿性

材料在潮湿空气中吸收水分的性质称为吸湿性。潮湿材料在干燥的空气中也会放出水分，称为还湿性。材料的吸湿性用含水率表示。含水率是指材料内部所含水的质量占材料干质量的百分率。含水率是建筑材料中的一个重要概念，具有重要的理论意义和实际意义。其分母强调的是干材料的质量而不是干材料和含水的总质量。含水率用公式（2.9）表示。

$$W_h = \frac{m_s - m_g}{m_g} \times 100\%$$ （2.9）

式中　W_h——材料的含水率(%);

　　　m_s——材料在吸湿状态下的质量(g);

　　　m_g——材料在干燥状态下的质量(g)。

材料的含水率随空气的湿度和环境温度的变化而改变,当空气湿度较大且温度较低时,材料的含水率就大,反之则小。材料中所含水分与空气的湿度相平衡时的含水率,称为平衡含水率。具有微小开口孔隙的材料,吸湿性特别强,如木材及某些绝热材料,在潮湿空气中能吸收很多水分,这是由于材料的内表面积大,吸附水分的能力强所致。

材料的吸水性和吸湿性均会对材料的性能产生不利影响。材料吸水后会导致其自重增大、绝热性能降低、强度和耐久性将产生不同程度的下降。材料吸水后还会引起其体积变形,影响使用。不过,利用材料的吸湿性可起除湿作用,常用于保持环境干燥。

(3) 材料的耐水性

材料长期在水作用下不破坏,强度也不显著降低的性质称为耐水性。材料的耐水性用软化系数表示,用公式(2.10)表示。

$$K_R = \frac{f_b}{f_g} \tag{2.10}$$

式中　K_R——材料的软化系数;

　　　f_b——材料在饱和水状态下的抗压强度(MPa);

　　　f_g——材料在干燥状态下的抗压强度(MPa)。

K_R 的大小表明材料在浸水饱和后强度降低的程度。一般来说,材料被水浸湿后,强度均会有所降低。这是因为水分被吸附在组成材料的微粒表面,形成水膜,削弱了微粒间的结合力所致。K_R 值愈小,表示材料吸水后饱和强度下降愈大,即耐水性愈差。材料的软化系数 K_R 在 0~1 之间。不同材料的 K_R 值相差颇大,如对于黏土 $K_R=0$,而对于金属 $K_R=1$。土木工程中将 $K_R>0.85$ 的材料,称为耐水材料。在设计长期处于水中或潮湿环境中的重要结构时,必须选用 $K_R>0.85$ 的材料。对用于受潮较轻或次要结构物的材料,其 K_R 值不宜小于 0.75。

(4) 材料的抗渗性

材料抵抗压力水渗透的性质称为抗渗性,或称不透水性。材料的抗渗性通常用渗透系数表示。渗透系数的物理意义是:一定厚度的材料,在单位压力水头作用下,单位时间内透过单位面积的水量,用公式(2.11)表示。

$$K_S = \frac{Qd}{ATH} \tag{2.11}$$

式中　K_S——材料的渗透系数(cm/h);

　　　Q——渗透水量(cm^3);

　　　d——材料的厚度(cm);

　　　A——渗水面积(cm^2);

　　　T——渗水时间(h);

　　　H——静水压力水头(cm)。

K_S 值愈大,表示材料渗水量愈多,即抗渗性愈差。

材料的抗渗性也可用抗渗等级表示。抗渗等级是以规定的试件、在规定的条件和标准试验方法下所能承受的最大水压力来确定,以符号"Pn"表示,其中 n 为材料所能承受的最大水压力 MPa 数的 10 倍值,如 P4、P6、P8 等分别表示材料最大能承受 0.4 MPa、0.6 MPa、0.8 MPa 的水压力而不渗水。详见 7.6.8 节。

材料的抗渗性与其孔隙率和孔隙特征有关。细微连通的孔隙易渗入,故这种孔隙愈多,材料的抗渗性愈差。闭口孔水不能渗入,因此闭口孔隙率大的材料,其抗渗性仍然良好。开口大孔水最易渗入,故其抗渗性最差。

抗渗性是决定土木工程材料耐久性的重要因素。在设计地下建筑、压力管道、容器等结构时,均要求其所用材料必须具有良好的抗渗性能。抗渗性也是检验防水材料新产品质量的重要指标。

(5) 材料的抗冻性

材料在水饱和状态下,能经受多次冻融循环而不被破坏,也不严重降低强度的性质称为材料的抗冻性。

材料的抗冻性用抗冻等级表示。抗冻等级是以规定的试件、在规定的试验条件下,测得其强度降低不超过规定值,并无明显和剥落时所能经受的冻融循环次数来确定,用符号"Fn"表示,其中 n 即为最大冻融循环次数,如 F25、F50 等。

材料抗冻等级是根据结构物的种类、使用条件、气候条件等来决定的。例如烧结普通砖、陶瓷面砖、轻混凝土等墙体材料,一般要求其抗冻等级为 F15 或 F25;用于桥梁和道路的混凝土的抗冻等级应为 F50、F100 或 F150,而水工混凝土的抗冻等级要求高达 F500。

材料受冻融破坏主要是因其孔隙中的水结冰所致。水结冰时体积增大约 9%,若材料孔隙中充满水,则结冰膨胀对孔壁产生很大应力,当此应力超过材料的抗拉强度时,孔壁将产生局部开裂。随着冻融次数的增加,材料破坏加重。材料的抗冻性取决于其孔隙率、孔隙特征及充水程度。孔隙不充满水,即远未达饱和,具有足够的自由空间,则即使受冻也不致产生很大冻胀应力。极细的孔隙,虽可充满水,但因孔壁对水的吸附力极大,吸附在孔壁上的水的冰点很低,它在很大负温下才会结冰。粗大孔隙当水分不充满其中,对冻胀破坏可起缓冲作用。闭口孔隙水分不能渗入,而毛细管孔隙既易充满水分,又能结冰,故其对材料的冰冻破坏最大。材料的变形能力大、强度高、软化系数大时,其抗冻性较高。一般认为软化系数小于 0.80 的材料,其抗冻性较差。

另外,从外界条件来看,材料受冻融破坏的程度与冻融温度、结冰速度、冻融频繁程度等因素有关。环境温度愈低、降温愈快、冻融愈频繁,则材料受冻融破坏愈严重。材料受冻融破坏作用后,将由表及里产生剥落现象。

抗冻性良好的材料,对于抵抗大气温度变化、干湿交替等风化作用的能力较强,所以抗冻性常作为考查材料耐久性的一项重要指标。在设计寒冷环境(如冷库)的建筑物时,必须考虑材料的抗冻性。处于温暖地区的土木工程,虽无冰冻作用,但为抵抗大气的风化作用,确保建筑物的耐久性,也常对材料提出一定的抗冻性要求。

2.2　材料的力学性质

材料的力学性质是指材料在外力作用下的变形和抵抗破坏的性质,它是选用土木工程材料时首要考虑的基本性质。

2.2.1　材料的强度与等级

(1) 材料的强度

材料在外力作用下抵抗破坏的能力称为材料的强度。当材料受外力作用时,其内部就会产生应力,外力增加,应力相应增大,直至材料内部质点间结合力不足以抵抗所作用的外力时,材料即发生破坏。材料破坏时,应力达极限值,这个应力极限值就是材料的强度,也称极限强度。

根据外力作用形式的不同,材料的强度有抗拉强度、抗压强度、抗剪强度及抗弯强度等,如图 2.2 所示。

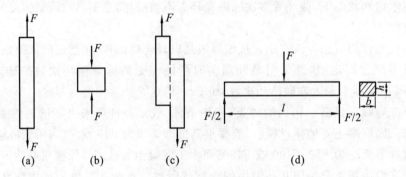

图 2.2　材料受外力作用图

(a)抗拉;(b)抗压;(c)抗剪;(d)抗弯

材料的这些强度是通过静力试验来测定的,故总称为静力强度。材料的静力强度是通过标准试件的破坏试验而测得。材料的抗压强度、抗拉强度和抗剪强度的计算用公式(2.12)表示。

$$f = \frac{F}{A} \tag{2.12}$$

式中　f——材料的极限强度(抗压、抗拉或抗剪)(MPa 或 N/mm^2);

　　　F——试件破坏时的最大荷载(N);

　　　A——试件受力面积(mm^2)。

材料的抗弯强度又称为抗折强度。抗弯强度分两种情况:一个集中荷载(两个支点),代表构件为水泥胶砂试件(40 mm×40 mm×160 mm)的抗弯强度;两个集中荷载(两个支点),代表构件为公路水泥混凝土路面的水泥混凝土试件(150 mm×150 mm×550 mm)的抗弯强度。相应的抗弯强度的计算见公式(2.13)和公式(2.14)。特别注意工程中常见单位的换算,否则容易出错(表 2.2)。

表 2.2　常用工程单位换算关系

换算前	换算后	备注 1	备注 2
1 L	1 dm^3	dm 为分米	L 为升
1 L	1000 g	仅适用于水	g 为克
1 m	10 dm	m 为米	

换算前	换算后	备注 1	备注 2
1 dm	10 cm	cm 为厘米	
1 cm	10 mm	mm 为毫米	
1 m³	1000 dm³		
1 dm³	1000 cm³		
1 cm³	1000 mm³		
1 t	1000 kg	t 为吨	kg 为千克
1 kg	1000 g		
1 MPa	10^6 Pa	MPa 为兆帕	
1 Pa	1 N/m²	Pa 为帕	
1 kPa	1000 Pa	kPa 为千帕	
1 MPa	100 t/m²		
1 kN	1000 N	kN 为千牛	N 为牛顿
10 kN	1 t		
1 kg	10 N		

抗弯强度与试件的几何外形及荷载施加的情况有关,对于矩形截面的条形试件,当其两支点的中间作用一集中荷载时,其抗弯强度按公式(2.13)计算。

$$f_{tm}=\frac{3Fl}{2bh^2} \tag{2.13}$$

式中　f_{tm}——材料的抗弯极限强度(N/mm²);

　　　F——试件破坏时的最大荷载(N);

　　　l——试件两支点间的距离(mm);

　　　b,h——试件的宽度和高度(mm)。

当试件支点间的三分点处作用两个相等的集中荷载时,则其抗弯强度的计算用公式(2.14)表示。

$$f_{tm}=\frac{Fl}{bh^2} \tag{2.14}$$

式中各符号意义同前。

材料的强度与其组成及结构有关,即使材料的组成相同,其构造不同,强度也不一样。材料的孔隙率愈大,则强度愈小;对于同一品种的材料,其强度与孔隙率之间存在近似直线的反比关系,如图 2.3 所示。一般表观密度大的材料,强度也大。晶体结构材料,其强度还与晶粒有关。玻璃原是脆性材料,抗拉强度很小,但当制成纤维后,则成了很好的抗拉材料。

图 2.3　材料强度与孔隙率的关系

材料的强度还与其含水状态及温度有关,含有水分的材料,其强度较干燥时低。一般温度高时,材料的强度将降低。这对于沥青混合材料尤为明显。

材料的强度与其测试所用的试件形状、尺寸有关,也与试验时加荷速度及试件表面性状有关。相同材料采用小试件测得的强度较大试件高;加荷速度快者强度值偏高;试件表面不平或涂有润滑剂时,所测强度值偏低。

由此可知,材料的强度是在特定条件下测定的数值。为了使试验结果准确,且具有可比性,各国都制定了统一的材料试验标准,在测定材料强度时,必须严格按照规定的试验认识水平进行。材料的强度是大多数材料划分等级的依据。

(2) 材料的等级与牌号

各种材料的强度差别甚大,将在相应章节中详述。土木工程材料常按其强度值的大小划分若干个等级或牌号,如烧结普通砖按其强度分为 5 个强度等级;硅酸盐水泥按抗压和抗折强度分为 6 个强度等级;普通混凝土按其抗压强度分为 14 个强度等级;碳素结构钢按其抗拉强度分为 5 个牌号等。土木工程材料按强度划分等级或牌号,对生产和使用者均有重要的意义,它可使生产者在生产中控制质量时有据可依,从而保证新产品质量;对使用者则有利于掌握材料的性能指标,以便于合理选用材料、正确进行设计和控制工程施工质量。常用土木工程材料的强度如表 2.3 所示。

表 2.3　常用土木工程材料的强度(MPa)

材料	抗压强度	抗拉强度	抗弯强度
花岗岩	100～250	5～8	10～14
烧结普通砖	10～30	0.7～0.9	2.6～4.0
普通混凝土	7.5～60	1～4	3～10
松木(顺纹)	30～50	80～120	60～100
建筑钢材	235～1600	235～1600	235～1600

(3) 材料的比强度

对于不同强度的材料进行比较,可采用比强度这个指标。比强度是按单位体积质量计算的材料强度指标,其值等于材料强度与其表观密度之比。比强度是衡量材料轻质高强性能的重要指标,优质结构材料的比强度高。几种主要材料的比强度如表 2.4 所示。

由表 2.4 可知,玻璃钢和木材是轻质高强的高效能材料,而普通混凝土则为质量大而强度较低的材料,所以,努力促进普通混凝土这一当代最重要的结构材料向轻质、高强方向发展,是一项十分重要而紧迫的工作。部分材料的等级符号见表 2.5。

表 2.4　几种主要材料的比强度

材料	表观密度(kg·m⁻³)	强度(MPa)	比强度
低碳钢	7850	420	0.054
铝合金	2800	450	0.160

材料	表观密度（kg·m⁻³）	强度（MPa）	比强度
普通混凝土（抗压）	2400	40	0.017
松木（顺纹抗拉）	500	100	0.200
玻璃钢	2000	450	0.225
烧结普通砖（抗压）	1700	10	0.006
花岗岩（抗压）	2550	175	0.069

表 2.5　部分材料的等级符号

材料名称	假定某一等级符号	意义	备注
砂	2 区中砂 M_x=2.5	M_x 为细度模数；级配区为第 2 区	指混凝土及砂浆用砂
石	碎石 5～25	级配为 4.75～26.5 mm 的碎石	指混凝土用粗集料
水泥	P·O42.5	普通硅酸盐水泥为 42.5 级	
混凝土	C30	混凝土抗压强度等级为 30 MPa	
砂浆	M10	砂浆抗压强度等级为 10 MPa	
砖	MU20	砖的抗压强度等级为 20 MPa	
水泥净浆	M40	水泥净浆抗压强度等级为 40 MPa	用于预应力混凝土
热轧光圆钢筋	HPB300	屈服强度不低于 300 MPa	
热轧带肋钢筋	HRB400	屈服强度不低于 400 MPa	
钢绞线	钢绞线 1860 MPa ϕ15.2 mm	极限抗拉强度不低于 1860 MPa	
钢结构型钢	Q345	屈服强度不低于 345 MPa	

（4）材料的理论强度

以上讨论的材料强度是通过试验实际测定的，故称实际强度。材料的实际强度远低于其理论强度。所谓理论强度就是从材料结构的理论上分析，材料所能承受的最大应力。理论强度是克服固体内部质点间的结合力，形成两个新表面时所需的力。材料受力破坏主要是因为外力致使材料质点间产生拉裂或位移所致。计算固体材料理论强度的公式很多，一般可用奥洛旺公式，见公式（2.15）。

$$\sigma_L = \sqrt{\frac{E\gamma}{d}} \tag{2.15}$$

式中　σ_L——理论抗压强度（Pa）；

　　　E——弹性模量（N/mm²）；

　　　γ——固体表面能（J/m²）；

　　　d——原子间距离（m），平均为 2×10^{-11} m。

　　实际工程中所用的材料,其内部组织结构中均存在一定的缺陷,主要是晶格缺陷(位错、杂原子)、微裂缝等。晶格缺陷的存在,致使材料在较小应力下就发生晶格位移。而微裂缝的存在,使材料受力时易在裂缝尖端处出现应力集中,致使裂缝不断扩大、延伸、相互连通,从而严重降低材料的强度。由于以上的影响造成了材料的实际强度远较其理论强度低。例如钢的理论抗拉强度为 30000 MPa,但实际上普通碳素钢的抗拉强度仅为 400 MPa 左右(高强钢丝 1800 MPa)。

2.2.2　材料的其他力学性质

　　(1) 材料的弹性与塑性
　　材料在外力作用下产生变形,当外力去除后恢复到原始形状的性质称为弹性。材料的这种可恢复的变形称为弹性变形,弹性变形属于可逆变形,其数值大小与外力成正比,这时的比例系数 E 称为材料的弹性模量。材料弹性变形范围内,E 为常数,其值可用应力 σ 与应变 ε 之比表示,见公式(2.16)。

$$E = \frac{\sigma}{\varepsilon} = 常数 \qquad\qquad (2.16)$$

　　各种材料的弹性模量相差很大,通常原子键能高的材料具有高的弹性模量。弹性模量是衡量材料抵抗变形能力的一个指标。E 值愈大,材料愈不易变形,即刚度好。弹性模量是结构设计时的重要参数。
　　材料在外力作用下产生变形,当外力去除后,有一部分变形不能恢复,这种性质称为材料的塑性,这种不能恢复的变形称为塑性变形。塑性变形为不可逆变形。

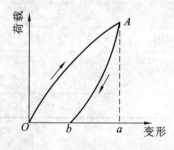

图 2.4　弹塑性材料的变形

　　实际上纯弹性变形的材料是不存在的,通常一些材料在受力不大时,表现为弹性变形,而当外力达到一定值时,则呈现塑性变形,如低碳钢就是典型的这种材料。另外许多材料在受力时,弹性变形和塑性变形同时发生,这种材料当外力取消后,弹性变形会恢复,而塑性变形不能消失。混凝土就是这类弹塑性材料的代表,其变形曲线如图 2.4 所示。
　　(2) 材料的脆性与韧性
　　① 脆性
　　材料受外力作用,当外力达一定值时,材料发生突然破坏,且破坏时无明显的塑性变形,这种性质称为脆性,具有这种性质的材料称为脆性材料。脆性材料的抗压强度远大于其抗拉强度,可高达数倍甚至数十倍,所以脆性材料不能承受振动和冲击荷载,也不宜用于受拉部位,只适用 gf 作承压构件。土木工程材料中大部分无机非金属材料均为脆性材料,如天然岩石、陶瓷、玻璃、普通混凝土等。
　　② 韧性
　　材料在冲击或振动荷载作用下,能吸收较大的能量,同时产生较大的变形而不破坏的性质称为韧性。材料的韧性用冲击韧性指标 σ_k 表示。冲击韧性指标是指用带缺口的试件做冲击破坏试验时,断口处单位面积所吸收的功,见公式(2.17)。

$$\sigma_k = \frac{W}{A} \tag{2.17}$$

式中　σ_k——材料的冲击韧性指标(J/mm^2)；

　　　W——试件破坏时所消耗的功(J)；

　　　A——试件受力净截面面积(mm^2)。

在土建工程中,对于要求承受冲击荷载和有抗震要求的结构,如吊车梁、桥梁、路面等所用的材料,均应具有较高的韧性。

(3) 材料的硬度与耐磨性

① 硬度

硬度是指材料表面抵抗硬物压入或刻划的能力。材料的硬度越大,则其强度越高,耐磨性越好。测定材料硬度的方法有多种,通常采用的有刻划法、压入法和回弹法,不同材料测定方法不同。刻划法常用于测定天然矿物的硬度,按硬度递增顺序分为 10 级,即滑石、石膏、方解石、萤石、磷灰石、正长石、石英、黄玉、刚玉、金刚石。钢材、木材及混凝土等的硬度常用压入法测定,比如布氏硬度就是以压痕单位面积上所受压力来表示的。回弹法常用于测定混凝土构件表面的硬度,并以此估算混凝土的抗压强度。

② 耐磨性

耐磨性是指材料表面抵抗磨损的能力。土木工程中常用的无机非金属材料及其制品的耐磨性可按《无机地面材料耐磨性能试验方法》(GB/T 12988—2009)规定的钢轮式试验法,或按《混凝土及其制品耐磨性能试验方法》(GB/T 16925—1997)规定的滚珠轴承法进行测定。滚珠轴承法的原理是:以滚珠轴承为磨头,通过滚珠在额定负荷下回转滚动,研磨试件表面,在受磨面上磨成环形磨槽。通过测量磨槽上各磨头的研磨转数,计算耐磨性。此法操作简便,数据可靠,适用面广。耐磨性的大小用耐磨度表示,见公式(2.18)。

$$I_a = \frac{\sqrt{R}}{P} \tag{2.18}$$

式中　I_a——材料的耐磨度(无量纲)；

　　　R——磨头转数(千转)；

　　　P——磨槽深度(mm)。

材料的耐磨度愈大,表示其耐磨性愈好。材料的耐磨性与材料的组成成分、结构、强度、硬度等有关。在土木工程中,用于制作踏步、台阶、地面、路面等的材料均应具有较高的耐磨性。

【典型例题及参考答案】

某单桩桩基础,设计竖向单桩承载力为 15000 kN(1500 t),桩直径为 1.2 m。试计算该桩基混凝土竖向抗压强度理论值。

【解】(1)计算受压截面积 $A = \frac{\pi d^2}{4} = \frac{\pi \times 1.2^2}{4} = 1.13 \text{ m}^2 = 1.13 \times 10^6 \text{ mm}^2$。

(2)计算抗压强度理论值 $f = \frac{F}{A} = \frac{15000 \times 10^3}{1.13 \times 10^6} = 13.3 \text{ MPa}$。

计算时应注意单位换算,充分理解 1 MPa＝1×10⁶ Pa＝1×10⁶ $\frac{N}{m^2}$＝1 $\frac{N}{mm^2}$＝100 $\frac{t}{m^2}$＝1000 kPa。1 MPa 是工程力学计算上非常大的单位,通俗讲,相当于每平方米承受 100 t 的力。计算时可以统一换算成国际单位,即分子采用牛顿 N,分母采用 m²,计算结果为 Pa,再换算成 MPa;也可以分子采用牛顿 N,分母采用 mm²,计算结果直接为 MPa。MPa 单位常用在结构的抗压、抗拉和抗剪强度上,例如普通硅酸盐水泥 P·O42.5、混凝土 C30、砂浆 M10(水泥净浆 M40)、普通烧结砖 MU30 等均是以抗压强度为主的指标,热轧带肋钢筋 HRB400 的屈服强度标准值 400 MPa、抗拉强度标准值 540 MPa 均是钢筋的抗拉强度。在公路桥梁和铁路桥梁的扩大基础上,地基承载力常常采用 MPa 为单位,例如某桥 U 形桥台地基承载力不小于 0.3 MPa。在房屋建筑的扩大基础上,地基承载力常常采用 kPa 为单位,例如某房屋的独立基础地基承载力不小于 300 kPa。这里 0.3 MPa＝300 kPa＝30 t/m²,相当于要求地基承载力每平方米承受不小于 30 t 的力(房屋建筑常常采用堆载测定地基承载力,300 kPa 需要一平方米钢板上堆载约 60 t 反力)。如果地基承载力不能满足要求,一般需要设计单位出设计变更方案;或改变基础形式;或采用更好的填料(例如级配砂砾石)换填软弱地基(例如淤泥),然后分层填筑、分层压实,检测地基承载力,直至达到符合要求的地基承载力。

理解了 MPa 单位,在实际工作中非常有用处,例如某地基承载力试验检测资料,标明混凝土挡土墙的地基承载力 0.015 MPa,显然该混凝土挡土墙的地基承载力 0.015 MPa 是错误的。为什么?假如该地基实际承载力为 0.018 MPa,按常规逻辑,0.018 MPa>0.015 MPa,该地基承载力是满足设计要求的。事实上,假定长宽高均为 1 m 的混凝土立方体挡土墙,其体积是 1 m³,受压面积是 1 m²。混凝土的表观密度按照 2.4 t/m³ 计算,1 m³ 混凝土质量为 2.4 t(2400 kg),而该地基仅仅能够承受 1.8 t(1800 kg),因此该混凝土挡土墙将发生下沉,地基无法承受该混凝土挡土墙自重,更不要说其他外力了,所以说,该混凝土挡土墙的地基承载力 0.015 MPa(每平方米承受 1.5 t 的力)是错误的,后来发现发生错误的原因是资料人员把小数点打错了,正确的是地基承载力是 0.15 MPa(每平方米承受 15 t 的力)。

 复习思考题

2.1 试解释以下名词:(1)密度;(2)表观密度(容重);(3)堆积密度;(4)孔隙率;(5)空隙率;(6)吸水率;(7)含水率;(8)比强度。

2.2 确定建筑成品或半成品的质量在工程上用来分析设计荷载、地基承载力、现浇模板荷载、预制吊装荷载等具有重要意义,根据设计图如何确定两框架柱之间的现浇梁板的质量?根据设计图如何确定 1 片预制 T 梁的质量?

2.3 一块烧结普通砖的外形尺寸为 240 mm×115 mm×53 mm。吸水饱和后的质量为 2940 g,烘干至恒重为 2580 g。现将该砖磨细并烘干后取 50 g,用李氏瓶测得其体积为 18.58 cm³。试求该砖的密度、表观密度、孔隙率、质量吸水率、开口孔隙率及闭口孔隙率。

2.4 称河砂 500 g,烘干至恒重时质量为 494 g,求此河砂的含水率。

2.5 某工程共需要煤矸砖(240 mm×115 mm×53 mm)15 万皮,用承载质量为 5 t 的

汽车分五批运完,每批需要安排汽车多少辆?(1 m³ 砖的理论皮数为 684 皮,砖的表观密度为 1.8 t/m³)

2.6 有直径 20 mm,长 14 m 的钢筋一捆 25 根,计算其总质量为多少 kg?(钢材的密度为 7.85 t/m³)

2.7 收到含水率为 3.5% 的河砂 1 t,实际干砂为多少? 如果需要干砂 1 t,应进含水率为 3.5% 的河砂多少?

2.8 某石灰岩的密度为 2.62 g/cm³,孔隙率为 1.20%。今将该石灰岩破碎成碎石,碎石的堆积密度为 1580 kg/m³。求此碎石的表观密度和空隙率。

2.9 某材料的体积吸水率为 10%,密度为 3.0 g/cm³,烘干后的表观密度为 1500 kg/m³。试求该材料的质量吸水率、开口孔隙率、闭口孔隙率。

2.10 材料根据外力作用形式,材料的强度分为哪几类?

2.11 材料的抗折强度有哪几类? 分别用在什么地方?

2.12 影响材料吸水性的主要因素有哪些? 材料含水对其哪些性质有影响?

2.13 试分析强度在工程中有何意义。

3　金属材料

【重要知识点】

1. 常用热轧钢筋 HPB300、HRB400 的屈服强度标准值、抗拉强度标准值和断后伸长率标准值。

2. 常用热轧钢筋母材检验批、随机取样一组拉伸试件、弯曲试件根数及每根长度，弯曲试件相应的弯曲角度和弯心直径；拉伸试验、弯曲试验合格判定标准。

3. 热轧钢筋的电弧搭接焊接分类及焊缝长度；电弧搭接焊接头检验批、随机取样一组拉伸试件根数及每根长度；拉伸试验合格判定标准、复验取样规定、复验合格标准。

4. 热轧钢筋的闪光对焊焊缝长度；闪光对焊接头检验批、随机取样一组拉伸试件、弯曲试件根数及每根长度；弯曲试验相应的弯曲角度和弯心直径；拉伸试验、弯曲试验合格判定标准；复验取样规定、复验合格标准。

5. 热轧钢筋机械连接接头等级、接头检验批、随机取样一组拉伸试件根数及每根长度；拉伸试验合格判定标准；设计人员如何确定机械连接接头等级；施工人员如何选择机械连接接头等级。

6. 关注《钢筋混凝土用钢　第 1 部分：热轧光圆钢筋》(GB/T 1499.1—2017)、《钢筋混凝土用钢　第 2 部分：热轧带肋钢筋》(GB/T 1499.2—2018)与《混凝土结构设计规范》(GB 50010—2010)的异同。也应关注其他部门规范(如交通部桥梁结构规范)有关热轧钢筋与建设部的异同。

7. 钢材的优缺点。

3.1　钢材的分类与冶炼

3.1.1　钢材的优缺点

金属材料通常分为黑色金属和有色金属两大类。黑色金属(或称铁金属)材料主要成分为铁或铁碳合金的金属材料。有色金属材料指除了黑色金属材料以外的金属材料，如铜、铝、锌等。

黑色金属按照其化学成分(含碳量)分为钢(含碳量小于 2.06%)和生铁(含碳量大于 2.06%)。钢和生铁的区别主要在于含碳量的大小。其中钢材是土木工程中用途最广、用量最大的金属材料。

生铁包括白口铁、灰口铁、铁合金。白口铁：断面呈现银白色，是炼钢用的铁，称为炼钢生铁，白口铁主要成分是铁，但是还含有较多的 C、S、P、Si、Mn 等化学成分，所以炼钢生铁脆、硬度大、强度高、韧性差，必须通过冶炼成钢才能用于各种建筑工程。灰口铁：断面呈现灰色，用于铸造各种铸件，称为铸造生铁，也称铸铁。

我国是世界上的产钢大国,2012 年钢产量为 7.16 亿吨,占全世界钢产量的 46.3%。钢材是钢结构构件、钢筋混凝土、预应力混凝土的主要材料。建筑钢材是指用于土木工程中的各种钢材,其产品有型材、板材、线材和管材等几类,使用最多的是钢筋和建筑用型材。型材包括型钢(工字钢、槽钢、角钢)等。板材包括钢板等。线材包括钢筋混凝土和预应力混凝土用的钢筋、钢丝和钢绞线等。管材主要用于钢桁架和供水(气)管线等。

（1）钢材的优点

钢材质地均匀,抗压、抗拉强度高,具有良好的塑性和韧性,能够进行焊接、铆接和切割,便于装配,安全性高,自重较轻。

（2）钢材的缺点

价格昂贵,容易锈蚀,维修费用大,生产工艺复杂。

3.1.2　钢材的分类

（1）按化学成分分类

① 碳素钢

碳素钢的主要成分是铁和碳,还有少量的硅、锰、磷、硫、氧、氮等。碳素钢中的含碳量较多,且对钢的性质影响较大。根据含碳量的不同,碳素钢分为三种:

a.低碳钢,含碳量小于 0.25%。

b.中碳钢,含碳量为 0.25%～0.60%。

c.高碳钢,含碳量大于 0.60%。

② 合金钢

合金钢是含有一定量合金元素的钢。钢中除了含有铁、碳和少量不可避免的硅、锰、磷、硫外,还含有一定量的(有意加入的)钛、钒、铬、镍等一种或多种合金元素。其目的是改善钢的性能或使其获得某些特殊性能。合金钢按合金元素总含量分三种:

a.低合金钢,合金元素总含量小于 5%。

b.中合金钢,合金元素总含量为 5%～10%。

c.高合金钢,合金元素总含量大于 10%。

（2）按冶炼方法分类

根据炼钢设备的不同,建筑钢材的冶炼方法可分为氧气转炉、平炉和电炉三种。不同的冶炼方法对钢的质量有着不同的影响。

① 氧气转炉钢

向转炉中烧融的铁水中吹入氧气能有效除去磷、硫等杂质,而且避免了由空气带入钢中的杂质,故质量较好。目前我国主要采用它生产碳素钢和合金钢。

② 平炉钢

以固态或液态铁、铁矿石或废钢铁为原料,煤气或重油为燃料,在平炉中炼制的钢称为平炉钢。平炉钢的炼制时间长,有足够的时间调整和控制其成分,杂质和气体的去除较为彻底,因此钢的质量较好。但因其设备投资大,燃料放热效率不高,冶炼时间又长,而成本较高。

③ 电炉钢

电炉钢是利用电流效应产生的高温炼制的钢。电炉热效率高,除杂质充分,适合冶炼优质钢和特种钢。

（3）按脱氧程度分类

炼钢时脱氧程度不同，钢的质量差别很大。按脱氧程度可分为四种：

① 沸腾钢

脱氧不充分的钢脱氧后钢液中还剩余一定数量的氧化铁，氧化铁和碳继续作用放出一氧化碳气体，因此钢液在钢锭模内呈沸腾状态，故称沸腾钢。这种钢的优点是钢锭无缩孔，轧成的钢材表面质量和加工性能好。缺点是化学成分不均匀，易偏析，钢的致密程度较差。故其抗腐蚀性、冲击韧性和可焊性较差，尤其在低温时冲击韧性降低更显著。沸腾钢只消耗少量脱氧剂，缩孔少，成品率较高，故成本较低。

② 镇静钢

镇静钢是脱氧充分的钢。由于钢液中氧已很少，当钢液浇筑后在锭模内呈静止状态，故称镇静钢。其优点是化学成分均匀，机械性能稳定，焊接性能和塑性较好，抗腐蚀性也较强。其缺点是钢锭中有缩孔，成材率低。多用于承受冲击荷载及其他重要结构上。

③ 半镇静钢

其脱氧程度和性能介于沸腾钢和镇静钢之间，并兼有两者的优点。

④ 特殊镇静钢

特殊镇静钢比镇静钢脱氧程度更充分、彻底，故质量更好，适用于特别重要的结构工程。

（4）按有害杂质含量分类

按钢中有害杂质磷（P）和硫（S）含量的多少，钢材可分为四类：

① 普通钢。磷含量不大于 0.045%；硫含量不大于 0.050%。

② 优质钢。磷含量不大于 0.035%；硫含量不大于 0.025%。

③ 高级优质钢。磷含量不大于 0.025%；硫含量不大于 0.025%。

④ 特级优质钢。磷含量不大于 0.025%；硫含量不大于 0.015%。

（5）按用途分类

① 结构钢。主要用于工程结构构件及机械零件的钢。

② 工具钢。主要用于各种刀具、量具及模具的钢。

③ 特殊钢。具有特殊物理、化学或机械性能的钢，如不锈钢、耐热钢、耐酸钢、耐磨钢、磁性钢等。

建筑钢材通常按用途分为钢结构用钢和混凝土结构用钢；钢结构用钢又分为非合金结构用钢和低合金结构用钢，混凝土用钢分为钢筋、钢丝和钢绞线。

3.1.3　钢材的冶炼

钢材冶炼原理（即氧化-还原原理）：将高温熔融的生铁进行氧化，成为 Fe_2O_3、CO、CO_2、SO_3、P_2O_5、SiO_2、Mn_2O_3 等化合物，使碳的含量降低到预定范围，杂质含量降低到允许的范围内；然后再将 Fe_2O_3 还原成 Fe（Fe 即钢）。钢的品质好坏，取决于含碳量的高低和有害杂质含量的多少。经过冶炼，炼出的钢水绝大多数浇铸成钢锭，然后加工成各种钢材；极少数直接铸成铁件。

钢的冶炼过程是杂质的氧化过程,炉内为氧化气氛,故炼成的钢水中会含有一定量的氧化铁,这对钢的质量不利。为消除这种不利影响,在炼钢结束时加入一定量的脱氧剂(常用的有锰铁、硅铁和铝锭),使之与氧化铁作用而将其还原成铁,称为"脱氧"。脱氧减少了钢材中的气泡并克服了元素分布不均的缺点,故能明显改善钢的技术性质。

3.1.4　钢筋混凝土结构用钢

钢筋分类方法较多,按外形分为光圆钢筋和带肋钢筋,按供应方式分为盘圆钢筋和直条钢筋。盘圆钢筋一般直径 $d<12$ mm,按盘条交货的钢筋每根盘条质量应小于 500 kg,每盘质量应小于 1000 kg;直条钢筋一般为中、粗钢筋,可以以 6~12 m 的直条形式供货。

钢筋混凝土结构用钢包括热轧钢筋和冷轧带肋钢筋。

（1）热轧钢筋

热轧钢筋是经热轧成型并自然冷却的成品钢筋。按外形可分为光圆钢筋和带肋钢筋两种。带肋钢筋按肋纹形状分为月牙纹和等高肋等。光圆钢筋是采用 Q235 碳素结构钢热轧制成的产品,带肋钢筋是采用低合金钢热轧制成的产品。钢筋表面肋纹可提高混凝土与钢筋的黏结力。

① 热轧光圆钢筋

《钢筋混凝土用钢　第 1 部分:热轧光圆钢筋》(GB/T 1499.1—2017)规定,热轧光圆钢筋的屈服强度特征值为 HPB300,见表 3.1。

表 3.1　热轧光圆钢筋的牌号构成

牌号	牌号构成	英文字母含义
HPB300	由 HPB+屈服强度特征值构成	HPB 热轧光圆钢筋由 Hot-rolled Plain Bars 缩写

② 热轧带肋钢筋

《钢筋混凝土用钢　第 2 部分:热轧带肋钢筋》(GB/T 1499.2—2018)规定,热轧带肋钢筋按屈服强度特征值分为 400、500、600 级,见表 3.2。

表 3.2　热轧带肋钢筋的牌号构成

类别	牌号	牌号构成	英文字母含义
普通热轧钢筋	HRB400	由 HRB+屈服强度特征值构成	HRB——热轧带肋钢筋英文(Hot rolled Ribbed Bars)缩写。
	HRB500		
	HBR600		
	HRB400E	由 HRB+屈服强度特征值+E 构成	E——"地震"的英文(Earthquake)首位字母
	HRB500E		
细晶粒热轧钢筋	HRBF400	由 HRBF+屈服强度特征值构成	HRBF——在热轧带肋钢筋的英文缩写后加"细"的英文(Fine)首位字母。
	HRBF500		
	HRBF400E	由 HRBF+屈服强度特征值+E 构成	E——"地震"的英文(Earthquake)首位字母
	HRBF500E		

普通热轧钢筋的金相组织主要有铁素体和珠光体,还有影响使用性能的其他组织存在。细晶粒热轧钢筋是指在热轧过程中,通过控轧和控冷工艺形成的细晶粒钢筋。

(2)冷轧带肋钢筋

《冷轧带肋钢筋》(GB 13788—2017)规定冷轧带肋钢筋指热轧圆盘条经过冷轧后,在其表面带有沿长度方向均匀分布的横肋的钢筋。

冷轧带肋钢筋按照延性高低分为冷轧带肋钢筋 CRB 和高延性冷轧带肋钢筋 CRB+抗拉强度特征值+H 两类,C、R、B、H 分别为冷轧(Cold-rolled)、带肋(Ribbed)、钢筋(Bar)、高延性(High Elongation)四个词的英文首位字母。

冷轧带肋钢筋分为 CRB550、CRB650、CRB800、CRB600H、CRB680H、CRB800H 六个牌号。CRB550、CRB600H 为普通钢筋混凝土用钢筋,CRB650、CRB800、CRB800H 为预应力混凝土用钢筋,CRB680H 既可作为普通钢筋混凝土用钢,也可作为预应力混凝土用钢。

冷轧带肋钢筋力学性能和工艺性能见表 3.3。

表 3.3　冷轧带肋钢筋力学性能和工艺性能

分类	牌号	规定塑性延伸强度 $R_{p0.2}$(MPa)不小于	抗拉强度 R_m(MPa)不小于	$R_m/R_{p0.2}$ 不小于	断后伸长率(%)不小于		最大力总延伸率(%)不小于	弯曲试验[a] 180°	反复弯曲次数	应力松弛初始应力应相当于公称抗拉强度的70% 1000 h,%,不大于
					A	$A_{100\,mm}$	A_{gr}			
普通钢筋混凝土用	CRB550	500	550	1.05	11.0	—	2.5	$D=3d$	—	—
	CRB600H	540	600	1.05	14.0	—	5.0	$D=3d$	—	—
	CRB680H[b]	600	680	1.05	14.0	—	5.0	$D=3d$	4	5
预应力混凝土用	CRB650	585	650	1.05	—	4.0	2.5		3	8
	CRB800	720	800	1.05	—	4.0	2.5		3	8
	CRB800H	720	800	1.05	—	7.0	4.0		4	5

a. D 为弯心直径,d 为钢筋公称直径。

b. 当该牌号钢筋作为普通钢筋混凝土用钢筋使用时,对反复弯曲和应力松弛不做要求;当该牌号钢筋作为预应力混凝土用钢筋使用时应进行反复弯曲试验代替 180°弯曲试验,并检测松弛率。

冷轧带肋钢筋的反复弯曲试验的弯曲半径见表 3.4。

表 3.4　冷轧带肋钢筋反复弯曲试验的弯曲半径

冷轧带肋钢筋公称直径(mm)	4	5	6
弯曲半径(mm)	10	15	15

冷轧带肋钢筋检验项目、取样数量、取样方法、试验方法应符合表 3.5 的要求。

表 3.5　冷轧带肋钢筋的试验项目、取样方法及试验方法

序号	检验项目	取样数量	取样方法	试验方法
1	拉伸试验	每盘 1 个		GB/T 21839 GB/T 28900
2	弯曲试验	每批 2 个	在每(任)盘中 随机切取	GB/T 28900
3	反复弯曲试验	每批 2 个		GB/T 21839
4	应力松弛试验	定期 1 个		GB/T 21839 GB 13788 7.3
5	尺寸	逐盘或逐根	—	GB 13788 7.4
6	表面	逐盘或逐根	—	目视
7	重量偏差			GB 13788 7.5

3.1.5　预应力混凝土结构用钢

预应力混凝土结构用钢包括预应力钢和非预应力钢,其中的非预应力钢同钢筋混凝土用钢,见 3.1.4 小节。本节只介绍预应力混凝土用钢中的预应力钢。预应力钢除了上面提到的冷轧带肋钢筋中的 CRB650、CRB800、CRB680H 和 CRB800H 外,常用的预应力钢还有钢绞线、螺纹钢筋和钢丝等。

(1)预应力混凝土用钢绞线

《预应力混凝土用钢绞线》(GB/T 5224—2014)规定,钢绞线是由冷拉光圆钢丝及刻痕钢丝捻制而成,用于预应力混凝土结构。

钢绞线按结构分为 5 类。其代号为:

用两根钢丝捻制的钢绞线	1×2;
用三根钢丝捻制的钢绞线	1×3;
用三根刻痕钢丝捻制的钢绞线	1×3I;
用七根钢丝捻制的标准型钢绞线	1×7;
用六根刻痕钢丝和一根光圆中心钢丝捻制的钢绞线	1×7I;
用七根钢丝捻制又经模拔的钢绞线	(1×7)C;
用十九根钢丝捻制的1+9+9西鲁式钢绞线	1×19S;
用十九根钢丝捻制的1+6+6/6瓦林吞式钢绞线	1×19W。

产品标记应包括预应力钢绞线、结构代号、公称直径、强度级别、标准号。常用在预应力混凝土中的钢绞线是 1×7 和(1×7)C 结构钢绞线。

示例 1:公称直径为 15.20 mm,抗拉强度为 1860 MPa 的七根钢绞线捻制的标准型钢绞线,标记为:

预应力钢绞线　　　1×7—15.20—1860—GB/T 5224—2014

该钢绞线在公路桥梁和铁路桥梁预应力混凝土结构中最常使用。

示例 2:公称直径为 8.74 mm,抗拉强度为 1720 MPa 的三根刻痕钢绞线捻制的标准型

钢绞线,标记为:

预应力钢绞线 　　　1×3I—8.74—1720—GB/T 5224—2014

示例3:公称直径为12.70 mm,抗拉强度为1860 MPa的七根钢绞线捻制又经模拔的标准型钢绞线,标记为:

预应力钢绞线 　　　(1×7)C—12.70—1860—GB/T 5224—2014

1×7结构钢绞线截面示意如图3.1所示。1×7结构钢绞线的尺寸及允许偏差、公称横截面积、每米理论质量见表3.6,力学性能见表3.7。

图3.1 1×7结构钢绞线截面示意图

表3.6 1×7结构钢绞线的尺寸及允许偏差、公称横截面积、每米理论重量

钢绞线结构	公称直径 D_a (mm)	直径允许偏差 (mm)	钢绞线公称横截面积 S_a(mm²)	每米理论质量 (g/m)	中心钢丝直径 d_0 加大范围(%)≥
1×7	9.50 (9.53)	0.30 −0.15	54.8	430	
	11.10 (11.11)		74.2	582	
	12.70		98.7	775	
	15.20 (15.24)		140	1101	
	15.70	0.40 −0.15	150	1178	
	17.80 (17.78)		191 (189.7)	1500	2.5
	18.90		220	1727	
	21.60		285	2237	
1×7I	12.70	0.40 −0.15	98.7	775	
	15.20 (15.24)		140	1101	
(1×7)C	12.70	0.40 −0.15	112	890	
	15.20 (15.24)		165	1295	
	18.00		223	1750	

注:可按括号内规格供货。

表 3.7 1×7 结构钢绞线力学性能

钢绞线结构	钢绞线公称直径 D_a(mm)	公称抗拉强度 R_m(MPa)	整根钢绞线最大力 F_m(kN) ≥	整根钢绞线最大力的最大值 $F_{m,max}$(kN) ≤	0.2%屈服力 $F_{p0.2}$(kN) ≥	最大力总伸长率 (L_0≥500 mm) A_{gt}(%) ≥	应力松弛性能 初始负荷相当于实际最大力的百分数(%)	应力松弛性能 1000 h应力松弛率 r(%) ≤
1×7	15.20 (15.24)	1470	206	234	181	对所有规格	对所有规格	对所有规格
		1570	220	248	194			
		1670	234	262	206			
	9.50 (9.53)	1720	94.3	105	83			
	11.10 (11.11)		128	142	113			
	12.70		170	190	150			
	15.20 (15.24)		241	269	212			
	17.80 (17.78)		327	365	288			
	18.90	1820	400	444	352			
	15.70	1770	266	296	234		70	2.5
	21.60		504	561	444			
	9.50 (9.53)	1860	102	113	89.8	3.5		
	11.10 (11.11)		138	153	121			
	12.70		184	203	162			
	15.20 (15.24)		260	288	229		80	4.5
	15.70		279	309	246			
	17.80 (17.78)		355	391	311			
	18.90		409	453	360			
	21.60		530	587	466			
	9.50 (9.53)	1960	107	118	94.2			
	11.10 (11.11)		145	160	128			
	12.70		193	213	170			
	15.20 (15.24)		274	302	241			
1×7I	12.70	1860	184	203	162			
	15.20 (15.24)		260	288	229			
(1×7)C	12.70	1860	208	231	183			
	15.20 (15.24)	1820	300	333	264			
	18.00	1720	384	428	338			

（2）预应力混凝土用钢丝

《预应力混凝土用钢丝》（GB/T 5223—2014）规定，预应力混凝土用钢丝是用优质碳素结构钢经冷拔或再回火等工艺处理制成的高强度钢丝。该钢丝按加工状态分为冷拉钢丝和消除应力钢丝两类。消除应力钢丝按松弛性能又分为低松弛级钢丝和普通松弛级钢丝。冷拉钢丝代号为 WCD，低松弛钢丝代号为 WLR。钢丝按外形分为光圆、螺旋肋、刻痕三种，光圆钢丝代号为 P，螺旋肋钢丝代号为 H，刻痕钢丝代号为 I。

预应力混凝土用钢丝与钢绞线具有强度高、韧性好、无接头等优点，且质量稳定，安全可靠，施工时不需要冷拉及焊接，主要用作大跨度桥梁、吊车梁、电杆、轨枕等预应力钢筋。

（3）预应力混凝土用螺纹钢筋

《预应力混凝土用螺纹钢筋》（GB/T 20065—2016）规定，预应力混凝土用螺纹钢筋（又称精轧螺纹钢筋）是一种热轧成带有不连续的外螺纹的直条钢筋，该钢筋的任意截面处，均可用带有匹配形状的内螺纹的连接器或锚具进行连接或锚固。预应力混凝土用螺纹钢筋以屈服强度划分级别，其代号为"PSB"加上规定屈服强度最小值表示，P、S、B 分别为Prestressing、Screw、Bars 的英文首位字母，分为 PSB785、PSB830、PSB930、PSB1080、PSB1200五个强度等级。

预应力混凝土用螺纹钢筋是在整根钢筋上有外螺纹的大直径、高精度的直条钢筋，具有连接容易、锚固简单、张拉锚固安全可靠、黏结力强等优点。可省略焊接工艺，避免由于焊接而造成的内应力及组织不稳定等引起的断裂。预应力混凝土用螺纹钢筋可用于核电站、水电站、桥梁、隧道和高速铁路等重要工程。例如：连续刚构桥梁的 0 号块与桥墩固结，在施加竖向预应力时常采用精轧螺纹钢筋。

（4）预应力混凝土用钢棒

《预应力混凝土用钢棒》（GB/T 5223.3—2017）规定，预应力混凝土用钢棒是用低合金钢热轧盘条经冷加工后（或不经冷加工）淬火和回火所得。预应力混凝土用钢棒按外形分为光圆、螺旋槽、螺旋肋和带肋等四种。

预应力混凝土用钢棒不能冷拉和焊接，且对应力腐蚀及缺陷敏感性较强。它主要用于预应力混凝土梁、预应力混凝土轨枕或其他各种预应力混凝土结构。

3.1.6　钢结构用钢

目前，国内钢结构用钢的品种主要是非合金钢的碳素钢和低合金高强度钢。钢结构用钢主要有热轧型钢、冷弯薄壁型钢、冷（热）轧钢板和钢管等。热轧型钢是一种具有一定截面形状和尺寸的实心长条钢材，钢结构常用的热轧型钢有角钢、L 型钢、工字钢、槽钢、H 型钢和扁钢等。冷弯薄壁型钢是一种经济的截面轻型薄壁钢材，土木工程中使用的厚度为 1.5～6.0 mm的钢板或钢带经冷轧或冷弯或模压而成。土木工程结构用钢管有无缝钢管和焊接钢管两种。

钢结构用钢的基本要求是：

① 有足够的强度和韧性。这是因为这类钢大都在 -50～100 ℃范围内使用，就要求具有较高的低温韧性，有时还会受到风力或海浪冲击等交变荷载，必然要求有较高的疲劳强度。

② 有良好的焊接性和成型工艺。焊接是构成金属结构的常用方法，要求焊接与母材有牢固结合度，强度不能低于母材，焊接影响区有较高的韧性，没有焊接裂纹，这就是可焊性。

另外工程构件成型时往往承受剧烈变形,如剪切、冲击、热弯等。因此,必须要有良好的冷热加工和成型工艺。

③ 有良好的耐腐蚀性。这里主要指大气环境下的抗腐蚀能力。

(1) 碳素结构钢

① 碳素结构钢的牌号及其表示方法

普通碳素结构钢也称普碳钢,产量约占钢总产量的70%。由于普碳钢易于冶炼、价格低廉以及性能基本满足一般工程需要,在工程上用量很大。

《碳素结构钢》(GB/T 700—2006)规定,碳素结构钢的牌号由代表屈服强度的字母、屈服强度数值、质量等级符号、脱氧方法符号等4个部分按顺序组成。例如:Q235AF;Q指屈服强度"屈"字汉语拼音首位字母,屈服点数值共分为195、215、235、275(MPa)四种;质量等级以硫、磷杂质含量由多到少,由A、B、C、D符号表示;F指沸腾钢"沸"字汉语拼音首位字母;Z指镇静钢"镇"字汉语拼音首位字母;TZ指特殊镇静钢"特镇"两个汉语拼音首位字母;在牌号组成表示方法中,"Z"与"TZ"符号可以省略。

选用碳素结构钢,同时考虑工程使用条件对钢材性能的要求和钢材的质量、性能及相应的标准。

② 碳素结构钢的工程应用

工程结构的荷载类型、焊接情况及环境温度等条件对钢材的性能有不同的要求。一般在动荷载、焊接结构或严寒低温条件下工作时,往往限制沸腾钢使用。

建筑钢结构中,主要应用的是碳素钢Q235,包括Q235轧成的各种型材、钢板和钢管。由于Q235D含有足够的形成细粒结构的元素,同时对硫、磷元素控制较为严格,故其冲击韧性较好,抵抗振动、冲击荷载能力强,尤其是在一定低温条件下,较其他牌号更为合理,A级钢仅适用于承受静荷载作用的结构。此外,Q235还具有加工性能好,冶炼方便,成本较低等优点。

Q215钢力学强度低、塑性大、受力后变形大,冷加工后可替代Q235用。

Q275钢强度高,但塑性较差,有时轧成带肋钢筋用于混凝土中。

(2) 低合金结构钢

低合金结构钢是在碳素钢的基础上加入总量小于5%的合金元素而形成的钢种。低合金结构钢改善了钢材的塑性和韧性,提高了钢材的强度。

① 低合金结构钢的牌号

《低合金高强度结构钢》(GB/T 1591—2008)规定,低合金结构钢有Q345、Q390、Q420、Q460、Q500、Q550、Q620、Q690共8个牌号。其表示方法和碳素结构钢基本相同,只是质量等级有5个,即A、B、C、D、E。

② 低合金结构钢的性能与应用

低合金结构钢的含碳量一般较低,以便于钢材的加工和焊接。其强度的提高主要靠加入的合金元素结晶强化和固溶强化来达到。

采用低合金结构钢的主要目的是减轻结构质量,延长使用寿命。低合金结构钢具有较高的屈服点和抗拉强度、良好的塑性和冲击韧性,耐低温性好,综合性能高。特别是大跨度、大柱网结构,采用较高强度的低合金结构钢,技术经济效果显著。

3.1.7　钢纤维混凝土用钢

在混凝土中掺入钢纤维,能大大提高混凝土的抗冲击强度和韧性,显著改善其抗裂、抗剪、抗弯、抗拉、抗疲劳等性能。钢纤维的原材料可以使用碳素结构钢、合金结构钢和不锈钢,生产方式有钢丝切断、薄板剪切、熔融抽丝和铣削。表面粗糙或表面刻痕、性状为波形或扭曲形、端部带钩或端部有大头的钢纤维与混凝土的黏结力较好,有利于提高混凝土强度。钢纤维直径控制在 0.45~0.7 mm,长度与直径比控制在 50~80。

钢纤维按抗拉强度可分为 380、600 和 1000(MPa)三个等级。普通混凝土很少使用钢纤维混凝土,主要是因为造价高,使用不方便;但公路桥梁的伸缩缝混凝土等常常使用钢纤维混凝土。

3.2 钢材的技术性质

钢材的技术性质主要包括力学性质(拉伸性能、冲击韧性、耐疲劳、硬度等)和工艺性能(冷弯、焊接)两个方面。

3.2.1 拉伸性能

拉伸性能是建筑钢材最重要的技术性质。建筑钢材的拉伸性能,可用低碳钢受拉时的应力-应变图来阐明,如图 3.2 所示。

(1) 低碳钢拉伸的四个阶段

① 弹性阶段(OA 段)

在 OA 段,如卸去荷载,试件将恢复原状,表现为弹性变形。此阶段应力与应变成正比,其比值为常数,称为弹性模量,用 E 表示,即 $\sigma/\varepsilon=E$。弹性模量反映了钢材抵抗变形的能力,即产生单位弹性应变时所需的应力大小。它是钢材在受力条件下计算结构变形的重要指标。常用低碳钢的弹性模量 $E=(2.0\sim2.1)\times10^5$ MPa,弹性极限应力 $\sigma_p=180\sim200$ MPa。

② 屈服阶段(AB 段)

当荷载增大,试件应力超过 σ_p 时,应变增加的速度大于应力增长的速度,应力与应变不再成比例,开始产生塑性变形。图 3.2 中 $B_上$ 点是这一阶段应力最高点,称为屈服上限,$B_下$ 点称为屈服下限。$B_下$ 点比较稳定易测,故一般以 $B_下$ 点对应的应力作为屈服点,用 σ_s 表示。常用低碳钢的 σ_s 为 185~235 MPa。

钢材受力达到屈服点后,变形迅速发展,尽管尚未破坏,但因变形过大已不能满足使用要求,故设计中一般以屈服点作为钢材强度取值依据。

高碳钢的拉伸没有明显的屈服阶段,即没有明显的屈服强度,高碳钢与低碳钢拉伸比较见图 3.3。高碳钢的屈服强度取塑性延伸率的 0.2% 时对应的应力。

③ 强化阶段(BC 段)

当荷载超过屈服点以后,由于试件内部组织结构发生变化,抵抗变形能力又重新提高,故称为强化阶段。对应最高点 C 的应力,称为抗拉强度,用 σ_b 表示。常用低碳钢的 $\sigma_b=375\sim500$ MPa。

土木工程使用的钢材,不仅希望其具有高的 σ_s,还应具有一定的屈强比(σ_s/σ_b)。屈强比越小,钢材受力超过屈服点工作时的可靠性越大,结构越安全。但如果屈强比过小,则钢材有效利用率太低,造成浪费。常用碳素钢的屈强比为 0.58~0.63,合金钢的屈强比为 0.65~0.75。

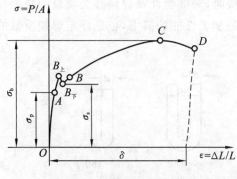

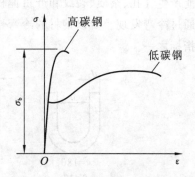

图 3.2 低碳钢应力-应变图   图 3.3 高碳钢与低碳钢拉伸比较

④ 颈缩阶段(CD 段)

当钢材受力达到最高界限点后,在试件薄弱处的截面将显著缩小,产生"颈缩现象",由于试件断面急剧缩小,塑性变形迅速增加,拉力也就随之下降,最后发生断裂。

(2) 伸长率

将拉断后的试件拼合后,测出断后标距,按公式(3.1)计算伸长率。

$$A = \frac{L_u - L_0}{L_0} \times 100\% \tag{3.1}$$

式中 A——断后伸长率(%);

   L_u——试件断后标距(mm);

   L_0——试件原始标距(mm)。

伸长率是衡量钢材塑性的重要技术指标,伸长率越大,表明钢材的塑性越好。尽管结构是在钢的弹性范围内使用,但在应力集中处,其应力可能超过屈服点,此时产生一定的塑性变形,可使结构中的应力重分布,从而免遭破坏。

还可以用断面收缩率来衡量塑性,断面收缩率是指试件拉断后,颈缩处横截面面积的缩减量占原横截面面积的百分率,显然断面收缩率越大,钢材的塑性越好。

钢材拉伸试验采用万能试验机或钢材拉力试验机完成,这是一个非常重要的试验,无论理论研究还是在工程单位判断钢筋的质量都是极其重要的。钢材的拉伸性能中,屈服强度、抗拉强度和断后伸长率是建筑结构设计必须重视的三个重要参数,也是评判钢材力学性能质量的三项主要指标。

3.2.2 冷弯性能

冷弯性能是指钢材在常温下承受弯曲变形的能力,为钢材的重要工艺性能。冷弯性能是以试验时的弯曲角度 α 和弯心直径 a 为指标表示的,如图 3.4 所示。钢材冷弯时的弯曲角度越大,弯心直径越小,则表示钢材的冷弯性能越好。

钢材的冷弯性能也是检验钢材塑性的一种方法。冷弯和伸长率都反映了钢材的塑性,并存在着有机的联系。伸长率大的钢材,其冷弯性能必然好,但冷弯试验对钢材塑性的评定比拉伸试验更严格、更敏感。冷弯还有助于暴露钢材的某些缺陷,如钢材因生产过程不良,可能产生气孔、杂质、裂纹和严重偏析等。在焊接时,局部脆性及焊接接头质量的缺陷都可以通过冷弯发现。所以钢材的冷弯性能不仅仅是加工性能的需求,也是评定焊接质量的重要指标之一。

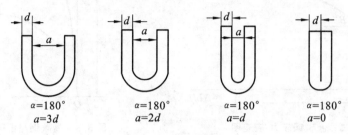

$$\alpha=180°\quad\quad\alpha=180°\quad\quad\alpha=180°\quad\quad\alpha=180°$$
$$a=3d\quad\quad\quad a=2d\quad\quad\quad a=d\quad\quad\quad a=0$$

图 3.4　钢材的冷弯

3.2.3　其他技术性质

(1)冲击韧性

冲击韧性是钢材抵抗冲击荷载而不被破坏的能力。钢材的冲击韧性用冲断试样所需能量的多少来表示。钢材的冲击韧性试验是采用中间有 V 形缺口的标准弯曲试样,置于冲击机的支架上,并使切槽位于受拉的一侧,如图 3.5 所示。当试验机的重摆从一定高度自由落下将试件冲断时,试件所吸收的能量等于重摆所做的功。冲断试件消耗的能量越多,钢材断裂吸收的能量越多,钢材的韧性越好。

钢材的冲击韧性对钢的化学成分、组织结构以及生产质量都较为敏感。

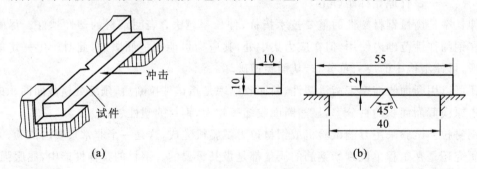

图 3.5　钢材的冲击韧性试验

(a)试件装置;(b)V 形缺口试件

(2)硬度

钢材的硬度是指其表面抵抗硬物压入而产生局部变形的能力。

测定钢材硬度的方法很多,如布氏法、洛氏法和维氏法等,建筑钢材常用硬度指标为布氏硬度值,代号为 HB。

布氏法的测定是利用直径为 D(mm)的淬火钢球,以荷载 P(N)将其压入试件表面,经规定的持荷时间后卸载,得到直径为 d(mm)的压痕,以压痕表面积 A(mm²)除荷载 P,得到应力值数(MPa)为试件的布氏硬度值 HB,此值为无量纲,如图 3.6 所示。布氏法测定时所得压痕直径应在 $0.25D<d<0.6D$ 范围内,否则测定结果不准确。故在测定前应根据试件

厚度和估计的硬度范围,按试验方法的规定选定钢球的直径、所加荷载以及荷载持续时间。当被测材料硬度 HB>450 时,测定用钢球本身将产生较大的变形,甚至破坏。故这种硬度试验方法仅适用于 HB<450 的钢材。对于 HB>450 的钢材,应采用洛氏法测定其硬度。布氏法比较准确,但压痕较大,不适宜用于成品检验。

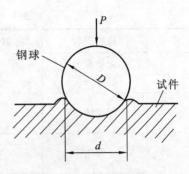

图 3.6　布氏硬度测定示意图

洛氏法是用 120°角的锥形金刚石压头,以不同荷载压入试件,根据其压痕尝试确定洛氏硬度值 HR。洛氏法压痕小,常用于判断工件的热处理效果。

钢材的布氏硬度与其力学性能之间有着较好的相关性。试验证明,碳素钢的 HB 值与其抗拉强度 σ_b 之间存在以下关系:

当 HB<175 时,$\sigma_b \approx 3.6HB$;当 HB>175 时,$\sigma_b \approx 3.5HB$。

(3) 可焊性

可焊性是指在一定焊接工艺条件下,在焊缝及附近过热区不产生裂纹及硬脆倾向,焊接后的力学性能,特别是强度不得低于原钢材的性质。

可焊性主要受化学元素及其含量的影响,含碳量高将增加焊接的硬脆性,含碳量小于 0.25% 的碳素钢具有良好的可焊性。加入合金元素,如硅、锰、钒、钛等,也将增大焊接的硬脆性,降低可焊性。特别是硫能使焊接产生热裂纹及硬脆性。

3.2.4　热轧钢筋的技术标准及试验检测

在钢筋混凝土用钢和预应力混凝土的非预应力用钢中,绝大多数采用的是热轧钢筋,本节对热轧光圆钢筋和热轧带肋钢筋的技术标准和试验检测进行探讨。

(1) 热轧光圆钢筋的技术标准与试验检测

① 技术标准

《钢筋混凝土用钢　第 1 部分:热轧光圆钢筋》(GB/T 1499.1—2017)规定,热轧光圆钢筋技术标准见表 3.8。

表 3.8　热轧光圆钢筋力学特征值

牌号	R_{el}(MPa)	R_m(MPa)	A(%)	A_{gt}(%)	冷弯试验 180°
	不小于				
HPB300	300	420	25.0	10.0	$a=d$

注:表中 d 为钢筋直径;a 为弯心直径。

表 3.8 中为 R_{el}、R_m、A、A_{gt} 分别为钢筋的屈服强度、抗拉强度、断后伸长率、最大力下总伸长率。

② 取样和试验方法

《钢筋混凝土用钢　第 1 部分:热轧光圆钢筋》(GB/T 1499.1—2017)规定,热轧光圆钢筋的取样和试验方法见表 3.9。

表 3.9 热轧光圆钢筋的取样和试验方法

序号	检验项目	取样数量	取样方法	试验方法
1	化学成分（熔炼分析）	1	GB/T 20066	GB/T 223 GB/T 4336
2	拉伸	2	不同根钢筋截取	GB/T 28900 GB 1499.1—2008
3	弯曲	2	不同根钢筋截取	GB/T 28900 GB/T 1499.1—2017
4	尺寸	逐支（盘）		GB/T 1499.1—2017
5	表面	逐支（盘）		目视
6	质量偏差		GB/T 1499.1—2017	GB/T 1499.1—2017

（2）热轧带肋钢筋

① 技术标准

《钢筋混凝土用钢 第 2 部分：热轧带肋钢筋》(GB/T 1499.2—2018)规定，热轧带肋钢筋技术标准见表 3.10 和表 3.11。

表 3.10 热轧带肋钢筋的力学特征值

牌号	R_{el}(MPa)	R_m(MPa)	$A(\%)$	$A_{gt}(\%)$
	不小于			
HRB400、HRBF400	400	540	16	7.5
HRB400E、HRBF400E			—	9.0
HRB500、HRBF500	500	630	15	7.5
HRB500E、HRBF500E			—	9.0
HRB600	600	730	14	7.5

表 3.11 热轧带肋钢筋的弯心直径

牌号	公称直径 d(mm)	弯心直径 a
HRB400、HRBF400、 HRB400E、HRBF400E	6～25	$4d$
	28～40	$5d$
	＞40～50	$6d$
HRB500、HRBF500、 HRB500E、HRBF500E	6～25	$6d$
	28～40	$7d$
	＞40～50	$8d$
HRB600	6～25	$6d$
	28～40	$7d$
	＞40～50	$8d$

② 取样和试验方法

《钢筋混凝土用钢 第 2 部分:热轧带肋钢筋》(GB/T 1499.2—2018)规定,热轧带肋钢筋的取样和试验方法见表 3.12。

表 3.12 热轧带肋钢筋的取样和试验方法

序号	检验项目	取样数量	取样方法	试验方法
1	化学成分(熔炼分析)	1	GB/T 20066	GB/T 223、GB/T 4336
2	拉伸	2	不同根钢筋截取	GB/T 28900 和 GB/T 1499.2
3	弯曲	2	不同根钢筋截取	GB/T 28900 和 GB/T 1499.2
4	反向弯曲	1	任 1 根钢筋截取	GB/T 28900 和 GB/T 1499.2
5	尺寸	逐支		GB 1499.2
6	表面	逐支		目视
7	质量偏差		GB/T 1499.2	
8	金相组织	2	不同根钢筋截取	GB/T 13298

(3)《混凝土结构设计规范》(GB 50010—2010)规定的普通钢筋强度设计值

① 符号意义

HRB500 指强度级别为 500 MPa 的普通热轧带肋钢筋。

HRBF400 指强度级别为 400 MPa 的细晶粒热轧带肋钢筋。

RRB400 指强度级别为 400 MPa 的余热处理带肋钢筋。

HPB300 指强度级别为 300 MPa 的热轧光圆钢筋。

HRB400E 指强度级别为 400 MPa 且具有较高抗震性能的普通热轧带肋钢筋。

② 混凝土结构的钢筋选用

a. 纵向受力普通钢筋宜采用 HRB400、HRB500、HRBF400、HRBF500 钢筋,也可采用 HPB300、HRB335、HRBF335、RRB400 钢筋。

b. 梁、柱纵向受力普通钢筋应采用 HRB400、HRB500、HRBF400、HRBF500 钢筋。

c. 箍筋宜采用 HPB300、HRB400、HRBF400、HRB500、HRBF500 钢筋,也可采用 HRB335、HRBF335 钢筋。

d. 预应力筋宜采用预应力钢丝、钢绞线和预应力螺纹钢筋。

从上面的规定来看,《钢筋混凝土用钢 第 1 部分:热轧光圆钢筋》(GB/T 1499.1—2017)、《钢筋混凝土用钢 第 2 部分:热轧带肋钢筋》(GB/T 1499.2—2018)与《混凝土结构设计规范》(GB 50010—2010)中有些不一致,《混凝土结构设计规范》(GB 50010—2010)中已经不提倡使用 HPB235 作为箍筋。

③ 钢筋的强度标准值应具有不小于 95% 的保证率,见表 3.13。

表 3.13　普通钢筋强度标准值（MPa）

牌号	符号	公称直径 d(mm)	屈服强度标准值 f_{yk}	极限强度标准值 f_{stk}
HPB300	Φ	6～22	300	420
HRB335 HRBF335	Φ Φ^F	6～50	335	455
HRB400 HRBF400 RRB400	Φ Φ^F Φ^R	6～50	400	540
HRB500 HRBF500	Φ Φ^F	6～50	500	630

④ 普通钢筋强度设计值见表 3.14。

表 3.14　普通钢筋强度设计值（MPa）

牌号	抗拉强度设计值 f_y	抗压强度设计值 f_y'
HPB300	270	270
HRB335、HRBF335	300	300
HRB400、HRBF400、RRB400	360	360
HRB500、HRBF500	435	410

从表 3.14 中可以看出,规范规定的钢筋强度设计值比标准值要低一些。

(4)《公路钢筋混凝土及预应力混凝土桥涵设计规范》(JTG D62—2004)规定的普通钢筋强度设计值

① 符号意义

《公路钢筋混凝土及预应力混凝土桥涵设计规范》(JTG D62—2004)中规定:

R235 指《钢筋混凝土用热轧光圆钢筋》(GB 13013—1991)中的Ⅰ级钢筋。

HRB335、HRB400 指《钢筋混凝土用热轧带肋钢筋》(GB 1499—1998)中的Ⅱ级、Ⅲ级钢筋。

KL400 指《钢筋混凝土用余热处理钢筋》(GB 13014—1991)中的Ⅲ级钢筋。

预应力钢丝指《预应力混凝土用钢丝》(GB/T 5223—2002)中的刻痕钢丝、螺旋肋钢丝和光面钢丝。

② 公路桥涵混凝土的钢筋采用

钢筋混凝土及预应力混凝土构件中的普通钢筋宜选用 R235、HRB335、HRB400 及 KL400 钢筋,预应力混凝土构件中的箍筋应选用其中的带肋钢筋;按照构造要求配置的钢筋网可采用冷轧带肋钢筋。

预应力混凝土构件中的预应力钢筋应选用钢绞线、钢丝;中小型构件或竖、横向预应力钢筋也可选用精轧螺纹钢筋。

③ 普通钢筋强度设计值(表 3.15)

由表 3.14 和表 3.15 可以看出,不同的规范对钢筋的设计强度取值有所不同,这就要求设计人员要非常熟悉相应的规范。

表 3.15　普通钢筋抗拉、抗压强度设计值(MPa)

钢筋种类	抗拉强度设计值 f_{sd}	抗压强度设计值 f'_{sd}
R235　　$d=8\sim20$ mm	195	195
HRB335　$d=6\sim50$ mm	280	280
HRB400　$d=6\sim50$ mm	330	330
KL400　　$d=8\sim40$ mm	330	330

3.3　钢材的组织及冷加工和热处理

3.3.1　钢材的组织、化学成分及其影响

(1) 钢材的组织

① 钢材的晶体结构

钢材与其他金属材料一样,为晶体结构,它是铁碳合金晶体。其晶体结构中,各个原子以金属键相互结合在一起,这种结合方式就决定了钢材具有很高的强度和良好的塑性。借助于先进的测试手段对钢材的微观结构进行观察,可以发现钢材的晶格并不都是完好无缺的规则排列,而是存在许多缺陷,如点缺陷、线缺陷、面缺陷等,它们将显著影响钢材的性能。

② 钢材的基本组织

要得到含 100% Fe 的钢是不可能的,钢是以铁为主的铁碳合金,基本元素是铁和碳,其中碳含量很少,但对钢材性能的影响很大。碳素钢在冶炼的钢水冷却过程中,铁和碳以固溶体(铁中固溶着微量的碳)、化合物(铁和碳结合成化合物)、机械混合物(固溶体和化合物的混合物)等三种形式存在。组成钢的基本组织主要有:

a. 铁素体:即固溶体,溶碳能力较差,含碳量很少,它的塑性、韧性很好,但强度、硬度很低。

b. 奥氏体:即固溶体,溶碳能力较强,其强度、硬度不高,但塑性较好,在高温时易于轧制成型。

c. 渗碳体:铁和碳的化合物,结构复杂,塑性差,硬度高、脆性大,抗拉强度低。

d. 珠光体:即铁素体和渗碳体混合物,含碳量较低,层状结构,塑性较好,强度和硬度较高。

碳素钢中基本组织的相对含量与其含碳量关系密切。当含碳量小于 0.8% 时,钢的基本组织由铁素体和珠光体组成,期间随着含碳量提高,铁素体逐渐减少而珠光体逐渐增多,钢材的强度、硬度随之逐渐提高,而塑性、韧性则逐渐降低。

当含碳量为 0.8% 时,钢的基本组织仅为珠光体。当含碳量大于 0.8% 时,钢的基本组织为珠光体和渗碳体组成,此时随着含碳量的增加,珠光体逐渐减少而渗碳体相对渐增,从而使钢材硬度逐渐增大,但塑性和韧性减小,且强度降低。

(2) 钢材的化学成分及其影响

钢中除了主要化学成分铁外,还含有少量的碳、硅、锰、磷、硫、氧、氮、钛、钒等元素,这些元素虽然含量很少,但对钢材的性能影响却很大。

① 碳元素的影响。碳是决定钢材性能的最主要元素,碳对钢材的强度、塑性、韧性等机械性能影响显著。当钢中含碳量小于 0.8% 时,随着含碳量的增加,钢的强度和硬度增加,塑性和韧性下降;当含碳量大于 1.0% 时,随着含碳量的增加,钢的强度反而下降。钢的含碳量增加,还会使钢的焊接性能变差。一般工程用碳素钢均为低碳钢,含碳量小于 0.25%,工程用低合金钢含碳量小于 0.52%。

② 硅元素的影响。硅在钢中是有益元素,炼钢时起到脱氧作用。通常碳素钢中硅含量小于 0.3%,低合金钢中硅含量小于 1.8%。

③ 锰元素的影响。锰也是有益元素,炼钢时起到脱氧和去硫作用。

④ 磷元素的影响。磷是钢中有害的元素,磷含量增加,钢材的强度、硬度提高,塑性和韧性显著下降。建筑用钢一般要求磷含量小于 0.045%。

⑤ 硫元素的影响。硫是钢中有害的元素,硫含量增加将降低钢材的各种机械性能,同时使钢的可焊性、冲击韧性、耐疲劳性和抗腐蚀性均降低。建筑用钢要求硫含量应小于 0.045%。

⑥ 氧元素的影响。氧是钢中的有害元素,可降低钢的机械性能和可焊性。通常要求钢中含氧量应小于 0.03%。

⑦ 氮元素的影响。氮是钢中的有害元素,氮含量增加会使钢材强度提高,但韧性和可焊性显著下降。钢中氮含量一般应小于 0.008%。

⑧ 钛和钒元素的影响。钛和钒是钢中的合金元素,钛能显著提高强度、改善韧性,但塑性稍微降低;钒能有效提高强度,可减弱碳和氮的不利影响。

3.3.2 钢材的冷加工及热处理

(1) 钢材冷加工强化与时效处理的概念

将钢材于常温下进行冷拉、冷拔或冷轧,使之产生一定的塑性变形,强度明显提高,塑性和韧性有所降低,这个过程称为钢材的冷加工强化。

工程中常对钢筋进行冷拉或冷拔加工,以期达到提高钢材强度和节约钢材的目的。钢筋冷拉是常温下将其拉至应力超过屈服点,但远小于抗拉强度时即卸荷。将经过冷拉的钢筋,于常温下存放 15~20 d,或加热到 100~200 ℃并保持 2~3 h 后,则钢筋强度将进一步提高,这个过程称为时效处理,前者称为自然时效,后者称为人工时效。通常对强度较低的钢筋可采用自然时效,强度较高的钢筋则需采用人工时效。

(2) 钢材冷加工强化与时效的机理

钢筋经冷拉、时效后的力学性能变化规律可明显地从其拉伸试验的应力-应变图中反映出来,如图 3.7 所示。

图 3.7 中 $OBCD$ 为未经冷拉和时效处理的试件的拉伸应力-应变曲线。将试件拉至应力超过屈服点 B 后的 K 点，然后卸去荷载，由于拉伸时试件已产生塑性变形，故卸荷曲线沿 KO' 下降，KO' 大致与 BO 平行。若此时将试件立即重新拉伸，则其屈服点进一步升高至 K 点，以后的应力-应变关系将与原来曲线 KCD 相似。这表明钢筋经冷拉后，屈服强度得到提高。若在 K 点卸荷后不立即重新拉伸，而将试件进行自然时效或人工时效处理，然后

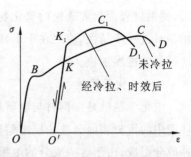

图 3.7 钢筋冷拉、时效前后对比

再拉伸，则其屈服点又将进一步升高至 K_1 点，继续拉伸时曲线沿 $K_1 C_1 D_1$ 发展。这表明钢筋经冷拉及时效处理以后，屈服强度得到进一步提高，且抗拉强度亦有所提高，塑性和韧性则要相应降低。

钢材冷加工强化的原因，一般认为钢材经冷加工产生塑性变形后，塑性变形区域内的晶粒产生相对滑移，导致滑移面下的晶粒破碎，晶格歪扭畸变，滑移面变得凹凸不平，对晶粒进一步滑移起阻碍作用，亦即提高了抵抗外力，故屈服强度得以提高。同时，冷加工强化后的钢材，由于塑性变形后滑移面减少，从而使其塑性降低，脆性增大，且变形中产生的内应力使钢的弹性模量降低。

（3）钢材冷加工时效在工程中的应用

工程中对大量使用的钢筋，往往是同时采用冷加工和时效进行处理。实际施工时，应通过试验确定冷拉控制参数和时效方式。冷拉参数的控制直接关系到冷拉效果和钢材质量。一般钢筋冷拉仅控制冷拉率即可，称为单控。对用作预应力筋的钢筋，需采取双控，既控制冷拉应力又控制冷拉率。

钢筋通过冷加工有明显的经济效益。钢筋经冷拉后，屈服点可提高 $20\%\sim25\%$，冷拔钢丝屈服点可提高 $40\%\sim90\%$，由此即可适当减小钢筋混凝土结构设计截面，或减少混凝土中配筋数量，从而达到节约钢材的目的。钢筋冷拉还有利于简化施工工序，如盘条钢筋可省去开盘和调直工序，冷拉直条钢筋则可与矫直、除锈等工艺一并完成。

3.4 钢材的腐蚀与防护

钢材的锈蚀是指其表面与周围介质发生化学反应而遭到的破坏。钢材若在存放中严重锈蚀，不仅使有效截面面积减小、性能降低甚至报废，而且使用前还需除锈。钢材若在使用中锈蚀，将使受力面积减小，且因局部锈坑的产生，还可造成应力集中，导致结构承载力下降。尤其在有反复荷载作用的情况下，将产生锈蚀疲劳现象，使用前疲劳强度大为降低，出现脆性断裂。

3.4.1 钢材的锈蚀

根据锈蚀作用的机理，钢材的锈蚀可分为化学锈蚀和电化学锈蚀两种。

（1）化学锈蚀

化学锈蚀是指钢材直接与周围介质发生化学反应产生的锈蚀。这种锈蚀多数是氧化作

用,使钢材表面形成疏松的氧化物。在常温下,钢材表面能形成一薄层氧化保护膜,可以防止钢材进一步锈蚀,使之在干燥环境下,钢材锈蚀进展缓慢,但在温度和湿度提高的情况下,这种锈蚀进展加快。

(2) 电化学锈蚀

电化学锈蚀是指钢材与电解质溶液接触而产生电流,形成微电池而引起的锈蚀。潮湿环境中的钢材表面会被一层电解质水膜所覆盖,而钢材是由铁素体、渗碳体及游离石墨等多种成分组成,由于这些成分的电极电位不同,首先钢的表面层在电解质溶液中构成以铁素体为阳极,以渗碳体为阴极的微电池。在阳极,铁失去电子成为 Fe^{2+} 进入水膜;在阴极,溶于水膜中的氧被还原生成 OH^-,随后两者结合生成不溶于水的 $Fe(OH)_2$,并进一步氧化为疏松易剥落的红棕色铁锈 $Fe(OH)_3$。由于铁素体基体的逐渐锈蚀,钢组织中的渗碳体等暴露得越来越多,形成的微电池数目也越来越多,钢材的锈蚀速度愈益加速。

电化学锈蚀是建筑钢材在存放和使用中发生锈蚀的主要形式。影响钢材锈蚀的主要因素是水、氧及介质中所含的酸、碱、盐等。另外,钢材本身的组织和化学成分对锈蚀也有影响。

埋于混凝土中的钢筋,因为混凝土的碱性(混凝土的 pH 值为 12 左右)环境,使之形成一层碱性保护膜,有阻止锈蚀继续发展的能力,故混凝土中的钢筋一般不易锈蚀。

3.4.2　钢材锈蚀的防治措施

(1) 涂敷保护层

涂刷防锈涂料(防锈剂);采用电镀或其他方式在钢材的表面镀锌、铬等;涂敷搪瓷或塑料层。利用保护膜将钢材与周围介质隔开,从而起到保护作用。

(2) 设置阳极或阴极保护

对于不易涂敷保护层的钢结构,如地下管道、港口结构等,可采取阳极保护或阴极保护。阳极保护又称为外加电流保护法,是在钢结构的附近埋设一些废钢铁,外加直流电源,将阴极接在被保护的钢结构上,阳极接在废钢上。通电后废钢铁成为阳极而被腐蚀,钢结构成为阴极而被保护。

阴极保护是在被保护的钢结构上连接一块比铁更为活泼的金属,如锌、镁,使锌、镁成为阳极而被腐蚀,钢结构成为阴极而被保护。

(3) 掺入阻锈剂

在土木工程中大量采用的钢筋混凝土用钢筋,由于水泥水化后产生大量的氧化钙,且混凝土中的碱度较高(pH 值一般在 12 左右)。处于这种强碱环境的钢筋,其表面产生一层钝化膜,对钢筋具有保护作用,因而实际上是不生锈的。但随着碳化作用的进行,混凝土的pH 值会降低,或氯离子侵蚀作用下钢筋表面的钝化膜破坏,此时与腐蚀介质接触时将会受到腐蚀。可通过提高密实度和掺入阻锈剂提高混凝土中钢筋的阻锈能力。常用的阻锈剂有亚硝酸盐、磷酸盐、铬盐、氧化锌、间苯二酸等。

3.5 钢筋的连接

本节仅介绍钢筋的连接,其余钢材的连接等参见有关标准。

3.5.1 钢筋连接的分类

钢筋的连接方式可分为三类:绑扎、焊接和机械连接。纵向受力钢筋和竖向受力钢筋的连接方式应符合有关规范和设计要求。机械连接接头和焊接接头的类型及质量应符合国家现行标准的规定和设计要求。

一般较小直径的非受力钢筋采用绑扎。纵向受力钢筋常采用焊接。竖向受力钢筋的直径大于 22 mm 时常采用机械连接,尤其在桩基础中使用较多。纵向受力钢筋和竖向受力钢筋的焊接或机械连接应符合设计和《钢筋焊接及验收规程》(JGJ 18—2012)与《钢筋机械连接技术规程》(JGJ 107—2010)要求。

3.5.2 钢筋的绑扎

钢筋绑扎前,应先熟悉施工图纸,核对钢筋配料单和料牌,研究钢筋安装与有关工种配合的顺序,准备绑扎用的铁丝、工具、绑扎架等。钢筋绑扎一般用 18～22 号铁丝,其中 22 号铁丝只用于绑扎直径 12 mm 以下的钢筋。

同一构件中相邻纵向受力钢筋的绑扎搭接接头宜相互错开,满足《混凝土结构施工图平面整体表示方法制图规则和构造详图》(16G101)中有关绑扎长度与锚固长度的要求。

3.5.3 钢筋的焊接

(1) 钢筋焊接分类

《钢筋焊接及验收规程》(JGJ 18—2012)将钢筋焊接分电阻点焊、闪光对焊、电弧焊、电渣压力焊、气压焊等 5 种方法。此外,还有预埋件埋弧压力焊和预埋件钢筋埋弧螺柱焊接,它们属于预埋件焊接,不属于普通钢筋焊接范畴。

(2) 有关概念

① 钢筋电阻点焊:将两钢筋(丝)安装成交叉叠接形式,压紧两电极,利用电阻热融化母材金属,加压形成焊点的一种压焊方法。

② 钢筋闪光对焊:将两钢筋以对接形式水平安装在对焊机上,利用电阻热使接触点金属熔化,产生强烈闪光和飞溅,迅速施加顶锻压力完成焊接的一种压焊方法。

③ 钢筋电弧焊:是以焊条作为一极,钢筋为另一极,利用焊接电流通过产生的电弧热进行焊接的一种熔焊方法。

④ 钢筋电渣压力焊:将两钢筋安放成竖向对接形式,通过直接引弧法或间接引弧法,利

用焊接电流通过两钢筋端面间隙,在焊剂层下形成电弧过程和电渣过程,产生电弧热和电阻热,熔化钢筋,加压完成的一种压焊方法。

⑤ 钢筋气压焊:采用氧乙炔火焰或氧液化石油气火焰(或其他火焰),对两钢筋对接处加热,使其达到热塑状态(固态)或熔化状态(熔态)后,加压完成的一种压焊方法。

⑥ 预埋件钢筋埋弧压力焊:将钢筋与钢板安放成 T 形接头形式,利用焊接电流通过,在焊剂层下产生电弧,形成熔池,加压完成的一种压焊方法。

⑦ 预埋件钢筋埋弧螺柱焊:用电弧螺柱焊枪夹持钢筋,使钢筋垂直对准钢板,用螺柱焊电源设备产生强电流、短时间的焊接电弧,在溶剂层保护下使钢筋焊接端面与钢板间产生熔池后,适时将钢筋插入熔池,形成 T 形接头的焊接方法。

⑧ 热影响区:焊接或切割过程中,钢筋母材因受热的影响(但未熔化),使金属组织和力学性能发生变化的区域。

⑨ 延性断裂:伴随明显塑性变形而形成延性断口(断裂面与拉应力垂直或倾斜,其上具有细小的凹凸,呈纤维状)的断裂。

⑩ 脆性断裂:几乎不伴随塑性变形而形成脆性断口(断裂面通常与拉应力垂直,宏观上具有光泽的断面)的断裂。

(3)电弧焊

① 搭接焊的适用范围见表 3.16。

表 3.16　搭接焊的适用范围

焊接方法	钢筋牌号	钢筋直径(mm)
单面焊	HRB300	10~22
	HRB335、HRBF335	10~40
	HRB400、HRBF400	10~40
	HRB500、HRBF500	10~32
	RRB400W	10~25
双面焊	HRB300	10~22
	HRB335、HRBF335	10~40
	HRB400、HRBF400	10~40
	HRB500、HRBF500	10~32
	RRB400W	10~25

注:表中 RRB400W 指强度级别为 400 MPa 的可焊接余热处理钢筋。

② 钢筋电弧焊接分类:电弧焊分搭接焊、帮条焊、熔槽帮条焊、坡口焊、窄间隙焊 5 种焊接形式。此外还有钢筋与钢板搭接焊、预埋件钢筋电弧焊 2 种与钢筋有关的焊接形式。其中搭接焊和帮条焊分单面焊和双面焊;坡口焊分平焊和立焊;预埋件钢筋电弧焊分角焊、穿孔塞焊、埋弧压力焊和埋弧螺柱焊。这里仅介绍搭接焊中的单面焊和双面焊。

③ 钢筋搭接焊焊接长度见表3.17和图3.8。

表 3.17 钢筋搭接焊焊接长度

钢筋牌号	焊缝形式	焊接长度 l
HPB300	单面焊	$\geqslant 8d$
	双面焊	$\geqslant 4d$
HRB335、HRBF335；HRB400、HRBF400；HRB500、HRBF500；RRB400W	单面焊	$\geqslant 10d$
	双面焊	$\geqslant 5d$

注:表中 d 指钢筋直径。

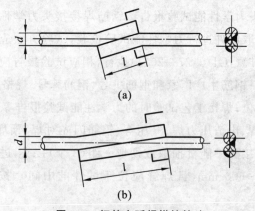

图 3.8 钢筋电弧焊搭接接头
(a)双面焊;(b)单面焊

(4) 焊接质量检验与验收

按照《钢筋焊接及验收规程》(JGJ 18—2012),进行钢筋焊接质量检验与验收。

① 基本规定

A. 钢筋焊接接头或钢筋焊接制品(钢筋焊接骨架、钢筋焊接网格)应按检验批进行质量检验与验收。质量检验与验收应包括外观质量检查和力学性能试验检验,并划分为主控项目和一般项目两大类。

B. 纵向受力钢筋焊接接头验收时,闪光对焊、电弧焊、电渣压力焊、气压焊接头和非纵向受力箍筋闪光对焊、预埋件钢筋 T 形接头等应符合设计要求,并全数外观检查,外观检查方法为目视检查。钢筋焊接接头外观检查为一般项目,钢筋焊接接头力学性能试验检验为主控项目。

C. 专门规定的电阻点焊和钢筋与钢板电弧焊接头为主控项目,除此之外的不属于专门规定的为一般项目,可只做外观质量检查。

D. 纵向受力钢筋焊接、箍筋闪光对焊、预埋件钢筋 T 形接头的外观质量检查规定

如下:

　a. 纵向受力钢筋焊接接头,每一检验批应随机抽取 10% 的焊接接头;箍筋闪光对焊接头和预埋件钢筋 T 形接头应随机抽取 5% 的焊接接头。

　b. 焊接接头外观质量检查,首先应由焊工对所焊接接头或制品进行自检;在自检合格的基础上由施工单位项目专业质量检验员检查,并将检查结果填写在规定的"钢筋焊接接头检验批直接验收记录"表格中。

　E. 外观质量检查结果,当各小项目合格数均小于或等于抽检数的 15%,该批焊接接头外观质量评定为合格;当某一小项目不合格数超过抽检数量的 15% 时,应对该批焊接接头逐个进行复验,并剔除不合格接头。对外观质量检查不合格的接头采取补焊或修补措施后,可提交第二次外观质量检查验收。

　F. 施工单位项目专业质量检查员应检查钢筋、钢板质量证明书,焊接材料产品合格证和焊接工艺试验时的接头力学性能试验报告。钢筋焊接接头力学性能检验,应在外观质量检查合格后进行,随机切取试件进行力学性能试验检验,试验方法应按照现行行业标准《钢筋焊接接头试验方法标准》(JGJ/T 27—2014)执行,相应试验报告应涵盖下列内容:工程名称、取样部位;批号、批量;钢筋生产厂家和钢筋批号、钢筋牌号、规格;焊接方法;焊工姓名及考试合格证编号;施工单位;焊接工艺试验时的力学性能试验报告等 7 项内容。

　G. 闪光对焊、电弧焊、电渣压力焊、气压焊、箍筋闪光对焊、预埋件钢筋 T 形接头的拉伸试验,应从每一检验批接头中随机抽取或切取一组(3 个)接头,进行拉伸试验(每一根拉伸试件长度大致为 500～600 mm,且焊缝应位于试件的中间),按照下列规定评定试验结果:

　a. 符合下列条件之一,评定该检验批钢筋焊接接头拉伸性能合格:

　ⓐ 一组 3 根试件均断于钢筋母材,呈现延性断裂,其抗拉强度不小于钢筋母材抗拉强度标准值。

　ⓑ 2 根试件断于钢筋母材,呈现延性断裂,其抗拉强度不小于钢筋母材抗拉强度标准值;剩余 1 根试件断于焊缝,呈现脆性断裂,其抗拉强度不小于钢筋母材抗拉强度标准值。

　注:试件断于热影响区,呈现延性断裂,应视为断于钢筋母材;试件断于热影响区,呈现脆性断裂,应视为断于焊缝。

　b. 符合下列条件之一,应复验:

　ⓐ 2 根试件断于钢筋母材,呈现延性断裂,其抗拉强度不小于钢筋母材抗拉强度标准值;剩余 1 根试件断于焊缝或热影响区,呈现脆性断裂,其抗拉强度小于钢筋母材抗拉强度标准值。

　ⓑ 1 根试件断于钢筋母材,呈现延性断裂,其抗拉强度不小于钢筋母材抗拉强度标准值;剩余 2 根试件断于焊缝或热影响区,呈现脆性断裂。

　ⓒ 3 根试件断于焊缝,呈现脆性断裂,其抗拉强度不小于钢筋母材抗拉强度标准值。

　c. 复验要求及结果处理:

ⓐ 复验应加倍取样,应重新随机取样切取 6 个试件进行抗拉试验。

ⓑ 复验结果,如果有 4 根或 4 根以上试件断于母材,呈现延性断裂,其抗拉强度不小于钢筋母材抗拉强度标准值,剩余 2 根或 2 根以下的试件断于焊缝,呈现脆性断裂,其抗拉强度不小于母材抗拉强度标准值,应评定该检验批焊接接头拉伸试验复验合格。

d. 判定焊接接头拉伸试验不合格条件:

ⓐ 当同时不满足合同条件和复验条件的,直接判定为不合格。

ⓑ 3 根试件均断于焊缝,呈现脆性断裂,其中有 1 根试件抗拉强度小于钢筋母材抗拉强度标准值,应评定该检验批焊接接头拉伸试验不合格。

ⓒ 复验 6 根试件,仍然不满足复验合格条件的三种情形,应判断该检验批焊接接头拉伸试验不合格。

e. 可焊接余热处理钢筋 RRB400W 焊接接头拉伸试验结果,其抗拉强度应符合同级别热轧带肋钢筋抗拉强度标准值 540 MPa。

f. 预埋件钢筋 T 形接头拉伸试验结果,3 根试件的抗拉强度不小于表 3.18 规定值时,应判定该检验批钢筋接头拉伸试验合格。

表 3.18 预埋件钢筋 T 形接头钢筋抗拉强度规定值

钢筋牌号	抗拉强度规定值(MPa)
HPB300	400
HRB335、HRBF335	435
HRB400、HRBF400;RRB400W	520
HRB500、HRBF500	610
RRB400W	520

H. 钢筋闪光对焊、气压焊接头进行弯曲试验时,应从每一根检验批接头中随机切取 3 根接头,焊缝应处于完全中心点,弯心直径和弯曲角度应符合表 3.19。

表 3.19 接头弯曲试验指标

钢筋牌号	弯心直径	弯曲角度(°)
HPB300	$2d$	90
HRB335、HRBF335	$4d$	90
HRB400、HRBF400;RRB400W	$5d$	90
HRB500、HRBF500	$7d$	90

注:表中 d 为钢筋直径(mm);直径大于 25 mm 的钢筋焊接接头,弯心直径应增加 1 倍钢筋直径。

弯曲试验结果按照下列规定评定:

a. 当试验弯曲 90°,有 2 根或 3 根试件外侧(含焊缝和热影响区)未发生宽度大于

0.5 mm 的裂缝,评定该检验批钢筋焊接接头弯曲试验合格。

b. 当有 2 根试件发生宽度达到 0.5 mm 的裂缝,应复验。

c. 当有 3 根试件发生宽度达到 0.5 mm 的裂缝,评定该检验批钢筋焊接接头弯曲试验不合格。

d. 复验时,应加倍取样,即切取 6 根弯曲试件(每根试件长度大致在 350~400 mm)进行试验。复验结果,当不超过 2 根试件发生宽度达到 0.5mm 的裂纹时,评定该检验批钢筋焊接接头弯曲试验复验合格。

② 钢筋闪光对焊接头

A. 闪光对焊接头的质量检验,应分批进行外观质量检查和力学性能检验,应符合下列规定:

a. 在同一台班内,同一个焊工完成的 300 个同牌号、同直径的钢筋焊接接头为一个检验批。不足 300 个接头时,应按一个检验批计算。

b. 力学性能检验,应从每批钢筋焊接接头中随机切取 6 根接头,其中 3 根接头做拉伸试验(每一根拉伸试件长度大致在 500~600 mm,且焊缝应位于试件的中间),另外 3 根钢筋接头做弯曲试验(每根试件长度大致在 350~400 mm)。

c. 异径钢筋接头可只切取 3 根试件做拉伸试验。

B. 闪光对焊接头外观质量应符合下列规定:

a. 闪光对焊接头表面呈现圆滑、不带毛刺状,不得有肉眼可见的裂纹。

b. 与电极接触处的钢筋表面不得有明显烧伤。

c. 接头处的弯折角度不得大于 3°。

d. 接头处的轴线偏移不得大于钢筋直径的 1/10,且不得大于 2 mm。

③ 钢筋电弧焊接头

A. 钢筋电弧焊接头的质量检验,应分批进行外观质量检查和力学性能检验,并应符合下列规定:

a. 在现浇混凝土结构中,以 300 个同牌号钢筋、同形式接头为一个检验批;在房屋结构中,应在不超过连续两个楼层中的 300 个同牌号钢筋、同形式接头为一个检验批;每一个检验批随机切取 3 根接头(每一根拉伸试件长度大致在 500~600 mm,且焊缝应位于试件的中间),仅做拉伸试验,不做弯曲试验。

b. 在装配式结构中,可按照生产条件制作模拟试件,每批 3 根接头(每一根拉伸试件长度大致在 500~600 mm,且焊缝应位于试件的中间),仅做拉伸试验,不做弯曲试验。

c. 钢筋与钢板搭接焊接接头可只进行外观质量检查。

B. 钢筋电弧焊接头外观质量检查结果,应符合下列规定:

a. 焊缝表面应平整,不得有凹陷或焊瘤。

b. 焊接接头区域不得有肉眼可见的裂纹。

c. 焊缝余高为 2~4 mm。

d. 咬边深度、气孔、夹渣等缺陷允许值及接头尺寸的允许偏差见表 3.20。

表 3.20 接头弯曲试验指标

名称		单位	帮条焊	接头形式	
				搭接焊和钢筋与钢板搭接焊	坡口焊、窄间隙焊、熔槽帮条焊
帮条沿接头中心线的纵向偏移		mm	0.3d	—	—
接头处弯折角度		°	3	3	3
接头处钢筋轴线的偏移		mm	0.1d	0.1d	0.1d
焊缝宽度			0.1d	0.1d	
焊缝长度		mm	−0.3d	−0.3d	
咬边深度		mm	0.5	0.5	0.5
在长 2d 焊缝表面上的气孔及夹渣	数量	个	2	2	
	面积	mm²	6	6	—
在全部焊缝表面上的气孔及夹渣	数量	个	—	—	2
	面积	mm²	—	—	6

④ 钢筋电渣压力焊接头

A. 电渣压力焊接头的质量检验,应分批进行外观质量检查和力学性能检验,应符合下列规定:

a. 在现浇钢筋混凝土结构中,以 300 个同牌号钢筋接头为一个检验批。

b. 在房屋结构中,应在不超过连续两层楼中 300 个同牌号钢筋接头为一个检验批,不足 300 个时仍为一个检验批。

c. 每批随机抽取 3 根接头(每一根拉伸试件长度大致在 500～600 mm,且焊缝应位于试件的中间),仅做拉伸试验,不做弯曲试验。

B. 电渣压力焊接头外观质量检查,应符合:

a. 四周焊包凸出钢筋表面的高度,当钢筋直径不大于 25 mm 时,不得小于 4 mm;当钢筋直径不小于 28 mm 时,不得小于 6 mm。

b. 钢筋与电极接触处应无烧伤缺陷。

c. 接头处的弯折角度不得大于 3°。

d. 接头处的轴线偏移不得大于 2 mm。

⑤ 钢筋气压焊接头

A. 气压焊接头的质量检验,应分批进行外观质量检查和力学性能检验,应符合下列规定:

a. 在现浇钢筋混凝土结构中,以 300 个同牌号钢筋接头为一个检验批;在房屋结构中,应在不超过连续两层楼中 300 个同牌号钢筋接头为一个检验批;不足 300 个时,仍为一个检验批。

b. 在柱、墙的竖向钢筋连接中,应从每批接头中随机切取 3 个接头做拉伸试验;在梁、板的水平钢筋连接中,应另外切取 3 个接头做弯曲试验。

c. 在同一批中,异径钢筋气压焊接头只做拉伸试验。

B. 钢筋气压焊接头外观质量检查,应符合下列规定:

a. 接头处轴线偏移量 e 不得大于钢筋直径的 1/10,且不得大于 4 mm;当不同直径钢筋焊接时,应按较小钢筋直径计算;当大于上述规定但在钢筋直径的 3/10 以下时,可加热矫正;当大于 3/10 时,应切除重焊。

b. 接头处表面不得有肉眼可见的裂纹。

c. 接头处的弯折角度不得大于 3°;当大于规定值时,应重新加热矫正。

d. 固态气压焊接头墩粗直径 d_c 不得小于钢筋的 1.4 倍,熔态气压焊接头墩粗直径不得小于钢筋直径的 1.2 倍;当小于上述规定时,应重新加热墩粗。

e. 墩粗长度 L_c 不得小于钢筋直径的 1.0 倍,且凸起部分应平缓圆滑;当小于规定值时,应重新加热墩粗。钢筋气压焊接头外观质量示意图如图 3.9 所示。

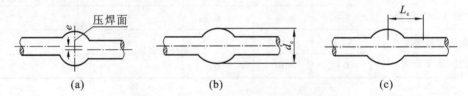

图 3.9　钢筋气压焊接头外观质量示意图

(a)轴线偏移量 e;(b)墩粗直径 d_c;(c)墩粗长度 L_c

3.5.4　钢筋的机械连接

钢筋机械连接是通过钢筋与连接件的机械咬合作用或钢筋端面的承压作用,将一根钢筋中的力传递至另一根钢筋的连接方法,又称为套筒连接。对于直径大于 25 mm 的单向受压桩、柱和桥墩常常采用机械连接(图 3.10)。

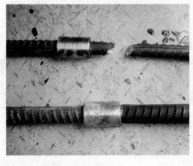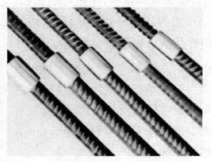

图 3.10　钢筋机械连接接头

(1) 机械连接接头的设计原则和性能等级

钢筋机械连接参照《钢筋机械连接技术规程》(JGJ 107—2010)。

① 接头的设计应满足强度及变形性能的要求。接头连接件的屈服和受拉承载力的标

准值不应小于被连接钢筋的屈服和受拉承载力标准值的 1.10 倍。

② 接头应根据其性能等级和应用场合,对单向拉伸性能、高应力反复拉压、大变形反复拉压、抗疲劳等各项性能确定相应的检验项目。

③ 接头应根据抗拉强度、残余变形以及高应力和大变形条件下反复拉压性能的差异分为 3 个等级,Ⅰ级接头最好,Ⅲ级接头最差。

a. Ⅰ级:接头抗拉强度等于被连接钢筋的实际拉断强度或不小于 1.10 倍钢筋抗拉强度标准值,残余变形小并具有高延性及反复拉压性能。

b. Ⅱ级:接头抗拉强度等于被连接钢筋的抗拉强度标准值,残余变形小并具有高延性及反复拉压性能。

c. Ⅲ级:接头抗拉强度不小于被连接钢筋屈服强度标准值的 1.25 倍,残余变形较小并具有一定的延性及反复拉压性能。

④ 对直接承受动力荷载的结构构件,设计应根据钢筋应力变化幅度提出接头的抗疲劳性能要求。当设计无专门要求时,接头的疲劳应力幅限值不应小于《混凝土结构设计规范》(GB 50010—2010)中普通钢筋疲劳应力幅限值的 80%。

(2) 接头的应用

① 设计图纸中应列出设计选用的钢筋接头等级和应用部位。接头等级的选定应符合:混凝土结构中要求充分发挥钢筋强度或对延性要求高的部位应优先选用Ⅱ级接头;当在同一连接区段内必须实施 100% 钢筋接头的连接时,应采用Ⅰ级接头;混凝土中钢筋应力较高且对延性要求不高的部位可采用Ⅲ级接头。

② 结构构件中纵向受力钢筋的接头宜相互错开。钢筋机械连接的连接区段长度应按 $35d$ 计算。同一连接区段内有接头的受力钢筋截面面积占受力钢筋总截面面积的百分率(以下简称接头百分率),应符合下列规定:

a. 接头宜设置在结构构件受拉钢筋应力较小部位,当需要在高应力部位设置接头时,在同一连接区段内Ⅲ级接头的接头百分率不应大于 25%,Ⅱ级接头的接头百分率不应大于 50%,Ⅰ级接头的接头百分率除 b. 规定外可不受限制。

b. 接头宜避开有抗震设防要求的框架的梁端、柱端箍筋加密区,当无法避开时,应采用Ⅰ级接头或Ⅱ级接头,且接头百分率不应大于 50%。

c. 受拉钢筋应力较小部位或纵向受压钢筋,接头百分率可不受限制。

d. 对直接承受动力荷载的结构构件,接头百分率不应大于 50%。

(3) 接头的型式检验

① 需要进行型式检验的情况:确定接头性能等级时;材料、工艺、规格进行改动时;型式检验报告超过 4 年时。

② 对每种型式、级别、规格、材料、工艺的钢筋机械连接接头,型式检验试件不应少于 9 个;单向拉伸试件不应少于 3 个,高应力反复拉压试件不应少于 3 个,大变形反复拉压试件不应少于 3 个。同时应另取 3 根钢筋试件作抗拉强度试验。全部试件均应在同一根钢筋上截取。

③ 用于型式检验的直螺纹或锥螺纹接头试件应散件送达检验单位,由型式检验单位或在其监督下按《钢筋机械连接技术规程》(JGJ 107—2010)规定的拧紧扭矩进行装配,拧紧扭

矩值应记录在检验报告中,型式检验试件必须采用未经过预拉的试件。

④ 型式检验符合下列规定时方可判定合格:

a. 强度检验:接头试件的强度实测值均应符合相应接头等级的强度要求。

b. 变形检验:对残余变形和最大力下总伸长率,3 个试件实测值的平均值应符合《钢筋机械连接技术规程》(JGJ 107—2010)中接头的变形性能的规定。

c. 型式检验应由国家、省级主管部门认可的检测机构进行,并应按《钢筋机械连接技术规程》(JGJ 107—2010)的格式出具检验报告和评定结论。

(4) 机械连接接头的检验和验收

① 工程中用钢筋机械接头时,由该技术提供单位提交有效的型式检验报告。

② 钢筋连接工程开始前,应对不同钢筋生产厂的进场钢筋进行接头工艺检验;施工过程中,更换钢筋生产厂时,应补充接头工艺检验。工艺检验应符合:

a. 每种规格钢筋的接头试件不应少于 3 根。

b. 每根试件的抗拉强度和 3 根接头试件的残余变形的平均值均应符合《钢筋机械连接技术规程》(JGJ 107—2010)的规定。

c. 接头试件在测量残余变形后可再进行抗拉强度试验,并按《钢筋机械连接技术规程》(JGJ 107—2010)中的单向拉伸加载制度进行试验。

d. 第一次工艺检验中 1 根试件抗拉强度或 3 根试件的残余变形平均值不合格时,允许再抽 3 根试件进行复验,复验仍不合格时判定为工艺检验不合格。

③ 接头安装前应检查连接件产品合格证及套筒表面生产批号标志;产品合格证应包括适用钢筋直径和接头性能等级、套筒类型、生产单位、生产日期以及可追溯产品材料力学性能和加工质量的检验批号。

④ 现场检验应按《钢筋机械连接技术规程》(JGJ 107—2010)进行接头的抗拉强度试验,加工、安装和资料检验;对接头有特殊要求的结构,应在设计图中另行注明相应的检验项目。

⑤ 接头的现场检验应按验收批进行。同一施工条件下采用同一批材料的同等级、同型同规格接头,应以 500 个为一个验收批进行检验和验收。

⑥ 螺纹接头安装后按验收批抽取其中 10% 的接头进行拧紧扭矩校核,拧紧扭矩不合格数超过被校核接头数的 5% 时,应重新拧紧全部接头,直到合格为止。

⑦ 对接头的每一验收批,必须在工程结构中随机截取 3 个接头试件作抗拉试验,按设计要求的接头等级进行评定。当 3 个接头试件的抗拉强度均符合相应等级的强度要求时,该验收批评为合格。如有 1 个试件的抗拉强度不符合要求,应再取 6 个试件进行复验(加倍取样)。复验中如仍有 1 个试件的抗拉强度不符合要求,则该验收批应评为不合格。

⑧ 现场检验连续 10 个验收批抽样试件抗拉强度试验一次合格率为 100% 时,验收批接头数量可扩大 1 倍。

⑨ 现场截取抽样试件后,原接头位置的钢筋可采用同等规格的钢筋进行搭接,或采用焊接及机械连接方法补接。

【典型例题及参考答案】

某工地新运进一批钢筋,Φ20,共计 50 t。试回答下列问题:

(1) 多少吨钢筋为一个检验批? 该批钢筋应该算几个检验批?

(2) 一个检验批的拉伸试验应该取样多少组? 一组多少个拉伸试件? 一个拉伸试件的长度大致是多少?

(3) 一个检验批的弯曲试验应该取样多少组? 一组多少个弯曲试件? 一个弯曲试件的长度大致是多少?

(4) 试验人员对这批钢筋取样进行拉伸试验,屈服强度分别为 430 MPa、440 MPa,极限抗拉强度分别为 550 MPa、570 MPa,第一根拉伸试件标距原长、拉伸后的长度分别为 200 mm、222 mm,第二根拉伸试件标距原长、拉伸后的长度分别为 200 mm、230 mm。该组拉伸试件是否合格?

(5) 试验人员对这批钢筋取样进行弯曲试验,其弯曲角度和弯心直径分别为多少?

【解】

(1) Φ20 表示代号为 HRB400、直径为 20 mm 的热轧带肋钢筋。60 t 钢筋为一个检验批,这批钢筋 50 t,虽然不足 60 t,仍然为一个检验批。

(2) 一个检验批的钢筋拉伸试验应取样 1 组。一组 2 个拉伸试件。一个拉伸试件的长度大致是 500~550 mm,理论长度≥10d+200 mm。

(3) 一个检验批的弯曲试验应该取样 1 组。一组 2 个弯曲试件。一个弯曲试件的长度大致是 350~400 mm,理论长度≥5d+150 mm。

(4) 规范规定一组 HRB400 拉伸试验指标屈服强度不低于屈服强度标注值 400 MPa,破坏时的极限抗拉强度不低于抗拉强度标准值 540 MPa,断后伸长率不低于断后伸长率标准值 16%。屈服强度和极限抗拉强度满足要求,但是伸长率分别为 $\frac{222-200}{200}\times100\%=$ 11%、$\frac{230-200}{200}\times100\%=15\%$,小于 16%,不合格。综合评定该批钢筋拉伸试验不合格。

(5) 试验人员对这批钢筋取样,进行弯曲试验,其弯曲角度为 180°、弯心直径为 4d= 80 mm。

 复习思考题

3.1 含碳量对热轧碳素钢性质有何影响?

3.2 钢材中的有害元素主要有哪些? 它们对钢材的性能有何影响?

3.3 简述钢材的优缺点。

3.4 碳素结构钢的牌号由小到大,钢的含碳量、有害杂质、性能如何变化?

3.5 简述钢筋混凝土用钢的主要种类、等级及适用范围。

3.6 简述钢材锈蚀的原因、主要类型及防锈措施。

3.7 根据含碳量不同,碳素钢分为哪几类?

3.8 低合金高强度结构钢被广泛应用的原因是什么?

3.9 画出低碳钢拉伸试验时的应力-应变图,指出其中重要参数及其意义。

3.10 钢材的伸长率如何表示?冷弯性能如何评定?

3.11 钢筋的连接方式有哪几种?

3.12 建筑钢材的技术性质有哪些?

3.13 钢筋的机械连接随机截取 3 个试件作拉伸试验,如何判定合格?

3.14 钢筋的闪光对焊随机截取 3 个试件作拉伸试验和 3 个试件作弯曲试验,如何判定合格?

3.15 热轧光圆钢筋有哪些牌号?热轧带肋钢筋有哪些牌号?

3.16 热轧光圆钢筋 HPB235 和 HPB300 的屈服强度、抗拉强度、断后伸长率、弯心直径和弯曲角度分别为多少?

3.17 钢筋的拉伸试件和冷弯试件取样长度各为多少?各为多少根?

3.18 预应力钢绞线 1×7—15.20—1860 的含义是什么?

3.19 热轧带肋钢筋 HRB400 和 HRB500 的屈服强度、抗拉强度、断后伸长率、弯心直径和弯曲角度分别为多少?

3.20 钢材的冶炼原理是什么?

3.21 热轧光圆钢筋母材的拉伸和弯曲如何取样?热轧带肋钢筋母材的拉伸和弯曲如何取样?

3.22 钢筋焊接分为哪几类?

3.23 钢筋电弧焊接分为哪几类?

3.24 焊接质量检查与验收规定闪光对焊接头拉伸试验和弯曲如何取样?

3.25 焊接质量检查与验收规定钢筋电弧焊接接头拉伸试验如何取样?

3.26 钢筋电弧焊接、闪光对焊、电渣压力焊接头拉伸试验结果如何评定?

3.27 钢筋闪光对焊、气压焊接头弯曲试验结果如何评定?

3.28 机械连接接头应根据抗拉强度、残余变形以及高应力和大变形条件下反复拉压性能的差异分为哪几个等级?每个等级的指标是什么?

3.29 如何选用机械连接接头?

3.30 钢筋机械连接接头百分率有何规定?

4 集　料

【重要知识点】

1. 熟悉《建设用砂》(GB/T 14684—2011)和《建设用卵石、碎石》(GB/T 14685—2011)两个国家推荐标准;集料按照粒径分类。

2. 根据试验数据并结合含泥量标准判断天然砂含泥量是否合格,或者符合几类砂标准;细集料按照混凝土等级分类;细集料的筛分试验;判定级配比较理想的细集料;细集料的分计筛余、累计筛余和细度模数的计算,并完善细集料筛分结果和计算过程表,绘制累计筛余曲线示意图;全面理解砂的颗粒级配表。判定机制砂小于 0.075 mm 的颗粒是泥还是石粉试验方法:如果试验确定机制砂小于 0.075 mm 的颗粒是泥,明确其含量限制标准;机制砂小于 0.075 mm 的颗粒即便是泥,明确不需要进行亚甲蓝试验的条件;如果试验确定机制砂小于 0.075 mm 的颗粒是石粉,明确其含量限制标准。

3. 粗集料的筛分试验;粗集料按照混凝土等级分类;全面理解粗集料的颗粒级配;明确粗集料筛分试验筛子的选择依据;粗集料筛分试验的分计筛余、累计筛余的计算并判断粗集料的级配是否良好,并完善粗集料筛分结果和计算过程表,绘制累计筛余曲线示意图。

4. 比较细集料与粗集料筛分试验异同,熟悉粗集料和细集料的常规试验。

集料是由不同粒径矿质颗粒组成,并在混合料中起骨架作用和填充作用的粒料。按粒径范围,其可分为粗集料、细集料。集料主要指工程中用于混凝土的材料,又称为骨料,与石料有较大区别。

4.1　集料的技术性质

4.1.1　集料的物理性质

集料的技术性质按其内在品质可分为物理性质、力学性质和化学性质等;按技术性质要求可分为两类:一类是反映材料来源的"资源特性",或称为料源特性,它是集料产地所决定的,如密度、压碎值、磨光值等;另一类是反映加工水平的"加工特性",如集料的级配组成、针片状颗粒含量、破碎砾石的破碎面比例、棱角性、含泥量、砂当量、亚甲蓝值、细粉含量等。

集料的物理性质包括由料源特性决定的物理常数和加工特性两部分。集料的物理常数有表观密度、毛体积密度。加工特性有堆积密度、空隙率、粗集料骨架间隙率、细集料的棱角性、粗集料的针片状颗粒含量、含泥量、泥块含量、表面特征等。下面就一些常用的物理性质进行介绍。

(1) 集料的含泥量

含泥量指集料中所含泥的质量占试验前烘干集料试样质量的百分率。泥在混凝土中含量过多,将大大降低混凝土质量和强度,用于混凝土中的集料必须对含泥量加以控制。

（2）粗集料的针片状颗粒含量

针片状颗粒是指粗集料中细长的针状颗粒与扁平的片状颗粒。当颗粒形状的各方向中的最小厚度（或直径）与最大长度（或宽度）的尺寸之比小于规定比例时，也属于针片状颗粒。粗集料的颗粒形状对集料颗粒间的嵌挤力有着显著影响，比较理想的形状是接近球体或立方体。而针片状颗粒本身容易折断，回旋阻力和空隙率大，会降低集料与沥青黏附性能以及水泥混凝土的和易性与强度，因此必须对其含量加以限制。对于粗集料针片状颗粒含量测定方法，水泥混凝土用集料采用规准仪法，沥青混合料用集料采用卡尺法。

4.1.2　集料的力学性质

粗集料在路面结构层或混合料中起着骨架的作用，反复受到车轮的碾压，因此应具有一定的强度和刚度，同时还应具备耐磨、抗磨耗和抗冲击的性能。这些性能用压碎指标、坚固性、岩石强度、磨光值、冲击值和磨耗值等指标来表示。以下仅介绍一些常用的指标。

（1）集料的压碎指标

集料的压碎指标又称压碎值，是集料在连续增加的荷载作用下抵抗压碎的能力，是衡量集料强度的一个相对指标，用以鉴定集料品质。《建设用卵石、碎石》（GB/T 14685—2011）中规定，压碎指标测定用粗集料中粒径在 9.50～19.0 mm 之间的颗粒，在压碎指标测定仪上压碎后，过 2.36 mm 方孔筛，小于 2.36 mm 的颗粒质量占原来试样质量的百分比，见表 4.1。《公路工程集料试验规程》（JTG E42—2005）中规定，压碎值测定用粗集料粒径在 9.50～13.2 mm 之间的颗粒，在压碎指标测定仪上压碎，过 2.36 mm 方孔筛，小于 2.36 mm 的颗粒质量占原来试样质量的百分比。

表 4.1　压碎指标

类别	Ⅰ	Ⅱ	Ⅲ
碎石压碎指标（%）	≤10	≤20	≤30
卵石压碎指标（%）	≤12	≤14	≤16

（2）集料的坚固性

《建设用卵石、碎石》（GB/T 14685—2011）中规定，采用硫酸钠溶液法进行试验，卵石、碎石的质量损失应符合表 4.2 中指标。

表 4.2　坚固性指标

类别	Ⅰ	Ⅱ	Ⅲ
质量损失（%）	≤5	≤8	≤12

（3）集料的母岩强度

集料的母岩强度测定采用岩石切割机加工随机取样的母岩成立方体试件（50 mm×50 mm×50 mm）或圆柱体试件（ϕ50 mm×50 mm），在水饱和状态浸泡 48 h，在量程为 1000 kN 的压力机上抗压，其抗压强度火成岩应不小于 80 MPa，变质岩应不小于 60 MPa，水成岩应不小于 30 MPa。母岩强度是有严格要求的，不是随便什么岩石都可以加工成混凝土用集料。

4.1.3　集料的化学性质简介

集料的化学性质有碱-集料反应、有机物含量、三氧化硫含量、细集料云母含量和轻物质含量等。以下仅介绍几种常用的化学性质。

（1）碱-集料反应

碱-集料反应指水泥、外加剂等混凝土组成物及环境中的碱与集料中碱活性矿物在潮湿环境下缓慢发生导致混凝土开裂破坏的膨胀反应。经碱-集料反应试验后，试件应无裂缝、酥裂、胶体外溢等现象，在规定的试验龄期膨胀率应小于 0.10%。在碱-集料反应试验前，应用岩相法鉴定岩石种类及所含的活性矿物种类。

（2）有机物含量

集料中有机物含量过多，会延缓水泥的硬化过程，降低混凝土强度尤其是早期强度。集料有机物含量试样采用比色法测定：将粗集料试样过 19 mm 筛（细集料为 4.75 mm 筛），取筛上部分集料，将其注入 3% 的氢氧化钠溶液，通过比较混合液上部溶液与标准溶液的色泽以确定集料有机物含量是否符合规定。

（3）细集料云母含量

云母呈薄片状，表面光滑，极易沿节理裂开，与水泥和沥青的黏附性极差。若砂中含有云母，对沥青混合料的黏附性、耐久性，以及混凝土拌合物的和易性，硬化后混凝土的强度、抗冻性和抗渗性都有不利影响。细集料的云母含量以云母占细集料总质量的百分比表示。

4.2　细　集　料

天然砂的常规试验是含泥量试验和筛分试验，机制砂的常规试验是测定粒径小于 0.075 mm 的颗粒含量的试验（同天然砂的含泥量试验）、亚甲蓝试验和筛分试验。

4.2.1　细集料的物理性质

（1）细集料的概念

细集料是指粒径小于 4.75 mm（旧规范是 5 mm，同样 9.50 mm、19.0 mm、26.5 mm、31.5 mm 等与旧规范对应的粒径是 10 mm、20 mm、25 mm、30 mm，例如现在还常常提到的粗骨料中采用碎石粒径为 5～20 mm，实际上是指 4.75～19.0 mm，这也是便于国内标准规范与国际接轨的）的砂。细集料按来源分为天然砂、人工砂。天然砂是指由自然风化、水流冲刷或自然堆积形成的且粒径小于 4.75 mm 的岩石颗粒，包括河砂，亦称破碎砂。人工砂又称机制砂，指经人为加工处理得到的符合规格要求的细集料，通常是岩石经除土开采、机械破碎、筛分而成的细集料。

（2）细集料按混凝土等级分类

根据《建设用砂》（GB/T 14684—2011），砂按技术要求分为Ⅰ类、Ⅱ类、Ⅲ类。Ⅰ类砂宜用于强度等级大于 C60 的混凝土；Ⅱ类砂宜用于强度等级为 C30～C60 及抗冻、抗渗或其他要求的混凝土；Ⅲ类砂宜用于强度等级小于 C30 的混凝土和建筑砂浆。

集料技术性质按砂、石等级确定，要明确集料的技术性质首先应明确其分类。

具体而言，在《建设用砂》（GB/T 14684—2011）中，含泥量指天然砂中粒径小于 0.075 mm

的颗粒含量;在《公路工程集料试验规程》(JTG E42—2005)中,含泥量指天然砂中颗粒小于
0.075 mm 的尘屑、淤泥和黏土的含量,后者定义更为确切。在机制砂中小于 0.075 mm 的
颗粒大多数属于石粉,但也可能混有泥,故在机制砂中明确定义含泥量显得更为重要。粗集
料的卵石也存在含泥量问题,只是施工现场卵石可以采用压力水冲洗。

(3) 天然砂的含泥量标准及试验

① 含泥量试验

天然砂含泥量试验可以按照《建设用砂》(GB/T 14684—2011)或《公路工程集料试验规
程》(JTG E42—2005)规定执行,采用筛洗法测定天然砂的含泥量。筛洗法不完全适合石粉
含量较高的机制砂的石粉含量测定(有人不确切地称之为含泥量测定);如果机制砂用筛洗
法测定,其结果只能是测定小于 0.075 mm 的颗粒,而这些颗粒究竟是泥还是石粉需要通过
亚甲蓝试验确定。

② 天然砂含泥量及泥块含量标准

按照《建设用砂》(GB/T 14684—2011),天然砂的含泥量和泥块含量标准见表 4.3。表
中泥块含量比含泥量要求高,因泥块容易被肉眼发现。

表 4.3　天然砂的含泥量和泥块含量

类别	I	II	III
含泥量(按质量计,%)	≤1.0	≤3.0	≤5.0
泥块含量(按质量计,%)	0	≤1.0	≤2.0

(4) 机制砂的石粉含量标准及试验

① 概述

机制砂中小于 0.075 mm 的颗粒按照常理绝大多数应该是石粉;若母岩比较脏(含泥较
多),小型加工料场又没有认真清洗,则生产出来的细集料可能含有较多的泥(即膨胀性黏性
土)。显然,混凝土的细集料中石粉比泥要好一些,对混凝土强度影响也要小一些,如何判断
后者生产出来的小于 0.075 mm 的颗粒是石粉还是泥,是机制砂非常值得注意的问题。施
工现场往往无法确定加工细集料的母岩是洁净的还是脏的,也无法用肉眼简单看出机制砂
中细小颗粒是石粉还是泥,所以需要随机取样并进行试验检测。

比较切实可行的试验程序是:首先按照天然砂的含泥量试验方法(筛析法),测定出机制
砂中小于 0.075 mm 颗粒的含量;试验结果如果小于表 4.3 中的指标,则不管是石粉还是
泥,即使全部看成泥,含量已经很小了,满足《建设用砂》的含泥量标准,此时可以直接判断该
机制砂含泥量或石粉含量合格;其次试验结果超过表 4.3 中的指标,而没有超过 10.0%(表
4.4),例如某施工现场的 C30 混凝土用砂为 II 类砂(机制砂),假定首先通过筛析法测定小
于 0.075 mm 的颗粒含量为 7.0%,则需要进行亚甲蓝试验。

亚甲蓝试验的目的是判断细集料中是否存在膨胀性黏土矿物(就是一般认为的泥)。如
果测定结果确定小于 0.075 mm 的颗粒是石粉(满足表 4.4),即亚甲蓝 MB 值≤1.0 时,可
判断为石粉;上述 II 类砂石粉含量 7.0%≤10.0%,判断该机制砂石粉含量合格。如果测定
结果确定小于 0.075 mm 的颗粒是泥,不满足表 4.4,即亚甲蓝 MB 值>1.0 时,可判断机制
砂中小于 0.075 mm 的颗粒为泥,而按表 4.3 规定 II 类砂泥含量应不大于 3.0%,上述实际

Ⅱ类砂泥含量为 7.0%＞3.0%，则该机制砂按表 4.3 判断为不合格。

机制砂中的细小颗粒有可能是石粉，也有可能是泥，需要结合表 4.3、表 4.4 综合考虑。可以按照以下"机制砂四部曲"解决问题：

第 1 步：按筛洗法测定小于 0.075 mm 颗粒。

第 2 步：第一次判断小于 0.075 mm 颗粒是否满足表 4.3。如果满足，机制砂合格，试验结束，不用再做亚甲蓝试验。如果超过表 4.3 标准，且超过表 4.4 的标准 10.0%，试验结束，不用再做亚甲蓝试验，该机制砂直接不合格，石粉含量太大。如果超过表 4.3，但没有超过表 4.4 的标准 10.0%，需要进行亚甲蓝试验。

第 3 步：亚甲蓝试验结果，满足表 4.4 的标准。例如，C30 混凝土用Ⅱ类机制砂的小于 0.075 mm 的颗粒，当亚甲蓝 MB 值≤1.0 时，石粉含量 7.0%，判断小于 0.075 mm 的颗粒为石粉，且因石粉含量 7.0%≤10.0%，判断为合格。

第 4 步：亚甲蓝试验结果，不满足表 4.4 的标准。即Ⅱ类机制砂亚甲蓝 MB 值＞1.0 时（只允许亚甲蓝 MB 值≤1.0），判断小于 0.075 mm 颗粒为泥。因此应按照表 4.3 中天然砂的含泥量标准判断，显然含泥量 7.0%＞3.0%（只允许≤3.0%），最后判断该机制砂不合格。

② 亚甲蓝试验

亚甲蓝试验是一个化学实验，按照《建设用砂》(GB/T 14684—2011)或《公路工程集料试验规程》(JTG E42—2005)规定执行。

机制砂石粉含量和泥块含量标准见表 4.4。

表 4.4　机制砂的石粉含量和泥块含量

类别	Ⅰ	Ⅱ	Ⅲ
亚甲蓝 MB 值	≤0.5	≤1.0	≤1.4 或合格
石粉含量（按质量计，%）	≤10.0		
泥块含量（按质量计，%）	0	≤1.0	≤2.0

4.2.2　细集料的技术性质

细集料的技术性质主要介绍细集料的筛分试验、相关计算及级配区和粗细判断。

（1）细集料的筛分试验标准套筛

细集料的筛分试验使用方孔筛，规格为 150 μm（即 0.15 mm）、300 μm、600 μm、1.18 mm、2.36 mm、4.75 mm 及 9.50 mm 的筛子各 1 只，并附有筛底和筛盖。

（2）细集料的筛分试验简介

① 细集料取样方法

在料堆上取样时，取样部位应均匀分布。取样前先将取样部位表层铲除，然后从不同部位随机抽取大致等量的砂 8 份，组成一组样品。从皮带运输机上取样时，应用皮带等宽的接料器在皮带运输机头出料处全断面定时随机抽取大致等量的砂 4 份，组成一组样品。从火车、汽车、货船上取样时，从不同部位和深度随机抽取大致等量的砂 8 份，组成一组样品。

② 细集料单项试验取样数量

部分单项试验的最少取样数量应符合表 4.5 的规定。若进行几项试验时，能保证试样经一项试验后不致影响另一项试验的结果,可用同一试样进行几项不同的试验。

表 4.5　细集料单项试验取样数量

序号	试验项目	最小取样数量(kg)
1	颗粒级配	4.4
2	含泥量	4.4
3	泥块含量	20.0
4	石粉含量	6.0
5	云母含量	0.6
6	表观密度	2.6
7	碱-集料反应	20.0

③ 试样处理

a. 用分料器法

将样品在潮湿状态下拌和均匀,然后通过分料器,取接料斗中的其中一份再次通过分料器。重复上述过程,直至把样品缩分到试验所需量为止。

b. 人工四分法

将所取样品置于平板上,在潮湿状态下拌和均匀,并堆成厚度约为 20 mm 的圆饼,然后沿互相垂直的两条直径把圆饼分成大致相等的四份,取其中对角线的两份重新拌匀,再堆成圆饼。重复上述过程,直至把样品缩分到试验所需量为止。

④ 细集料的筛分试验简介

在料场按规定取样细集料,烘干试样后首先过 9.50 mm 的筛,然后称取小于 9.50 mm 细集料 $M = 500$ g。从上到下筛子的放置顺序为 4.75、2.36、1.18、0.60、0.30、0.15(mm),筛顶 4.75 mm 的筛子盖上筛盖,最下面的 0.15 mm 筛子套上筛底,在摇筛机上或手筛筛 10 min,筛分合格后,分别称取每号筛上的筛余质量 m_i,每号筛上的筛余质量之和 $\sum m_i$ 与筛分前的试样总质量 $M = 500$ g 的差值不得超过试样总质量的 1%。

细集料的筛分试验具有重要的意义,判断砂的级配区,计算砂的细度模数。

(3)细集料筛分试验的相关计算及级配区判断

① 计算分计筛余百分率(%),见公式(4.1)。

$$a_i = \frac{m_i}{M} \times 100 \tag{4.1}$$

式中　a_i——分计筛余百分率(%),精确至 0.1%,计算时常常取消百分号,a_1、a_2、a_3、a_4、a_5 和　　　　 a_6 分别为 4.75、2.36、1.18、0.60、0.30 和 0.15(mm)筛上的分计筛余百分率;

　　　　m_i——各号筛上的筛余质量(g),精确至 1 g;

　　　　M——试样总质量(g),一般可取 $M = 500$ g。

② 计算累计筛余百分率(%),见公式(4.2)。

$$A_i = a_1 + a_2 + a_3 + \cdots + a_i \tag{4.2}$$

式中　A_i——累计筛余百分率(%),精确至 1%,计算时常取消百分号。

累计筛余百分率表示大于或等于该号筛上的累计筛余质量占试样总质量的百分率,

这个比例所包含的颗粒表示没有比该粒径更小的颗粒。A_1、A_2、A_3、A_4、A_5 和 A_6 分别为 4.75、2.36、1.18、0.60、0.30 和 0.15(mm)筛上的累计筛余百分率。

必要时,可以按照公式(4.3)计算通过百分率,即能够通过该号筛子的颗粒质量占总质量的百分率,即小于该号筛的颗粒质量占总质量的百分率。

$$P_i = 100 - A_i \tag{4.3}$$

式中 P_i——通过百分率(%)。

③ 级配区判断

累计筛余百分率计算完成后,可与规范规定的累计筛余百分率对比判断砂的级配区。砂的颗粒级配应符合表 4.6 的规定,砂的级配类别应符合表 4.7 的规定。对于砂浆用砂,4.75 mm 的筛孔的累计筛余量应为 0。砂的实际颗粒级配除 4.75 mm 和 0.6 mm 筛外,可以略有超出,但各级累计筛余超出值总和不应大于 5%。表 4.6 明确了 Ⅰ 类砂必须是 2 区砂,后面还要讲到细度模数,还必须是 2 区中砂(最好的砂)。值得注意的是,《建设用砂》(GB/T 14684—2011)提及首先过 9.50 mm 的筛,而对 9.50 mm 这一不属于砂的超粒径范畴的颗粒的筛余百分率没有做出规定,超粒径颗粒含量不超过总质量的 5% 还是 10% 合格?请读者思考。当超粒径含量较大时可以采用等量代换法解决,即混凝土中细集料砂和粗集料碎石或卵石的总量不变,如果砂中含超粒径颗粒有 10%,粗集料中卵石或碎石就可以相应减少该颗粒 10%,即保证砂和石总量不变,这是一种不得已的办法,实际工程中重要结构的混凝土尽量采用合格 2 区中砂。

表 4.6 砂的颗粒级配

级配区	1 区	2 区	3 区
方孔筛	累计筛余百分率(%)		
4.75 mm	10～0	10～0	10～0
2.36 mm	35～5	25～0	15～0
1.18 mm	65～35	50～10	25～0
0.60 mm	85～71	70～41	40～16
0.30 mm	95～80	92～70	85～55
0.15 mm	100～90	100～90	100～90

表 4.7 砂的级配类别

类别	Ⅰ 类	Ⅱ 类	Ⅲ 类
级配区	2 区	1、2、3 区	

④ 细度模数计算

砂的粗细程度用细度模数表示。

a. 砂的细度模数的计算公式

细度模数的计算见公式(4.4)。

$$M_x = \frac{(A_2 + A_3 + A_4 + A_5 + A_6) - 5A_1}{100 - A_1} \tag{4.4}$$

式中　M_x——砂的细度模数；

　　　　A_1,A_2,A_3,A_4,A_5,A_6——4.75、2.36、1.18、0.60、0.30 和 0.15(mm)筛上的累计筛
余百分率。

　　b. 砂的规格

　　砂按细度模数分为粗、中、细三种规格,粗砂、中砂和细砂的细度模数分别为 3.7～3.1、
3.0～2.3 和 2.2～1.6。

　　(4) 筛分和计算示例

　　【例题 4.1】　某工地试验室使用机制砂。准确称取烘干试样 500 g,筛分结果见表 4.8。
要求计算该砂的分计筛余百分率、累计筛余百分率、细度模数;完成试验报告中的有关筛分
表格;完善试验报告中的有关筛分示意图;判断该砂属于哪个区。

　　【解】　(1) 计算分计筛余百分率(%)

　　例如 $a_1 = \dfrac{m_1}{M} \times 100 = \dfrac{25}{500} \times 100 = 5$,其余同理,计算结果见表 4.8。

　　(2) 计算累计筛余百分率(%)

　　例如 $A_1 = a_1 = 5$；$A_2 = a_1 + a_2 = 5 + 13.6 = 18.6$,计算结果见表 4.8。

表 4.8　机制砂的筛分结果和计算过程表

孔径 (mm)	筛余质量 (g)	分计筛余百分率 (%)	累计筛余百分率 (%)	规范规定的 2 区累计筛余百分率 (%)	备注
9.50	0	0	0	0～0	
4.75	25	5	5	0～10	
2.36	68	13.6	18.6	0～25	
1.18	101	20.2	38.8	10～50	
0.60	113	22.6	61.4	41～70	
0.30	115	23	84.4	70～92	
0.15	45	9	93.4	90～100	
筛底	30				
合计	497	试样筛分前总质量为 500 g			

　　(3) 级配区判断

　　根据累计筛余百分率和规范规定 2 区砂的累计筛余百分率界限,判断该砂为 2 区砂;可
以用级配表格判读,见表 4.8,也可以用级配曲线图判断,见图 4.1。画出级配曲线图时,应
以筛孔孔径为横坐标,累计筛余为纵坐标,该曲线主要起示意作用,筛孔间距不相等但画成
等距离的。

　　(4) 计算细度模数

$$M_x = \frac{(A_2 + A_3 + A_4 + A_5 + A_6) - 5A_1}{100 - A_1}$$

$$= \frac{(18.6 + 38.8 + 61.4 + 84.4 + 93.4) - 5 \times 5}{100 - 5}$$

$$= 2.86$$

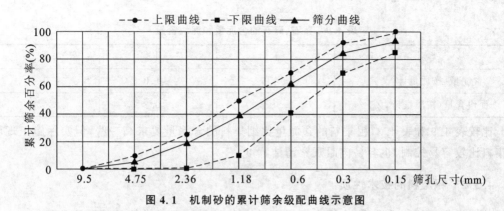

图 4.1 机制砂的累计筛余级配曲线示意图

（5）结论

该砂为 2 区中砂或该砂符合 2 区中砂标准。

注意：如果该砂不符合 2 区砂的标准，重复上述步骤，判断该砂是否符合 1 区砂标准，如果符合，则该砂为 1 区砂。如果不符合 2 区和 1 区砂标准，再重复上述步骤，判断该砂是否符合 3 区砂标准，如果符合，则该砂为 3 区砂。如果该砂均不符合 1 区、2 区和 3 区砂，则该砂不符合规范要求。

对于重要结构的混凝土，往往设计图纸上明确要求使用 2 区中砂。此时筛分结果只要不符合 2 区砂的要求，即使符合 1 区和 3 区砂的要求，此时该砂仍可判断为不合格或不符合设计要求。

4.3 粗 集 料

粗集料的常规试验是筛分试验。

4.3.1 粗集料的物理性质

（1）粗集料的概念

普通混凝土常用的粗集料（又称粗骨料）有碎石和卵石两种。

碎石大多由天然岩石经破碎、筛分而成，也可将大卵石轧碎、筛分而得。碎石表面粗糙，多棱角，且较洁净，与水泥浆黏结比较牢固。碎石是土木工程中用量最大的粗骨料。卵石又称砾石，它是由天然岩石经自然条件长期作用而形成的粒径大于 5 mm 的颗粒。按其产源可分为河卵石、海卵石及山卵石等几种，其中以河卵石应用较多。卵石中有机杂质含量较多，但与碎石比较，卵石表面光滑，拌制混凝土时需用水泥浆量较少，拌合物和易性较好。但卵石与水泥石的胶结力较差，在相同配制下，卵石混凝土的强度较碎石混凝土低。

（2）集料按混凝土等级分类

根据《建设用卵石、碎石》（GB/T 14685—2011），卵石、碎石按技术要求分为Ⅰ类、Ⅱ类、Ⅲ类。Ⅰ类宜用于强度等级大于 C60 的混凝土；Ⅱ类宜用于强度等级为 C30～C60 及抗冻、抗渗或其他要求的混凝土；Ⅲ类宜用于强度等级小于 C30 的混凝土。

（3）粗集料的物理性质

粗集料的含泥量和泥块含量见表 4.9，其余物理性质见 4.1.1 小节。

表 4.9　卵石、碎石的含泥量和泥块含量

类别	Ⅰ	Ⅱ	Ⅲ
含泥量(按质量计,%)	≤0.5	≤1.0	≤1.5
泥块含量(按质量计,%)	0	≤0.2	≤0.5

比较表 4.9 和表 4.3,粗集料的含泥量比细集料的含泥量要求高一些,但实际施工现场粗集料比较容易控制,也容易肉眼观察清洁程度。

4.3.2　粗集料的技术性质

关于粗集料的技术性质,主要介绍粗集料的筛分试验、相关计算及其颗粒级配。

(1)粗集料的筛分试验标准套筛

粗集料的筛分试验使用方孔筛,规格为 2.36、4.75、9.50、16.0、19.0、26.5、31.5、37.5、53.0、63.0、75.0、90.0(mm)的筛子各 1 只,并附有筛底和筛盖。

(2)粗集料的筛分试验简介

① 粗集料试验取样方法

在料堆上取样时,取样部位应均匀分布。取样前先将取样部位表层铲除,然后从不同部位随机抽取大致等量的石子 15 份(在料堆的顶部、中部和底部均匀分布的 15 个不同部位取得),组成一组样品。从皮带运输机上取样时,应用接料器在皮带运输机头出料处用与皮带等宽的容器全断面定时随机抽取大致等量的石子 8 份,组成一组样品。从火车、汽车、货船上取样时,从不同部位和深度抽取大致等量的石子 16 份,组成一组样品。

② 单项试验取样数量

部分单项试验的最少取样数量应符合表 4.10 的要求。若进行几项试验时,能保证试样经一项试验后不致影响另一项试验的结果,可用同一试样进行几项不同的试验。

表 4.10　粗集料单项试验取样数量(单位:kg)

序号	试验项目	最大粒径(mm)							
		9.5	16.0	19.0	26.5	31.5	37.5	63.0	75.0
1	颗粒级配	9.5	16.0	19.0	26.5	31.5	37.5	63.0	80.0
2	含泥量	8.0	8.0	24.0	24.0	40.0	40.0	80.0	80.0
3	泥块含量	8.0	8.0	24.0	24.0	40.0	40.0	80.0	80.0
4	针、片状颗粒含量	1.2	4.0	8.0	12.0	20.0	40.0	40.0	40.0
5	表观密度	8.0	8.0	8.0	8.0	12.0	16.0	24.0	24.0
6	碱-集料反应	20.0	20.0	20.0	20.0	20.0	20.0	20.0	20.0

③ 试样处理

将所取样品置于平板上,在自然状态下拌和均匀,并堆成锥体,然后沿互相垂直的两条直径把锥体分成大致相等的四份,取其中对角线的两份重新拌匀,再堆成锥体。重复上述过

程,直至把样品缩分到试验所需要量为止。

④ 粗集料的级配

粗集料的颗粒级配原理要求大小石子组配适当,使粗集料的空隙率和总表面积均比较小,减少水泥用量,密实度也较好,利于改善混凝土拌合物的和易性,提高混凝土强度。对于高强度混凝土,粗集料的级配更为重要。简单来说级配就是集料中大、中、小颗粒互相搭配。

粗集料的级配分为连续级配和间断级配两种。连续级配是石子由小到大各粒级相连的级配,如将 5~20 mm 和 20~40 mm 的两个粒级石子按适当比例配合,即组成 5~40 mm 的连续级配。通常土木工程中多采用连续级配的石子。间断级配是指石子用小颗粒的粒级直接和大颗粒的粒级相配,中间为不连续的级配。如将 5~20 mm 和 40~80 mm 的两个粒级相配,组成的 5~80 mm 的级配中缺少 20~40 mm 的粒级,这时大颗粒的空隙直接由比它小很多的颗粒去填充,这种级配可以获得更小的空隙率,从而可节约水泥,但混凝土拌合物易产生离析现象,增加施工难度,故工程中应用较少。卵石、碎石的颗粒级配应符合表 4.11 的要求,表中连续粒级即连续级配,单粒粒级即间断级配。实际上,由于现场的卵石或碎石不一定能满足级配需要,可用两种或三种粒级的石子按照一定比例掺配,直到满足级配要求。

表 4.11　粗集料的颗粒级配

公称粒径 (mm)		累计筛余百分率(%)											
		2.36	4.75	9.50	16.0	19.0	26.5	31.5	37.5	53	63	75	90
连续粒级	5~16	95~100	85~100	30~60	0~10	0							
	5~20	95~100	90~100	40~80	—	0~10	0						
	5~25	95~100	90~100	—	30~70	—	0~5	0					
	5~30	95~100	90~100	70~90	—	15~45	—	0~5	0				
	5~40	—	95~100	70~90	—	30~65	—	—	0~5	0			
单粒粒级	5~10	95~100	80~100	0~15	0								
	10~16		95~100	80~100	0~15								
	10~20		95~100	80~100		0~15	0						
	16~25			95~100	55~70	25~40	0~10						
	16~30		95~100		85~100		0~10		0				
	20~40			95~100		80~100			0~10	0			
	40~80					95~100			70~100		30~60	0~10	0

⑤ 粗集料的筛分试验简介

粗集料筛分试样质量与细集料完全不同,粗集料筛分试验质量与最大粒径有关,见表4.10 和表 4.12。

表 4.12　粗集料的颗粒级配试验所需试样数量

最大粒径(mm)	9.5	16.0	19.0	26.5	31.5	37.5	63.0	75.0
最小试样质量(kg)	1.9	3.2	3.8	5.0	6.3	7.5	12.6	16.0

初学者容易掌握细集料筛分和计算,但对粗集料的筛分和计算不知从哪里下手。其筛分和解题思路如下:

a. 确定碎石筛分试样质量

这与砂的筛分质量固定为 500 g 完全不一样,确定碎石筛分试样质量之前,首先要知道碎石的粒级范围(如例题 4.2 中为 5~25 mm),判断最大粒径(如例题 4.2 中为 26.5 mm),再由表 4.12 判断所需的试样质量,例题 4.2 中最小试验质量为 5000 g。

b. 确定筛子粒径和筛子个数

如从表 4.11 碎石或卵石的颗粒级配范围中知道 5~31.5 mm 连续级配的筛子粒径和筛子个数为 31.5、19.0、9.50、4.75、2.36(mm) 5 个粒级的筛子,按照规范不包括中间 26.5 mm 和 16.0 mm 两个粒级,更不包括大于 31.5 mm 的粒级。也就是说碎石的筛分不像砂的筛分筛子固定,碎石的筛分根据碎石的粒级范围查规范,规范中有哪几个粒径就选哪些筛子,而不是从大到小所有筛子都使用,也不一定连续使用,中间也可能有些筛子不用。

c. 根据碎石的累计筛余判断碎石级配是否良好

碎石筛分只要计算到累计筛余百分率就可以判断级配是否良好,根据累计筛余百分率结果与规范要求的累计筛余百分率比较。如果试样的累计筛余百分率在规范要求的累计筛余百分率上、下限范围内,则该碎石级配良好;否则该碎石级配不良或不符合规范要求。

d. 粗集料筛分试验简介

按照表 4.10 规定取样,并将试样缩分至大于表 4.12 规定的数量,烘干或风干后备用。根据试样的最大粒径,称取按照表 4.12 规定数量试样一份,将试样倒入按 4.11 选取的按孔径大小从上到下组合的套筛上,附上筛底,盖上筛盖,然后进行筛分。按照规定筛分后,称取每号筛上的筛余质量,如每号筛的筛余质量与筛底的筛余量之和同原试样质量之差超过 1‰时,应重新进行试验。计算分计筛余百分率、累计筛余百分率,判断粗集料的级配是否符合表 4.11 的规定。

(3) 筛分和计算示例

【例题 4.2】　某工地试验室进行 5~25 mm 碎石筛分。准确称取烘干碎石试样 5000 g,筛分结果见表 4.13。要求计算该碎石的分计筛余百分率、累计筛余百分率;完成试验报告中的有关筛分表格;完善试验报告中的有关筛分示意图;判断该碎石级配是否符合规范要求。

【解】　(1) 计算分计筛余百分率(%)

首先计算各号筛上的筛余质量与筛底质量之和等于 4996 g;与原来的总质量 5000 g 相比,误差为 0.08%,没有超过 1.0%,如果超过 1.0%,则需要重新进行试验。

值得注意的是对于 5~25 mm 这一连续粒级,规范中没有 19.0 mm 和 9.50 mm 两个筛子。

$$a_1 = \frac{m_1}{M} \times 100 = \frac{0}{5000} \times 100 = 0.0$$

$$a_2 = \frac{m_2}{M} \times 100 = \frac{155}{5000} \times 100 = 3.1$$

a_1、a_2、a_3、a_4 和 a_5 分别为 31.5、26.5、16.0、4.75 和 2.36(mm)对应的筛上的分计筛余百分率;计算结果保留至 0.1%,具体见表 4.13。

(2) 计算累计筛余百分率(%)

$$A_1=a_1=0$$
$$A_2=a_1+a_2=0+3.1=3.1$$

A_1、A_2、A_3、A_4 和 A_5 分别表示 31.5、26.5、16.0、4.75 和 2.36(mm)对应的筛上的累计筛余百分率;计算结果保留至 0.1%,具体见表 4.13。

表 4.13 碎石的筛分结果和计算过程表

孔径 (mm)	筛余质量 (g)	分计筛余 百分率(%)	累计筛余 百分率(%)	规范规定的累计筛余 百分率(%)	备注
31.5	0	0	0	0~0	
26.5	155	3.1	3.1	0~5	
16.0	2444	48.9	52	30~70	
4.75	2013	40.3	92.3	90~100	
2.36	256	5.1	97.4	95~100	
筛底	128	—	—	—	
合计	4996	碎石筛分试验前总质量为 5000 g			

(3) 判断级配是否合格

根据计算的累计筛余百分率和规范规定的累计筛余百分率,判断该碎石的级配是否满足规范要求。判断方法有两种,第 1 种方法是直接在表 4.13 中比较判断,即看计算出的累计筛余百分率是否在规范规定的累计筛余百分率范围内;第 2 种方法是用累计筛余百分率曲线图判断,以筛孔孔径为横坐标,累计筛余百分率为纵坐标,画出累计筛余百分率曲线图,在曲线图中就能明显看出级配是否在规范规定的界限范围内,如图 4.2 所示。

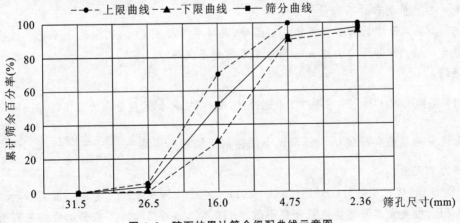

图 4.2 碎石的累计筛余级配曲线示意图

(4) 级配不良的粗集料处理措施

若通过试验和计算粗集料的其他指标符合要求,仅仅级配不合格怎么办呢? 在工程中,如果某碎石级配不良,要么不用它,选择其他料场的合格粗集料。要么采用两种或两种以上的不良级配掺配,通过筛分试验和计算确定掺配比例,使掺配后的级配符合规范要求。值得注意的是,掺配时最好在拌和站使用电子秤自动称量;不宜现场采用随意性较大的手推车掺料。

【典型例题及参考答案】

1. 全面分析理解表 4.6 砂的颗粒级配。

【解】:

(1) 混凝土用砂采用 4.75 mm、2.36 mm、1.18 mm、0.6 mm、0.3 mm、0.15 mm 的方孔筛。砂按照累计筛余百分率分为三个级配区,即 1 区、2 区和 3 区,1 区砂偏粗,2 区为中砂,3 区砂偏细。

(2) 每一个筛子对应的每一个区列出了累计筛余百分率上限和下限。

(3) 砂不是由单一粒径组成,而是由大小颗粒均有的具有一定级配要求的颗粒组成,较大粒径和较小粒径颗粒含量偏少,中间粒径含量较多。

(4) 最理想的砂是 2 区中砂的 I 类中砂。

2. 某工地试验人员进行河砂的含泥量试验,称取的烘干试样 A、B 质量均为 400 g,通过 1.18 mm 和 0.075 mm 的方孔筛筛洗并烘干,试验后的烘干试样 A、B 质量分别为 390 g、392 g。

(1) 计算该组试验的含泥量。

(2) 根据《建设用砂》(GB/T 14684—2011),砂按混凝土等级要求分为哪几类? 该标准要求每类天然砂的含泥量分别是多少? 根据试验结果判断该天然砂为哪类天然砂? 该天然砂是否符合混凝土 C30 的含泥量标准?

(3) 采用什么试验判定机制砂中小于 0.075 mm 颗粒是石粉还是泥? 机制砂中小于 0.075 mm 颗粒如果是泥,根据《建设用砂》(GB/T 14684—2011)标准衡量各类机制砂含泥量标准是多少?

(4) 机制砂中小于 0.075 mm 颗粒如果是石粉,根据《建设用砂》(GB/T 14684—2011)标准衡量各类机制砂含石粉量标准是多少?

(5) 如果题干中已知条件更换成机制砂,并采用混凝土 C30,其余题干不变。该机制砂需要进行试验判定小于 0.075 mm 颗粒是石粉还是泥吗?

【解】:

(1) 按照公式 $Q_n = \dfrac{m_0 - m_1}{m_0} \times 100\%$ 计算,试样 A、B 含泥量分别为 2.5%、2.0%。两个试样含泥量差值没有超过 0.5%,取两个试样试验结果平均值 $\dfrac{2.5\% + 2.0\%}{2} = 2.3\%$ 作为该组河砂的含泥量。

(2) 根据《建设用砂》(GB/T 14684—2011),砂按计算要求分为 I、II、III 类砂。该标准要求 I、II、III 类天然砂的含泥量分别不超过 1.0%、3.0%、5.0%。根据试验结果判断该天然砂为 II 类天然砂。该天然砂符合混凝土 C30 的含泥量不超过 3.0% 的标准。

（3）采用亚甲蓝试验判定机制砂中小于 0.075 mm 颗粒是石粉还是泥。机制砂中小于 0.075 mm 颗粒如果是泥,根据《建设用砂》(GB/T 14684—2011)衡量各类机制砂含泥量标准是不超过 1.0%、3.0%、5.0%,即按照天然砂标准执行。

（4）机制砂中小于 0.075 mm 颗粒如果是石粉,根据《建设用砂》(GB/T 14684—2011)衡量各类机制砂含石粉量标准是不超过 10.0%。

（5）如果题干中已知条件更换成机制砂,其余题干不变。该机制砂不需要进行试验判定小于 0.075 mm 颗粒是石粉还是泥,因为即使是泥,其小于 0.075 mm 颗粒含量 2.3% 小于 Ⅱ 类天然砂含泥量标准 3.0%。

 复习思考题

4.1 名词解释:①级配;②针片状颗粒含量;③压碎值;④含泥量。

4.2 集料技术性质按其内在品质可分为哪几类?

4.3 集料按照粒径如何分类?

4.4 集料的物理性质包括哪两部分?

4.5 粗集料针片状颗粒含量采用什么方法测定?

4.6 《建设用卵石、碎石》(GB/T 14685—2011)规定测定压碎指标,需要哪些标准套筛?

4.7 集料的母岩采用岩石切割机加工,随机取样的母岩标准试件尺寸是多少?

4.8 集料为火成岩、变质岩、水成岩时其母岩强度至少为多少?

4.9 根据《建设用卵石、碎石》(GB/T 14685—2011),卵石、碎石按技术要求分为哪几类?

4.10 根据《建设用卵石、碎石》(GB/T 14685—2011),Ⅰ 类、Ⅱ 类和Ⅲ 类卵石、碎石按技术要求宜用在什么地方?

4.11 Ⅰ 类、Ⅱ 类和Ⅲ 类砂含泥量(按质量计)指标是多少?

4.12 亚甲蓝试验的目的是什么?

4.13 细集料的级配区有哪几个?

4.14 试简述细集料的筛分试验。

4.15 试简述粗集料的筛分试验。

4.16 细集料的筛分试验标准套筛有哪些?

4.17 粗集料的筛分试验标准套筛如何确定?

5 无机气硬性胶凝材料

5.1 概　述

建筑上用来将散粒材料(如砂、石子等)或块状材料(如砖、石块等)黏结成为整体的材料统称为胶凝材料。胶凝材料按其化学成分可分为无机胶凝材料和有机胶凝材料两类,前者如水泥、石灰、石膏等,后者如沥青、树脂等,其中无机胶凝材料在土木工程中应用广泛,沥青主要应用于道路工程。

无机胶凝材料按其硬化条件的不同又分为气硬性和水硬性两类。气硬性胶凝材料是指只能在空气中硬化,也只能在空气中保持或继续发展其强度的胶凝材料,如石膏、石灰、水玻璃和菱苦土等。水硬性胶凝材料是指不仅能在空气中硬化,而且能在水中更好地硬化,并保持和继续发展其强度的胶凝材料,如各种水泥。所以,气硬性胶凝材料只适用于地上或干燥环境,不适用于潮湿环境,更不可用于水中,而水硬性胶凝材料既适用于地上,也可用于地下或水中环境。

本章着重介绍无机气硬性胶凝材料中的石膏、石灰、水玻璃等。

5.2　建筑石膏

以石膏作为原材料,可以做成多种石膏胶凝材料,建筑中使用最多的石膏胶凝材料是建筑石膏,其次是高强石膏,此外还有硬石膏水泥等。建筑石膏属于气硬性胶凝材料。随着高层建筑的发展,它的用量正逐年增多,在建筑材料中的地位也将越来越重要。

5.2.1　建筑石膏的原料与生产

(1) 建筑石膏的原料

建筑石膏又称烧石膏、熟石膏,是以半水石膏为主要成分的粉状胶结料。生产建筑石膏的原料主要是天然二水石膏,也可采用化学石膏。

天然二水石膏($CaSO_4 \cdot 2H_2O$)又称生石膏。根据国家标准《天然石膏》(GB/T 5483—2008)的规定,以二水硫酸钙($CaSO_4 \cdot 2H_2O$)为主要成分的天然矿石是石膏;以无水硫酸钙($CaSO_4$)为主要成分的天然矿石是硬石膏。天然石膏按矿物组分分为三类:G 类为石膏,以二水硫酸钙的质量百分含量表示其品位;A 类为硬石膏,以无水硫酸钙与二水硫酸钙的质量百分含量之和表示其品位,且 $CaSO_4$ 含量($CaSO_4 + CaSO_4 \cdot 2H_2O$)$\geq 0.80$(质量比);M 类为混合石膏,以无水硫酸钙与二水硫酸钙的质量百分含量之和表示其品位,且 $CaSO_4$ 含量($CaSO_4 + CaSO_4 \cdot 2H_2O$)$< 0.80$。各类石膏按其品位分级,并应符合表 5.1 的要求。

生产普通建筑石膏时,宜采用二级以上的 G 类石膏,特级的 G 类石膏可以用来生产高级石膏。天然二水石膏常被用作硅酸盐系列水泥的调凝剂,也用于配制自应力水泥。硬石膏结晶紧密、质地较硬,不能用来生产建筑石膏,而仅用于生产无水石膏水泥,或少量用作硅酸盐系列水泥的调凝剂掺用料。

表 5.1   各类石膏的品位及等级

级别	品 位(%)		
	石膏(G)	硬石膏(A)	混合石膏(M)
特级	≥95	—	≥95
一级	≥85		
二级	≥75		
三级	≥65		
四级	≥55		

化学石膏(Chemical Gypsum)是工业生产过程中化学反应生产的二水硫酸钙的总称。其中,磷石膏是在磷酸生产中用硫酸处理磷矿时产生的固体废渣,其主要成分为硫酸钙;脱硫石膏是火力发电烟气脱硫的附加固体产品,主要成分为硫酸钙。此外,还有硼石膏、盐石膏、钛石膏等。采用化学石膏时应注意,如废渣(液)中含有酸性成分时,须预先用水洗涤或用石灰中和后才能使用。用化学石膏生产建筑石膏,可扩大石膏原料的来源。

(2) 建筑石膏的生产

建筑石膏是以 β 型半水石膏($\beta\text{-}CaSO_4 \cdot \frac{1}{2}H_2O$)为主要成分,不加任何外加剂的白色粉状胶结料。它是将天然二水石膏或化学石膏加热至 107~170 ℃时,经脱水转变而成,其反应式如下:

$$CaSO_4 \cdot 2H_2O \xrightarrow{107\sim170\,℃} CaSO_4 \cdot \frac{1}{2}H_2O + \frac{3}{2}H_2O$$

将二水石膏在不同压力和温度下加热,可制得晶体结构和性质各异的多种石膏胶凝材料,现简述如下:

在压蒸条件(0.13 MPa、124 ℃)下加热,则生成 α 型半水石膏,即高强石膏,其晶体比 β 型的粗,比表面积小。若在压蒸时掺入结晶转化剂十二烷基硫酸钠、十六烷基硫酸钠、木质素磺酸钙,则能阻碍晶体往纵向发展,使 α 型半水石膏晶体变得更粗。近年来的研究证明,α 型半水石膏也可用二水石膏在某些盐溶液中沸煮的方法制成。

当加热温度为 170~250 ℃时,石膏继续脱水成为可溶性硬石(Ⅲ 型 $CaSO_4$),与水调和仍能很快凝结硬化。当温度升高到 200~250 ℃时,石膏中残留很少的水,凝结硬化非常缓慢,但遇水后还能逐渐生成半水石膏直至二水石膏。

当温度高于 400 ℃,石膏完全失去水分,成为不溶性硬石膏(Ⅱ 型 $CaSO_4$),失去凝结硬化能力,称为死烧石膏,但加入适量激发剂混合磨细后又能凝结硬化,成为无水石膏水泥。

温度高于 800 ℃时,部分石膏分解出 CaO,磨细后的产品称为高温煅烧石膏,此时 CaO 起碱性激发剂的作用,硬化后有较高的强度和耐磨性,抗水性也较好,也称地板石膏。

5.2.2 建筑石膏的水化与硬化

建筑石膏与适量的水混合后,初期为可塑的浆体,但很快就失去塑性而凝结硬化,继而发展成为固体。发生这种现象实质是由于浆体内部经历了一系列的物理化学变化。首先,β 半水石膏溶解于水,很快成为不稳定的饱和溶液。β 半水石膏又与水化合形成了二水石膏,水化反应按下式进行:

$$CaSO_4 \cdot \frac{1}{2}H_2O + \frac{3}{2}H_2O \longrightarrow CaSO_4 \cdot 2H_2O$$

由于水化产物二水石膏在水中的溶解度比 β 半水石膏小得多(仅为 β 半水石膏溶解度的 1/5),因此,β 半水石膏的饱和溶液浓度大于二水石膏,就成了过饱和溶液,从而逐渐形成晶核,在晶核大到某一临界值以后,二水石膏就结晶析出。这时溶液浓度降低,使新的一批半水石膏又可继续溶解和水化。如此循环进行,直至 β 半水石膏全部耗尽。随着水化的进行,二水石膏生成量不断增加,水分逐渐减少,浆体开始失去可塑性,这称为初凝。而后浆体继续变稠,颗粒之间的摩擦力、黏结力增加,并开始产生结构强度,表现为终凝。石膏终凝后,强度才停止发展。这就是建筑石膏的硬化过程(图 5.1)。

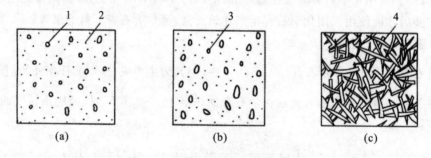

图 5.1 建筑石膏凝结、硬化示意图

(a)胶化;(b)结晶开始;(c)结晶成长与交错

1—半水石膏;2—二水石膏胶体微粒;3—二水石膏晶体;4—交错的晶体

5.2.3 建筑石膏的技术性质

(1) 建筑石膏的等级及质量标准

根据《建筑石膏》(GB/T 9776—2008)的规定,建筑石膏按 2 h 抗折、抗压强度和细度分为 3.0、2.0、1.6 三个等级。按原材料的不同分为三类,见表 5.2。

建筑石膏的密度一般为 2.60~2.75 g/cm³,堆积密度为 800~1000 kg/m³。

表 5.2 建筑石膏的分类

类别	天然建筑石膏	脱硫建筑石膏	磷建筑石膏
代号	N	S	P

（2）建筑石膏的特性

① 凝结硬化快。建筑石膏的初凝时间不小于 6 min，终凝时间不大于 30 min，一星期左右完全硬化。由于凝结快，在实际工程使用时往往需要掺加适量缓凝剂，如可掺 0.1%～0.2% 的动物胶或 1% 亚硫酸盐酒精废液，也可掺 0.1%～0.5% 的硼砂等。

② 建筑石膏硬化后空隙率大、强度较低。其硬化后的抗压强度仅 3～5 MPa，但它已能满足用作隔墙和饰面的要求。强度测定采用 40 mm×40 mm×160 mm 三联试模。先按标准稠度需水量（标准稠度是指半水石膏净浆在玻璃板扩展成 180 mm±5 mm 的圆饼时的需水量）加水于搅拌锅中，再将建筑石膏粉均匀撒入水中，并手工搅拌、成型，在室温 20±5 ℃、空气相对湿度为 55%～75% 的条件下，从建筑石膏粉与水接触开始达 2 h 时，测定其抗折强度和抗压强度。

不同品种的石膏胶凝材料硬化后的强度差别很大。高强石膏硬化后的强度通常比建筑石膏要高 2～7 倍。这是因为两者水化时的理论需水量虽均为 18.61%，但成型时的实际需水量要多一些，由于高强石膏的晶粒粗，晶粒比表面积小，所以实际需水量小，仅为 30%～40%，而建筑石膏的晶粒细，其实际需水量高达 50%～70%。显而易见，建筑石膏水化后剩余的水量要比高强石膏多，因此待这些多余水分蒸发后，在硬化体内留下的孔隙多，故其强度低。高强石膏硬化后抗压强度高达 10～40 MPa。通常建筑石膏在贮存三个月后强度将降低 30%，故在贮存及运输期间应防止受潮。

③ 建筑石膏硬化体绝热性和吸音性能良好，但耐水性较差。建筑石膏制品的导热系数较小，一般为 0.121～0.205 W/(m·K)。在潮湿条件下吸湿性较强，水分削弱了晶体粒子间的黏结力，故软化系数较小，仅为 0.3～0.45，长期浸水还会因二水石膏晶体溶解而引起溃散破坏。在建筑石膏中加入适量水泥、粉煤灰、磨细的粒化高炉矿渣及各种有机防水剂，可提高制品的耐水性。

④ 防火性能较好。建筑石膏硬化后的主要成分是带有两个结晶水分子的二水石膏，当其遇火时，二水石膏脱出结晶水，结晶水吸收热量蒸发时，在制品表面形成水蒸气幕，有效地防止火的蔓延。制品厚度越大，防火性能越好。

⑤ 建筑石膏硬化时体积略有膨胀。一般膨胀 0.05%～0.15%，这种微膨胀性使硬化体表面光滑饱满，干燥时不开裂，且能使制品造型棱角很清晰，有利于制造复杂图案花型的石膏装饰件。

⑥ 装饰性好。石膏硬化制品表面细腻平整，色洁白，具雅静感。

⑦ 硬化体的可加工性能好。可锯、可钉、可刨，便于施工。

5.2.4 建筑石膏的应用

建筑石膏广泛用于配制石膏抹面灰浆和制作各种石膏制品。高强石膏适用于强度要求较高的抹灰工程和石膏制品。在建筑石膏中掺入防水剂可用于湿度较高的环境中，加入有机材料，如聚乙烯醇水溶液、聚醋酸乙烯乳液等，可配成黏结剂，其特点是无收缩性。

建筑石膏制品种类很多，我国目前生产的主要有纸面石膏板、空心石膏条板、纤维石膏板、石膏砌块和装饰石膏制品等。

纸面石膏板、石膏空心条板、纤维石膏板和石膏砌块详见第10章墙体材料。本章只介绍装饰石膏制品。

（1）装饰石膏板

装饰石膏板以建筑石膏为主要原料，掺入适量纤维增强材料和外加剂，与水搅拌成均匀的料浆，经浇注成型、干燥后制成，主要用作室内吊顶，也可用作内墙装饰板。装饰石膏板包括平板、孔板、浮雕板、防潮平板和防潮浮雕板等品种。孔板上的孔呈图案排列，分盲孔和穿透孔两种，孔板除具有吸声特性，还有较好的装饰效果。

（2）嵌装式装饰石膏板

如在板材背面四边加嵌装企口，则可制成嵌装式装饰石膏板，其板材正面可为平面、穿孔或浮雕图案。以具有一定数量穿透孔洞的嵌装式装饰石膏板为面板，在其背后复合吸声材料，就成为嵌装式吸声石膏板，它是一种既能吸声又有装饰效果的多功能板材。嵌装式装饰石膏板主要用作天棚材料，施工安装十分方便，特别适用于影剧院、大礼堂及展览厅等观众比较集中又要求安静的公共场所。

（3）艺术装饰石膏制品

艺术装饰石膏制品主要包括浮雕艺术石膏角线、线板、角花、灯圈、壁炉、罗马柱、灯座、雕塑等。这些制品均是用优质建筑石膏为基料，配以纤维增强材料、胶黏剂等，与水拌制成料浆，经成型、硬化、干燥而成。这类石膏装饰件用于室内顶棚和墙面，会顿生高雅之感。装饰石膏柱和装饰石膏壁炉，是采用西方现代装饰技术，把东方传统建筑风格与罗马雕刻、德国新古典主义及法国复古制作融为一体，精湛华丽的雕饰即美观也舒适实用，将高雅而华丽的气派带入居室和厅堂。

5.3　建 筑 石 灰

建筑石灰是建筑中使用最早的矿物胶凝材料之一。建筑石灰常简称为生石灰，实际上它是具有不同化学成分和物理形态的生石灰、消石灰、水硬性石灰的统称。由于生产石灰的原料石灰石分布很广，生产工艺简单，成本低廉，所以在建筑上历来应用广泛。

5.3.1　石灰的生产、化学成分与品种

石灰是以碳酸钙（$CaCO_3$）为主要成分的石灰石、白垩等为原料，在低于烧结温度下煅烧所得的产物，其主要成分是氧化钙（CaO），煅烧反应式如下：

$$CaCO_3 \xrightarrow{\quad 900\sim1000\ ℃\quad} CaO + CO_2 \uparrow$$

石灰生成中为使 $CaCO_3$ 能充分分解生成 CaO，必须提高温度，但煅烧温度过高或过低，煅烧时间过长或过短，都会影响石膏的质量。过烧石灰的内部结构致密，CaO 晶粒粗大，与水反应的速率极慢。当石灰浆中含有这类过烧石灰时，过烧石灰将在石灰浆硬化以后才发生水化作用，于是会因膨胀而引起硬化体崩裂或隆起等现象。

因石灰原料中常含有一些碳酸镁,所以石灰中也会含有一些氧化镁。《建筑生石灰》(JC/T 479—2013)规定,按氧化镁含量的多少,建筑石灰分为钙质和镁质两类,前者 MgO 含量小于或等于 5%。

根据成品的加工方法不同,石灰有以下四种成品:

(1) 生石灰。由石灰石煅烧成的白色疏松结构的块状物,主要成分为 CaO。

(2) 生石灰粉。由块状生石灰磨细而成。

(3) 消石灰粉。将生石灰用适量水经消化和干燥而成的粉末,主要成分为 $Ca(OH)_2$,亦称熟石灰。

(4) 石灰膏。将块状生石灰用过量水(约为生石灰体积的 3~4 倍)消化,或将消石灰粉和水拌和,所达到一定稠度的膏状物,主要成分为 $Ca(OH)_2$ 和水。

5.3.2 生石灰的水化

石灰石的水化又称熟化或消化,它是指生石灰与水发生水化反应,生成 $Ca(OH)_2$ 的过程,其反应式如下:

$$CaO + H_2O \longrightarrow Ca(OH)_2 + 64.9 \text{ kJ}$$

生石灰水化反应的特点:

(1) 反应可逆。在常温下反应向右进行。在 547 ℃下,反应向左进行,即 $Ca(OH)_2$ 分解为 CaO 和 H_2O,其水蒸气分解压力可达 0.1 MPa,为使消化过程顺利进行,必须提高周围介质中的蒸汽压力,并且其温度不宜升得太高。

(2) 水化热大,水化速率快。生石灰的消化反应为放热反应,消化时不但水化热大,而且放热速率快。1 kg 生石灰消化放热 1160 kJ,它在最初 1 h 放出的热量几乎是硅酸盐水泥 1 d 放热量的 9 倍,是 28 d 放热量的 3 倍。这主要是由于生石灰结构多孔、CaO 的晶粒细小、内比表面积大之故,过烧石灰的结构紧密、晶粒大,水化速率就慢。当生石灰块太大时,表面生成的水化产物 $Ca(OH)_2$ 层厚,易阻碍水分进入,故此时消解需强烈搅拌。

(3) 水化过程中体积增大。块状生石灰消化过程中其外观体积可增大 1.5~2 倍,这一性质易在工程中造成事故,应予重视。但也可加以利用,即由于水化时体积增大,造成膨胀压力,致使石灰块自动分散成粉末,故可用此法将块状生石灰加工成消石灰粉。

5.3.3 石灰浆的硬化

石灰浆体在空气中逐渐硬化,是由下面两个同时进行的过程来完成:

(1) 结晶作用。游离水分蒸发,氢氧化钙逐渐从饱和溶液中结晶析出。

(2) 碳化作用。氢氧化钙与空气中的二氧化碳和水化合生成碳酸钙,释放出水分并被蒸发,其反应式为:

$$Ca(OH)_2 + CO_2 + nH_2O \longrightarrow CaCO_3 + (n+1)H_2O$$

碳化作用实际先是二氧化碳与水形成碳酸,然后再与氢氧化钙反应生成 $CaCO_3$。$CaCO_3$ 的固体体积比 $Ca(OH)_2$ 固体体积略微增大,故使石灰浆硬化体积的结构更加致密。

石灰浆体的碳化是从表面开始的。若含水量过小,处于干燥状态时,碳化反应几乎停止。若含水过多,空隙中几乎充满水,CO_2 气体渗透量小,碳化作用只在表面进行。所以只有当空隙壁完全湿润而孔中不充满水时,碳化作用才能进行较快。由于生成的 $CaCO_3$ 结构较致密,所以当表面形成 $CaCO_3$ 层达一定厚度时,将阻碍 CO_2 向内渗透,同时也使浆体内部的水分不易脱出,使氢氧化钙结晶速度减慢。所以,石灰浆体的硬化过程只能是很缓慢的。

5.3.4　建筑石灰的特性与技术要求

(1) 建筑石灰的特性

① 可塑性好

生石灰消化为石灰浆时,能形成颗粒极细(粒径为 1 μm)呈胶体分散状态的氢氧化钙粒子,表面吸附一层厚的水膜,使颗粒间的摩擦力减小,因而其可塑性好。利用这一性质,将其掺入水泥砂浆中,配制成混合砂浆,可显著提高砂浆的保水性。

② 硬化缓慢

石灰浆的硬化只能在空气中进行,由于空气中 CO_2 含量少,使碳化作用进行缓慢,加之已硬化的表层对内部的硬化起阻碍作用,所以石灰浆的硬化过程较长。

③ 硬化后强度低

生石灰消化时的理论需水量为生石灰质量的 32.13%,但为了使石灰浆具有一定的可塑性便于应用,同时考虑到一部分水因消化时消化热大而被蒸发掉,故实际消化用水量较大,多余水分在硬化后蒸发,留下大量孔隙,使硬化石灰密实度变小,强度降低。例如 1:3 配比的石灰砂浆,其 28 d 的抗压强度只有 0.2~0.5 MPa。

④ 硬化时体积收缩大

由于石灰浆中存在大量的游离水,硬化时大量水分蒸发,导致内部毛细管失水紧缩,引起体积显著的收缩变形,使硬化石灰体产生裂纹,故石灰浆不宜单独使用,工程施工时通常掺入一定量的骨料(砂)或纤维材料(麻刀、纸筋等)。

⑤ 耐水性差

由于石灰浆硬化慢、强度低,当其受潮后,其中尚未碳化的 $Ca(OH)_2$ 易产生溶解,硬化石灰遇水会产生溃散,故石灰不宜用于潮湿环境。

(2) 建筑生石灰

建筑生石灰技术要求的依据为标准《建筑生石灰》(JC/T 479—2013),该标准替代两个旧标准《建筑生石灰》(JC/T 479—1992)和《建筑生石灰粉》(JC/T 480—1992)。

① 术语

生石灰(气硬性)由石灰石(包括钙质石灰石、镁质石灰石)焙烧而成,呈块状、粒状或粉状,化学成分主要为氧化钙,可和水发生放热反应生成消石灰。

钙质石灰主要由氧化钙或氢氧化钙组成,而不添加任何水硬性的或火山灰质的材料。

镁质石灰由氧化钙和氧化镁(MgO 含量大于 5%)或氢氧化钙和氢氧化镁组成,而不添加任何水硬性的或火山灰质的材料。

② 分类

按生石灰的加工情况分为建筑生石灰和建筑生石灰粉。

按生石灰的化学成分分为钙质石灰和镁质石灰两类。

按化学成分的含量分为各个等级,见表5.3。

表 5.3 建筑石灰的详细类别

类别	名称	代号
钙质石灰	钙质石灰 90	CL 90
	钙质石灰 85	CL 85
	钙质石灰 75	CL 75
镁质石灰	镁质石灰 85	ML 85
	镁质石灰 80	ML 80

③ 标记

生石灰由"产品名称+加工情况+产品依据标准编号"标记,生石灰块在代号后面加 Q,生石灰粉在代号后面加 QP。例如:符合《建筑生石灰》(JC/T 479—2013)的钙质生石灰粉90,标记为 CL 90—QP JC/T 479—2013,其中 CL 表示钙质石灰,90 表示 $CaO+MgO$ 含量,QP 表示粉状。

④ 技术要求

建筑生石灰的化学成分应符合表5.4。

表 5.4 建筑生石灰的化学成分

名称	$CaO+MgO$ 含量(%)	MgO 含量(%)	CO_2 含量(%)	SO_3 含量(%)
CL 90—Q	≥90	≤5	≤4	≤2
CL 90—QP				
CL 85—Q	≥85	≤5	≤7	≤2
CL 85—QP				
CL 75—Q	≥75	≤5	≤12	≤2
CL 75—QP				
ML 85—Q	≥85	>5	≤7	≤2
ML 85—QP				
ML 80—Q	≥80	>5	≤7	≤2
ML 80—QP				

建筑生石灰的物理性质见表5.5。

表 5.5　建筑生石灰的物理性质

名称	产浆量(dm³/10kg)	细度(%)	
		0.2 mm 筛余量	90 μm 筛余量
CL 90—Q	≥26	—	—
CL 90—QP	—	≤2	≤7
CL 85—Q	≥26	—	—
CL 85—QP	—	≤2	≤7
CL 75—Q	≥26	—	—
CL 75—QP	—	≤2	≤7
ML 85—Q	—	—	—
ML 85—QP	—	≤2	≤7
ML 80—Q	—	—	—
ML 80—QP	—	≤7	≤2

5.3.5　建筑石灰的应用

建筑石灰是建筑工程中应用面广量大的建筑材料之一,其最常见的用途如下:

(1) 广泛用于建筑室内粉刷

建筑室内墙面和顶棚采用消石灰乳进行粉刷。由于石灰乳是一种廉价的涂料,施工方便,且颜色洁白,能为室内增白添亮,因此建筑中应用十分广泛。

消石灰乳由消石灰粉或消石灰浆掺大量水调制而成,消石灰粉和消石灰浆则由生石灰消化而得。生石灰的消化方法有人工法和机械法两种,现简述如下:

① 消石灰粉的制备

工地上制备消石灰粉常采用人工喷淋(水)法。喷淋法是将生石灰块分层平铺于能吸水的基层上,每层厚约 20 cm,然后喷淋占石灰重 60%～80%的水,接着在其上再铺一层生石灰,再淋一次水,如此使之成粉为止。所得消石灰粉还需经筛分后方可贮存备用。

机械法是将经破碎的生石灰小块用热水喷淋后,放进消化槽进行消化,消化时放出大量蒸汽,致使物料流态化,收集溢流出来的物料经筛分后即可成品。

生石灰消化成消石灰粉时其用水量的控制十分重要,水分不宜过多或过少。加水过多,将使所得消石灰粉变潮湿,影响质量;加水太少,则使生石灰消化不完全,且易引起消化温度过高,从而使生石灰颗粒表面已形成的 $Ca(OH)_2$ 部分脱水,发生凝聚作用,使水不能掺入颗粒内部继续消化,也造成消化不完全。消石灰的优等品和一等品适用于粉刷墙体的饰面层和中间涂层,合格品用于配制砌筑墙体用的砂浆。

② 消石灰浆的制备

生石灰块直接消化成石灰浆,大多是在使用现场进行。可采用人工或机械方法消化。人工消化方法是把生石灰放在化灰池中,消化成石灰水溶液,然后通过筛网,流入储灰坑。

在储灰坑内,石灰水中大量多余的水从坑的四壁向外溢走,随着水分的减少逐渐形成石灰浆,最后可形成石灰膏。

机械消化法是先将生石灰块破碎成 5 cm 大小的碎块,然后在消化器(内装有搅拌设备)中加入 40~50 ℃的热水,消化成石灰水溶液,再流入澄清桶内浓缩成石灰浆。

用消石灰乳粉刷室内面层时,掺入少量颜料,可抵消因含铁化物杂质而形成淡黄色,使粉白层呈纯白色。掺入 107 胶可提高粉刷层的防水性,并增加黏接力,不易掉白。

(2) 大量用于拌制建筑砂浆

消石灰浆和消石灰粉可以单独或与水泥一起配制成砂浆,前者称石灰砂浆,后者称混合砂浆。石灰砂浆可用作砖墙和混凝土基层的抹灰,混合砂浆则用于砌筑,也常用于抹灰。

(3) 配制三合土和灰土

三合土是采用生石灰粉(或消石灰粉)、黏土和砂按 1∶2∶3 的比例,再加水拌和夯实而成。灰土是用生石灰粉和黏土按 1∶(2~4)的比例,再加水拌和夯实而成。三合土和灰土在强力夯打下,密实度大大提高,而且可能是黏土中的少量活性氧化硅和氧化铝与石灰粉水化产物 $Ca(OH)_2$ 作用,生成了水硬性矿物,因而具有一定抗压强度、耐水性和相当高的抗渗能力。三合土和 $Ca(OH)_2$ 灰土主要用于建筑物的基础、路面或地面的垫层。

(4) 加固含水的软土基础

生石灰块可直接用来加固含水的软土基础(称为石灰桩)。它是在桩孔内灌入生石灰块,利用生石灰吸水熟化时体积膨胀的性能产生膨胀压力,使地基加固。

(5) 生石灰硅酸盐制品

以石灰和硅质材料(如石英砂、粉煤灰等)为原料,加水拌和,经成型、蒸养或蒸压处理等工序而成的建筑材料,统称为硅酸盐制品。如蒸压灰砂砖,主要用作墙体材料。

(6) 磨制生石灰粉

目前,建筑工程中大量采用磨细生石灰来代替石灰膏和生石灰粉配制灰土或砂浆,或直接用于制造硅酸盐制品,其主要优点如下:

① 由于磨细生石灰具有很高的细度(80 μm 方孔筛筛余小于 30%),表面积极大,水化时加水量亦随之增大,水化反应速度可提高 30~50 倍,水化时体积膨胀均匀,避免了产生局部膨胀过大现象,所以可不经预先消化和陈伏而直接应用,不仅提高了功效,而且节约了场地,改善了环境。

② 将石灰的熟化过程与硬化过程合二为一,熟化过程中所放热量又可加速硬化过程。从而改善了石灰硬化缓慢的缺点,并可提高石灰浆体硬化后的密实度、强度和抗水性。

③ 石灰中的过烧石灰和欠烧石灰被磨细,提高了石灰的质量和利用率。

5.4 水 玻 璃

水玻璃俗称泡花碱,是一种水溶性硅酸盐,由碱金属氧化物和二氧化硅组成。根据碱金属氧化物种类不同,可分为钠水玻璃($Na_2O \cdot nSiO_2$)和钾水玻璃($K_2O \cdot nSiO$)等。由于钾水玻璃价格较高,因此目前使用最多的是钠水玻璃。

5.4.1　水玻璃的生产

钠水玻璃的水溶液为无色或淡绿色黏稠液体。水玻璃的生产方法有湿法生产和干法生产两种。湿法生产是将石英砂和氢氧化钠水溶液在压蒸锅（0.2～0.3 MPa）内用蒸汽加热溶解制成水玻璃溶液。干法生产是将石英砂和碳酸钠按一定比例磨细拌匀，在熔炉中于1300～1400 ℃温度下熔融，其反应式如下：

$$Na_2CO_3 + nSiO_2 \xrightarrow{1300\sim1400\text{ ℃}} Na_2O \cdot nSiO_2 + CO_2$$

熔融的水玻璃冷却后得到固态水玻璃，然后在0.3～0.8 MPa的蒸压釜内加热溶解成胶状玻璃溶液。

水玻璃分子式中SiO_2与Na_2O分数比n称为水玻璃的模数，一般在1.5～3.5之间。水玻璃的模数愈大，愈难溶于水。模数为1时，能在常温水中溶解；模数增大，只能在热水中溶解；当模数大于3时，要在4个大气压（0.4 MPa）以上的蒸汽中才能溶解。但水玻璃的模数愈大胶体组分愈多，其水溶液的黏结能力愈大。当模数相同时，水玻璃的密度愈大，则浓度愈稠、黏性愈大、黏结能力愈好。工程中常用的水玻璃模数为2.6～2.8，其密度为1.3～1.4 g/cm³。

5.4.2　水玻璃的硬化

水玻璃溶液在空气中吸收CO_2形成无定形硅胶，并逐渐干燥而硬化，其反应式为：

$$Na_2O \cdot nSiO_2 + CO_2 + mH_2O \longrightarrow Na_2CO_3 + nSiO_2 \cdot mH_2O$$

由于空气中的CO_2的浓度很低，上述反应过程进行缓慢。为加速硬化，常在水玻璃中加入促硬剂氟硅酸钠，促使硅酸凝胶加速析出，其反应式为：

$$2[Na_2O \cdot nSiO_2] + Na_2SiF_6 + mH_2O \longrightarrow 6NaF + (2n+1)SiO_2 \cdot mH_2O$$
$$(2n+1)SiO_2 \cdot mH_2O \longrightarrow (2n+1)SiO_2 + mH_2O$$

氟硅酸钠的适宜用量为水玻璃质量的12%～15%。用量太少，硬化速度慢，强度降低，且反应生成的水玻璃易溶于水，导致耐水性差；用量过多会引起凝结过快，造成施工困难，而且渗透性大，强度低。

5.4.3　水玻璃的特性与应用

水玻璃具有良好的胶结能力，硬化时析出的硅酸凝胶有堵塞毛细孔而防止水渗透的作用。水玻璃不燃烧，在高温下硅酸凝胶干燥得很快，强度并不降低，甚至有所增加。水玻璃具有较强的耐酸性能，能抵抗大多数无机酸（氢氟酸除外）和有机酸的作用。

（1）作为灌浆材料，用以加固基地。使用时将水玻璃溶液与氯化钙溶液交替灌入土壤中，反应如下：

$$Na_2O \cdot nSiO_2 + CaCl_2 + mH_2O \longrightarrow nSiO_2 \cdot (m-1)H_2O + Ca(OH)_2 + 2NaCl$$

反应生成的硅胶起胶结作用，能包裹土粒并填充其孔隙，而氢氧化钙又与加入的$CaCl_2$起反应生成氧氯化钙，也起胶结和填充孔隙的作用。这不仅能提高基础的承载能力，而且也可以增强不透水性。

（2）涂刷建筑材料表面，提高密实性和抗风能力。用浸渍法处理多孔材料也可达到同样目的。上述方法对黏土砖、硅酸盐制品、水泥混凝土等均有良好的效果，因水玻璃与制品中的 $Ca(OH)_2$ 反应生成硅酸钙胶体可提高制品的密实度。反应式如下：

$$Na_2O \cdot nSiO_2 + Ca(OH)_2 \longrightarrow Na_2O \cdot (n-1)SiO_2 + CaO \cdot SiO_2 \cdot H_2O$$

注意：此法不能用于涂刷或浸渍石膏制品，因硅酸钠会与硫酸钙发生反应生成硫酸钠，硫酸钠在制品孔隙中结晶，产生体积膨胀，使制品胀裂。调制液体水玻璃时，可加入耐碱颜料和填料，兼有饰面效果。

（3）配制快凝防水剂。因水玻璃能促进水泥凝结，所以可用它配制成各种促凝剂，掺入水泥浆、砂浆或混凝土中，用于堵漏、抢修，故称为快凝防水剂。如在水泥中掺入约为水泥质量 0.7 倍的水玻璃，初凝为 2 min，可直接用于堵漏。

以水玻璃为基料，加入两种、三种、四种或五种矾配制成的防水剂，分别称为二矾、三矾、四矾或五矾防水剂。

以水玻璃为基料，掺入 1% 硫酸钠和微量荧光粉配成的快燥精也属此类。改变其在水泥中的掺入量，其凝结时间可在 1～3 min 之间任意调节。

（4）配制耐酸混凝土和耐酸砂浆。不同的应用条件，对水玻璃的模数有不同的要求。用于地基灌浆时，宜取模数为 2.7～3.0；涂刷材料表面时，模数宜取 3.3～3.5；配制耐酸混凝土或作为水泥促凝剂时，模数宜取 2.6～2.8；配制碱矿渣时，模数取 1～2 为好。

水玻璃模数的大小可根据要求配制。水玻璃溶液中加入 NaOH 可降低模数，融入硅胶（或硅灰）可以提高模数。或用模数大小不一的两种水玻璃掺配使用。

 复习思考题

5.1 何谓气硬性胶凝材料和水硬性胶凝材料？如何正确使用这两类胶凝材料？

5.2 建筑石膏的凝结硬化过程有何特点？

5.3 建筑石膏具有哪些技术性质？

5.4 石灰的煅烧温度对其质量有何影响？

5.5 简述石灰的熟化和硬化原理。石灰在建筑工程中有哪些用途？

5.6 生石灰熟化时必须进行"陈伏"的目的是什么？磨细的生石灰为什么可不经"陈伏"而直接应用？

5.7 在没有检验仪器的条件下，欲初步鉴别一批生石灰的质量优劣，可采取什么简易方法？

5.8 某多层住宅楼室内抹灰采用的是石灰砂浆，交付使用后逐渐出现墙面普遍鼓包开裂，试分析其原因。欲避免这种事故发生，应采取什么措施？

5.9 硬化后的水玻璃具有哪些性质？水玻璃在工程中有何用途？

6 水 泥

【重要知识点】

1. 熟悉《通用硅酸盐水泥》(GB 175—2007)、《水泥胶砂强度检验方法(ISO 法)》(GB/T 17671)、硅酸盐水泥的概念,普通硅酸盐水泥的分类及其代号。

2. 硅酸盐水泥熟料的矿物组成及其特性。硅酸盐水泥的主要技术性质(细度、标准稠度用水量、凝结时间、体积安定性和胶砂强度)。

3. 国家标准对细度、凝结时间、体积安定性规定的指标。

4. 不同水泥的细度试验方法。标准稠度用水量的试验方法(标准法)。水泥凝结时间的试验方法及其相应掺加水量、水泥凝结时间的意义。体积安定性试验方法(标准法)。胶砂强度试验方法,试验数据结果判断。

5. 水泥试验标准养护条件,试验室环境条件。

6. 全面理解不同品种不同强度等级的通用硅酸盐水泥的强度要求。

7. 硅酸盐水泥的应用范围、特性用途和不适用范围。通用水泥的选用。

8. 水泥包装与储运的要求。超期水泥处理方式。

6.1 概 述

6.1.1 水泥的概念

水泥呈粉末状,与水混合后,经物理化学作用能由可塑性浆体变成坚硬的石状体,并能将砂、石等散粒状材料胶结成为整体,水泥是一种良好的矿物胶凝材料。水泥是最重要的建筑材料之一,常用来配制混凝土、钢筋混凝土、预应力混凝土、建筑砂浆等。在建筑、道路、水利和国防等工程中应用极广,常用来制造各种混凝土、钢筋混凝土、预应力混凝土构件和建筑物,以及用作灌浆材料等。

《通用硅酸盐水泥》(GB 175—2007)定义,通用硅酸盐水泥指以硅酸盐水泥熟料和适量的石膏及规定的混合料制成的水硬性胶凝材料。

6.1.2 水泥的分类

水泥品种多,按化学成分不同,可分为硅酸盐水泥(相当于 ASTM 的波特兰水泥)、铝酸盐水泥、硫铝酸盐水泥、铁铝酸盐水泥等系列,以硅酸盐水泥应用最广。

硅酸盐系列水泥是以硅酸钙为主要成分的水泥熟料、一定量的混合材料和适量石膏,经共同磨细而成。按其性能和用途不同,又可分为通用水泥、专用水泥和特性水泥三大类。

　　通用水泥是指大量用于一般土木工程的水泥,按其所掺混合材料的种类及数量不同,又有硅酸盐水泥、普通硅酸盐水泥(简称普通水泥)和掺加混合料的硅酸盐水泥三大类。其中掺加混合料的硅酸盐水泥又可以分为矿渣硅酸盐水泥(简称矿渣水泥)、火山灰质硅酸盐水泥(简称火山灰水泥)、粉煤灰硅酸盐水泥(简称粉煤灰水泥)和复合硅酸盐水泥四类。通用硅酸盐水泥组分见表 6.1。表中硅酸盐水泥熟料由主要含 CaO、SiO_2、Al_2O_3、Fe_2O_3 的原料,按适当比例磨成细粉烧至部分熔融所得以硅酸盐为主要矿物成分的水硬性胶凝材料,其中硅酸盐钙矿物不小于 66%,氧化钙和氧化硅质量比不小于 2.0。从表 6.1 中可以明确看出通用硅酸盐水泥的代号,硅酸盐水泥有 P·Ⅰ 和 P·Ⅱ,普通硅酸盐水泥为 P·O,矿渣硅酸盐水泥为 P·S·A 和 P·S·B,火山灰质硅酸盐水泥为 P·P,粉煤灰硅酸盐水泥为 P·F,复合硅酸盐水泥为 P·C;例如 P·O42.5 表示普通硅酸盐水泥 42.5 级,P·C32.5 表示复合硅酸盐水泥 32.5 级。

表 6.1　通用硅酸盐水泥的组分指标(质量百分数,%)

品种	代号	组分				
		熟料+石膏	粒化高炉矿渣	火山灰	粉煤灰	石灰石
硅酸盐水泥	P·Ⅰ	100	—	—	—	—
	P·Ⅱ	≥95	≤5	—	—	—
		≥95	—	—	—	≤5
普通硅酸盐水泥	P·O	≥80 且<95	>5 且≤20			
矿渣硅酸盐水泥	P·S·A	≥50 且<80	>20 且≤50	—	—	—
	P·S·B	≥30 且<50	>50 且≤70	—	—	—
火山灰质硅酸盐水泥	P·P	≥60 且<80	—	>20 且≤40	—	—
粉煤灰硅酸盐水泥	P·F	≥60 且<80	—	—	>20 且≤40	—
复合硅酸盐水泥	P·C	≥50 且<80	>20 且≤50			

　　专用水泥是指专门用途的水泥,如砌筑水泥、道路水泥等。特性水泥则是指某种性能比较突出的水泥,如快硬硅酸盐水泥、白色硅酸盐水泥、抗硫酸盐硅酸盐水泥、低热硅酸盐水泥、硅酸盐膨胀水泥等。

　　本章将重点介绍硅酸盐水泥的性质及应用,对其他水泥仅作一般介绍。

　　由于普通硅酸盐水泥中混合材掺量较少,故其性能与硅酸盐水泥相近,为此,对硅酸盐水泥讨论的问题,也适用于普通硅酸盐水泥。

6.2　硅酸盐水泥

6.2.1　水泥的生产工艺流程

　　硅酸盐水泥是通用水泥中的一个基本品种,其主要原料是石灰质原料和黏土质原料。

石灰质原料主要提供 SiO_2、Al_2O_3 及少量 Fe_2O_3，黏土质原料可以采用黏土、黄土、页岩、泥岩、粉砂岩及河泥等。为满足成分要求还常用校正原料，例如铁矿粉、砂岩等。为了改善煅烧条件，提高熟料质量，常加入少量矿化剂，如萤石、石膏等。硅酸盐水泥的生产过程分制备生料、煅烧熟料、粉磨水泥等三个阶段，简称两磨一烧，见图6.1。

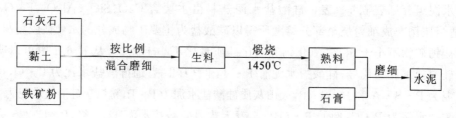

图 6.1　水泥生产工艺流程示意图

生料的制备是把几种原料按适当比例配合，生料中含有 62%～67% 的 CaO，20%～27% 的 SiO_2，4%～7% 的 Al_2O_3 和 2.5%～6.0% 的 Fe_2O_3。经准确配合的原料需粉磨到一定细度，再均化处理，以使煅烧时各成分间的化学反应能充分进行。

水泥煅烧过程在窑内进行，水泥窑型主要有回转窑（即旋窑）和立窑两种。前者产量大，质量稳定，但建厂一次投资大。烧制水泥虽烧成设备各异，但生料在窑内都要经历干燥、预热、分解、烧成和冷却等五个阶段，才能形成熟料。其中烧成带的反应是煅烧水泥的关键。

生料在煅烧过程中发生如下反应：

$$石灰石 \longrightarrow CaO + CO_2$$
$$黏土 \longrightarrow SiO_2 + Al_2O_3 + Fe_2O_3 \left.\right\} \rightarrow 水泥熟料矿物$$

6.2.2　硅酸盐水泥熟料的矿物组成及其特性

（1）硅酸盐水泥熟料的矿物组成

通过煅烧形成具有一定矿物组成的熟料是水泥生产的关键。生料在煅烧过程中，各种原料分解成氧化钙、氧化硅、氧化铝和氧化铁。在更高的温度下，氧化钙与氧化硅、氧化铝和氧化铁相化合，形成以硅酸钙为主要成分的熟料矿物。硅酸盐水泥熟料的主要矿物组成及其含量范围见表6.2。硅酸盐水泥中的四种矿物非常重要，它们在水泥生产中的掺量多少决定着水泥技术性质和品质。

表 6.2　硅酸盐水泥熟料的主要矿物组成及其含量

熟料矿物	化学组成	简写	含量（%）	备注
硅酸三钙	$3CaO \cdot SiO_2$	C_3S	42～61	
硅酸二钙	$2CaO \cdot SiO_2$	C_2S	15～32	
铝酸三钙	$3CaO \cdot Al_2O_3$	C_3A	4～11	
铁铝酸四钙	$4CaO \cdot Al_2O_3 \cdot Fe_2O_3$	C_4AF	10～18	

（2）硅酸盐水泥熟料矿物特性

硅酸盐水泥熟料的矿物特性见表6.3。水泥是由几种矿物组成的混合物，改变熟料中矿物组成的相对含量，水泥的技术性质将会随之改变。

表 6.3 硅酸盐水泥熟料的矿物特性

矿物名称	性能			备注
	凝结硬化速度	水化放热量	强度	
硅酸三钙	快	大	高	
硅酸二钙	慢	小	早期低，后期高	
铝酸三钙	最快	最大	最低	
铁铝酸四钙	快	中	中	

① 硅酸三钙，支持水泥的早期强度，且凝结硬化速度较快。

② 硅酸二钙，给予水泥的后期强度，可在潮湿环境或水中继续提高强度。

③ 铝酸三钙，本身强度是不高的，不影响水泥整体强度，但其凝结硬化快。如果水泥中 C_3A 含量多会使水泥形成急凝，甚至来不及施工，由于 C_3A 的水化放热大，体积收缩大，容易引起干燥收缩而发生开裂现象。因此 C_3A 在水泥中含量不能过高。

④ 铁铝酸四钙，在水泥中含量也不多，强度和硬化速度也不显著，在水泥中反映不出它的特性；但是 C_4AF 有助于水泥抗折强度的提高，可以降低水泥的脆性，在公路水泥混凝土路面用道路水泥中合适掺量显得尤其重要。

⑤ C_3A 和 C_4AF 在水泥煅烧时能够降低原料熔融的温度，有利于水泥的烧成，是生产水泥不可缺少的材料。

此外，在生产水泥过程中，可能还有游离氧化钙、氧化镁、含碱矿物和玻璃体等，它们的存在可能导致水泥的安定性变差、产生碱-集料膨胀反应等不良后果。

6.2.3 硅酸盐水泥的水化反应及凝结硬化机理

水泥加水拌和后，最初形成具有可塑性的浆体，然后逐渐变稠失去可塑性，这一过程称为凝结。此后，强度逐渐提高，并变成坚硬的石状物质——水泥石，这一过程称为硬化。水泥的凝结和硬化过程是人为划分的，实际上水泥的凝结和硬化是一个连续的复杂的物理和化学变化过程，这些变化决定了水泥的技术性质。

水泥的凝结和硬化与水泥的矿物组成直接相关。硅酸三钙水化反应很快，水化放热量大，生成的水化硅酸钙几乎不溶于水。硅酸二钙水化反应的产物与硅酸三钙基本相同，而它水化反应速度极慢，水化放热量小。铝酸三钙水化反应极快，水化放热量很大，且放热速度很快。

水泥的凝结和硬化除了与水泥的矿物组成有关外，还与水泥的细度、拌合水量、硬化环境（温度和湿度）和硬化时间有关。水泥颗粒越细，水化越快，凝结与硬化也快。拌合水量越大，水化后形成的胶体稀，水泥的凝结和硬化就慢。温度对水泥的水化以及凝结和硬化影响很大，当温度低于 0 ℃时，水化反应基本停止。水泥石的强度只有在潮湿的环境中才能不断增长，混凝土工程在浇筑后的 2～3 周内必须洒水养护。水泥石的强度随着硬化时间而增长，一般在 3～7 d 内强度增长较快，以后逐渐减慢，但持续时间很长。

（1）硅酸盐水泥熟料单矿物的水化

① 硅酸三钙的水化

由于 C_3S 的水化过程对水泥来说具有代表性，许多学者把 C_3S 的水化作为水泥水化的标准。C_3S 水化速度很快，反应生成水化硅酸钙 $xCaO \cdot SiO_2 \cdot yH_2O$（简式为 C—S—H）和氢氧化钙 $Ca(OH)_2$（简式为 CH），同时放出大量的水化热，其水化产物（即水化石）的强度很高。

在常温下，C_3S 的水化反应可大致用下列方程表示：

$$3CaO \cdot SiO_2 + nH_2O \longrightarrow xCaO \cdot SiO_2 \cdot yH_2O + (3-x)Ca(OH)_2$$

根据 C_3S 水化时的放热速率随着时间的变化关系，大体可把 C_3S 的水化过程分为五个阶段，如图 6.2 所示。

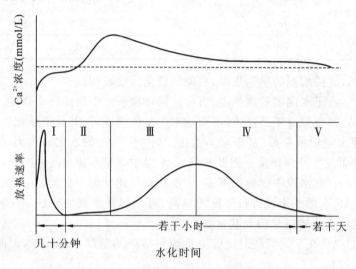

图 6.2　C_3S 水化放热速率和 Ca^{2+} 浓度随时间变化曲线

a. 诱导前期

加水后立即发生急剧反应，但该阶段的时间很短，在 15 min 内结束。

b. 诱导期

诱导期又称为静止期，这一阶段反应速率极缓慢，一般持续 2～4 h，是硅酸盐水泥浆体能在规定时间（根据工程需要的初凝时间）内保持塑性的原因。

c. 加速期

该阶段反应重新加快，反应速率随着时间而增长，出现第二个放热高峰，在达到峰值时本阶段即结束。针对普通水泥，且未掺加早强剂时，加速期 4～8 h。

d. 减速期

减速期又称为衰减期，该阶段反应速率随着时间而下降，水化作用逐渐受扩散速率的控制。针对普通水泥，且未掺加早强剂时，减速期 12～24 h。

e. 稳定期

该阶段反应速率很低，反应过程基本趋于稳定，水化作用完全受扩散速率控制。

C_3S 的早期水化包括诱导前期、诱导期和加速期三个阶段。硬化浆体的性能与水化早期的浆体结构形成是密切相关的，并且诱导期的终止时间与浆体的初凝时间相关，而终凝大致发生在加速期的终止阶段。学者对 C_3S 早期水化进行了大量研究，主要是围绕诱导期起止因素,即形成诱导期的本质这个因素进行研究的。

一般认为,当 C_3S 与水接触后在 C_3S 表面有晶格缺陷的部位即发生水解,使得 Ca^{2+} 和 OH^- 进入溶液,而在 C_3S 离子表面形成一个缺钙的富硅层,接着溶液中的 Ca^{2+} 被该表面吸附而形成双电层,这导致 C_3S 溶解受阻而出现诱导期。此时,由于双电层所形成的 ξ 电位使颗粒在液相中保持分析状态。由于 C_3S 仍在缓慢地水化而使溶液中 $Ca(OH)_2$ 浓度继续增大,当达到一定的过饱和度时,$Ca(OH)_2$ 晶体析出,双电层作用减弱或消失,因而促进了 C_3S 的溶解,诱导期结束,$Ca(OH)_2$ 析晶加速,同时,还有 C—S—H 析晶沉淀。因硅酸根离子的迁移速率比 Ca^{2+} 慢,C—S—H 主要在颗粒表面区域析晶,而 $Ca(OH)_2$ 晶体可以在远离颗粒表面或浆体的原充水空间中形成。

C_3S 的中期水化主要是减速期,后期水化主要是稳定期,有学者将这两个阶段合并为扩散控制期,也是有道理的。扩散控制期对水泥的性能,如强度、体积稳定性、耐久性等的影响十分重要。有试验表明,在加速期的开始伴随着 $Ca(OH)_2$ 及 C—S—H 晶核的形成和长大,同时发生的是液相中 $Ca(OH)_2$ 及 C—S—H 的饱和度降低,它反过来又会使得 $Ca(OH)_2$ 及 C—S—H 的生长速率逐渐变慢。随着水化物在颗粒周围的形成,C_3S 的水化作用也受到阻碍,水化从加速过程又逐渐转向减速过程。有研究表明,最初生成的水化产物大部分生长在 C_3S 离子原始周界以外的原充水空间,称之为"外部水化物"。后期水化所形成的产物则大部分生长在 C_3S 离子原始周界以内,称之为"内部水化物"。随着"内部水化物"的形成,C_3S 的水化从减速期向稳定期转变。

② 硅酸二钙的水化

C_2S 水化放热量小,水化产物的早期强度低,后期强度高,在一年后可接近或达到 C_3S 水化物的强度。C_2S 的水化过程和 C_3S 极为相似。

③ C_3A 的水化

C_3A 对水泥的早期水化和浆体的流变性质起着重要作用。C_3A 遇水后很快发生剧烈的水化反应。在常温下 C_3A 在纯水中的水化反应如下:

$$2(3CaO \cdot Al_2O_3) + 27H_2O \longrightarrow 4CaO \cdot Al_2O_3 \cdot 19H_2O + 2CaO \cdot Al_2O_3 \cdot (5:8)H_2O$$

C_4AH_{19} 在湿度低于 85% 时容易失水变成 C_4AH_{13}。

C_4AH_{19}、C_4AH_{13} 和 C_2AH_8 均为六面体片状晶体,在常温下处于介稳状态,有转化为等轴晶体 C_3AH_6 的趋势,见下式:

$$C_4AH_{13} + C_2AH_8 \longrightarrow 2C_3AH_6 + 9H$$

由于晶型转换,造成了孔隙率增加,同时 C_3AH_6 本身强度较低,C_3A 水化后强度很低。

在硅酸盐水泥浆体中,熟料中的 C_3A 实际上是在 $Ca(OH)_2$ 饱和溶液的环境中水化的,其水化反应式为:

$$C_3A + CH + 12H \longrightarrow C_4AH_{13}$$

在水泥浆体的碱性介质中,C_4AH_{13} 在室温下能稳定存在,其数量增长也较快,这就是水泥浆瞬时凝结的主要原因之一。在水泥粉磨时,需加入适量的石膏以调整其凝结时间。因石膏、$Ca(OH)_2$ 同时存在的条件下,C_3A 开始也很快水化成 C_4AH_{13},但接着它会与石膏反应生成三硫型水化硫铝酸钙,即钙矾石,用 AFt 表示,反应式为:

$$4CaO \cdot Al_2O_3 \cdot 13H_2O + 3(CaSO_4 \cdot 2H_2O) + 14H_2O \longrightarrow$$
$$3CaO \cdot Al_2O_3 \cdot 3CaSO_4 \cdot 32H_2O + Ca(OH)_2$$

当浆体中的石膏被消耗完毕后,水泥中还有未完全水化的 C_3A,C_3A 的水化物 C_4AH_{13} 又与上述反应生成的钙矾石继续发生反应,生成单硫型水化硫铝酸钙,用 AFm 表示,反应式为:

$$3CaO \cdot Al_2O_3 \cdot 3CaSO_4 \cdot 32H_2O + 2(4CaO_4 \cdot Al_2O_3 \cdot 13H_2O) \longrightarrow$$
$$3(3CaO \cdot Al_2O_3 \cdot SO_4 \cdot 12H_2O) + 2Ca(OH)_2 + 20H_2O$$

用放热速率表示 C_3A—$CaSO_4 \cdot 2H_2O$—$Ca(OH)_2$—H_2O 体系的水化过程,见图 6.3。

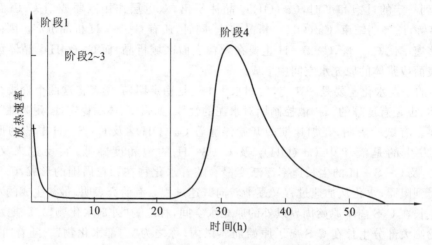

图 6.3 C_3A—$CaSO_4 \cdot 2H_2O$—$Ca(OH)_2$—H_2O 体系的水化放热过程

在图 6.3 中可以看出 C_3A—$CaSO_4 \cdot 2H_2O$—$Ca(OH)_2$—H_2O 体系放热分为四个阶段。第一阶段相应于 C_3A 的溶解和钙矾石的形成;第二阶段由于 C_3A 表面形成钙矾石包裹层,水化速率减慢,并延续较长时间。但由于水化继续进行,AFt 包裹层变厚,并产生结晶压力,当结晶压力超过一定数值时,包裹层局部破裂;第三阶段由于包裹层破裂促使水化加速,所形成的钙矾石又使破裂处密封;第四阶段则是 $CaSO_4 \cdot 2H_2O$ 消耗完毕,体系中剩余的 C_3A 与已经形成的钙矾石继续反应,形成新相 AFm,出现第二个高峰,可见在形成钙矾石的第一放热高峰以后较长时间才形成单硫型硫铝酸钙。第二阶段和第三阶段是包裹层破坏与修复的反复阶段。由于石膏的存在,C_3A 的水化延缓了,直至石膏被消耗完成,以后 C_3A 又重新水化形成第二个放热高峰。石膏的掺量决定 C_3A 的水化速度、水化产物的类别及其数量。此外,石膏的溶解速率对浆体的凝结时间也有重要影响。若石膏不能及时向溶液中提供足够的硫酸根离子,C_3A 可能在形成钙矾石之前先形成单硫型硫铝酸钙(AFm),而使浆体出现早凝或速凝。若石膏的溶解速率过快,例如半水石膏的存在,可能使浆体在钙矾石包裹层出现之前由于半水石膏的水化而使浆体出现假凝。因此,硬石膏、半水石膏等不同类型的石膏对 C_3A 水化过程的影响是有差异的,相同的水泥熟料与不同类型的石膏共同磨细后得到的水泥,其技术性质是不同的。

④ 铁铝酸四钙的水化

C_4AF 的水化反应与 C_3A 相似,水化速率较 C_3A 略慢,水化热、水化产物强度较低,水化生成水化铝酸三钙和水化铁酸一钙 $CaO \cdot Fe_2O_3 \cdot H_2O$,简式为 CFH,又称凝胶,见下式:

$$4CaO \cdot Al_2O_3 \cdot Fe_2O_3 + 2H_2O \longrightarrow 3CaO \cdot Al_2O_3 \cdot H_2O + CaO \cdot Fe_2O_3 \cdot H_2O$$

C_4AF 在氢氧化钙饱和溶液中水化生成水化铝酸钙和水化铁酸钙的固溶体 $4CaO \cdot$

（Al$_2$O$_3$・Fe$_2$O$_3$）・13H$_2$O，用简式 C$_4$（A・F）H$_{13}$ 表示，其反应式为：

$$4CaO・Al_2O_3・Fe_2O_3+4Ca(OH)_2+22H_2O \rightarrow 2[4CaO・(Al_2O_3・Fe_2O_3)・13H_2O]$$

⑤ 硅酸盐水泥熟料单矿物的水化

水泥熟料单矿物水化放热量和水化后产物的抗压强度随龄期的变化见图 6.4 和图 6.5。

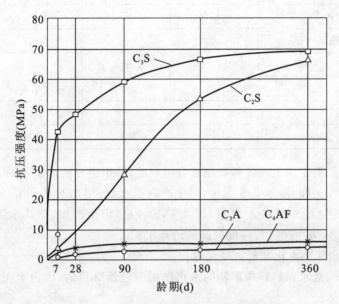

图 6.4　水泥熟料在不同龄期的抗压强度

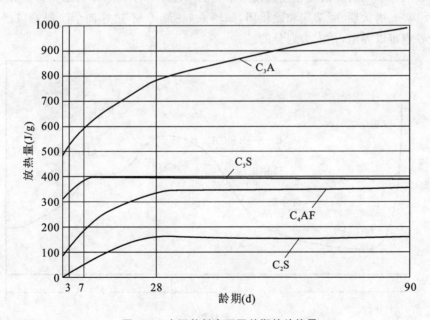

图 6.5　水泥熟料在不同龄期的放热量

硅酸盐水泥熟料主要矿物性质及其水化产物性质的比较见表 6.4。

表 6.4　硅酸盐水泥熟料主要矿物性质及其水化产物性质

指标		硅酸盐熟料中的矿物化学简式			
		C_3S	C_2S	C_3A	C_4AF
密度	g/cm³	3.25	3.28	3.04	3.77
水化反应速率		快	慢	最快	快
水化放热量		大	小	最大	中
强度	早期	高	低	低	低
	后期		高		
收缩		中	中	大	小
抗硫酸盐侵蚀		中	最好	差	好

　　硅酸盐水泥熟料是由上述各种矿物组分组成的,各个组分的比例不同,水泥的技术性质将产生相应变化。例如:增加 C_3S 含量,可生产高强水泥;增加 C_3S 和 C_3A 含量,可生产快凝和速凝水泥;减少 C_3S 和 C_3A 含量,增加 C_2S 含量,可生产中、低热水泥;增加 C_4AF 含量,降低 C_3A 含量,可生产抗折强度较高的道路水泥。

　　(2)硅酸盐水泥的水化和凝结硬化过程

　　弄清楚了硅酸盐水泥熟料单矿物的水化作用不是最终目的,因为水泥以及水泥混凝土是多矿物的聚集体。

　　一般硅酸盐水泥的凝结硬化过程按照水化反应速率和水泥浆体的结构特征分为四个阶段:初始反应期、潜伏期、凝结期和硬化期,如图 6.6 所示。不过这四个阶段难以严格区分,特别是分界点难以界定,是人为划分的。

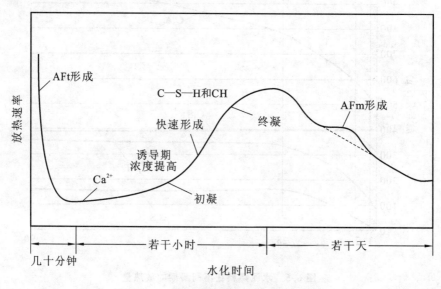

图 6.6　硅酸盐水泥的水化放热过程

① 初始反应期

水泥与水接触后立即发生水化反应,在初始的 $5\sim10$ min 内,放热速率剧增,可达 168.5 $J/(g\cdot h)$,然后降至 4 $J/(g\cdot h)$。此阶段,C_3S 开始水化并释放 $Ca(OH)_2$,且立即溶解,使其 pH 值增大到 13 左右,浓度达到过饱和,$Ca(OH)_2$ 结晶析出;而首先与水发生反应的暴露在水泥颗粒表面的 C_3A 水化物与已经溶解的石膏在 $Ca(OH)_2$ 过饱和溶液中反应形成 AFt 且结晶析出,附着在水泥颗粒表面,这个阶段约有 1% 的水泥发生水化。

② 潜伏期(又称为诱导期)

在初始反应之后的相当长一段时间($1\sim2$ h),在水泥的放热速率一直很低,约 4 $J/(g\cdot h)$。在此期间,由于颗粒表面形成的以 C—S—H 和 AFt 为主的渗透膜层的水化反应缓慢,水化产物熟料不多,水泥颗粒仍然是分散的,水泥浆体基本保持塑性。

③ 凝结期

在潜伏期后,因渗透压力作用,水泥颗粒表面的膜层破裂,水泥继续水化,放热速率又开始增大,6 h 内可增大至最大约 20 $J/(g\cdot h)$,然后缓慢下降。在这个阶段,水化产物不断增多,水化产物的体积约为水泥体积的 2.2 倍,在水化过程中产生的水化物填充水泥颗粒之间的空间,随着接触点的增多,形成由分子结合的凝聚结构,使水泥浆体逐渐失去塑性,这也可以称为水泥的凝结过程,此阶段大约有 15% 的水泥水化。

④ 硬化期

凝结期结束后,放热速率缓慢下降,水泥水化继续进行,水化铁铝酸钙、水化铝酸钙固溶体 $C_4(A\cdot F)H_{13}$ 开始形成,硫酸根离子逐渐耗尽,AFt 转换为 AFm。水泥硬化可以持续相当长时间,在适当温度、湿度条件下,几年甚至几十年后水泥石的强度还会继续增长。

进入硬化期后,水泥浆体开始失去塑性而逐渐具有强度,开始强度很低,以后逐渐增长。前 3 d 具有较快的强度增长速率,$3\sim7$ d 强度增长速率有所降低,$7\sim28$ d 强度增长速率进一步降低,28 d 以后强度将继续发展,表现为发展速率非常低且较为平稳,如图 6.7 所示。

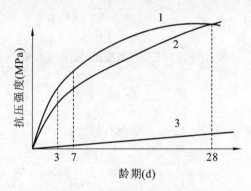

图 6.7　水泥石的强度发展规律
1—硅酸盐水泥;2—矿渣硅酸盐水泥;3—粒化矿渣

水泥的凝结硬化四个阶段并不是彼此孤立的,而是交错进行的,不同的凝结硬化阶段是由于不同的物理化学变化起主导作用。硅酸盐水泥的水化过程是一个综合反应,水泥和水拌和后铝酸三钙立即反应,硅酸三钙和铁铝酸四钙反应也较快,而硅酸二钙反应缓慢。在电镜下面观察,几分钟后可见水泥颗粒表面生成钙矾石针状晶体、无定形水化硅酸钙和氢氧化钙六方体晶体产物。因钙矾石不断形成,使得液相中的 SO_4^{2-} 逐渐减小并消耗殆尽,随即将有单硫型水化硫铝酸钙和铁铝酸钙形成,假设铝酸三钙或铁铝酸四钙还有剩余,则会生成单硫型水化产物和 $C_4(A \cdot F)H_{13}$。硅酸盐水泥水化产物主要有 C—S—H 凝胶、$Ca(OH)_2$、水化硫铝酸钙和水化铁铝酸钙、水化铝酸钙、水化铁酸钙等。

(3) 水泥石强度及其影响因素

尽管对水泥石强度研究很多,但至今仍没有大家认可的一致性的理论性结论。脆性材料断裂理论认为水泥石抗断裂能符合格林菲斯学说,认为取决于水泥石的弹性模量、表面能以及裂缝大小,而且水化硅酸钙凝胶的表面能是决定水泥石的一个极为重要因素,水泥石形成强度除了范德华力外还有化学键胶结。结晶理论认为水泥石是由无数多种形貌的 C—S—H 凝胶、钙矾石针状晶体和六方板状的氢氧化钙及单硫型水化硫铝酸钙晶体交叉连生在一起形成的结晶结构网。多孔材料强度理论认为水泥石强度取决于孔隙率或者水化物充满原始充水空间的程度,与胶空比有关。

鲍尔斯(T. C. Powers)建立的水泥石强度与胶空比 X 的关系,见下式和图 6.8。

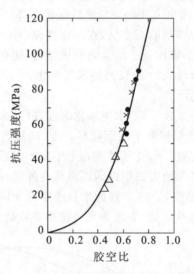

图 6.8 水泥石强度与胶空比的曲线关系

$$f = f_c X^n$$

式中 f——水泥石强度;

f_c——毛细孔隙率为零($X=0$)时的水泥石强度;

X——胶空比,$X = \dfrac{0.675\alpha}{0.319\alpha + \dfrac{W}{C}}$;

α——水化程度(各个龄期结合水量与完全水化后结合水量的比值);

$\dfrac{W}{C}$——水灰比(水与水泥的质量或体积之比)。

上述公式表明,水泥石强度与水灰比之间的关系极为重要,是进一步影响着混凝土性能的关键参数。

影响水泥石强度的主要因素有熟料组成及其含量、水灰比和水化程度、水化物种类、孔结构、温度与压力。

① 熟料组成及其含量

硅酸三钙和硅酸二钙是提供水泥强度的主要复合矿物。硅酸三钙不仅控制水泥早期强度，对后期强度增长也有贡献。硅酸二钙主要提供水泥后期强度。水泥石强度与 C_3S 和 C_2S 的关系，见图 6.9 和图 6.10。

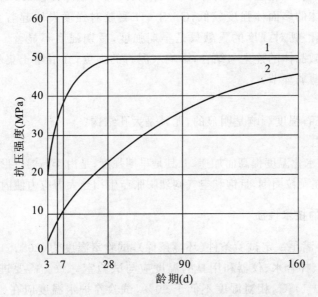

图 6.9　C_3S 和 C_2S 含量对水泥石强度的影响

1—C_3S 含量 65.7%～71%；C_2S 含量 25.0%～31.0%；2—C_3S 含量 6.2%～11.8%；C_2S 含量 47.1%～59.7%

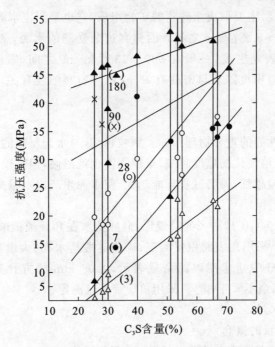

图 6.10　C_3S 含量对水泥石强度的影响

注：图中直线表示不同的养护天数

② 水灰比和水化程度

鲍尔斯(T. C. Powers)公式已经说明了这个问题。

③ 水化物种类

各种水化物中,容易相互交叉的纤维状、针状、棱柱状或六方板状的水化产物强度较高,而立方体、近似球体的多面体强度较低,C—S—H 凝胶对强度发展起着重要作用。钙矾石和单硫型水化硫铝酸钙对强度的贡献只是早期强度,后期强度不显著。$Ca(OH)_2$ 晶体尺寸较大,妨碍其他微晶体的连生与结合,影响水泥石的强度,在混凝土集料与水泥石之间形成界面过渡区,即薄弱环节。

④ 孔结构

孔结构对水泥石强度影响是明显的,尤其是大孔结构。

⑤ 温度与压力

水泥强度随着水化温度提高而加速,尤其是早期强度,是由于高温下形成的凝胶产物分布不均匀,只能集中在颗粒周围,且饱和空气剧烈膨胀产生相当大内应力使内部连接遭到损坏。

6.2.4 水泥的技术性质

水泥试验需要满足一定试验条件(环境条件),试验室温度为 (20 ± 5) ℃,相对湿度不低于 50%;水泥试样、拌合水、仪器和用具的温度应与试验室一致。需要进行养护的,湿气养护箱的温度为 (20 ± 1) ℃,相对湿度不低于 90%,试验养护水温度应在 (20 ± 1) ℃范围内。该养护条件又称为标准养护条件。

(1) 密度和表观密度

硅酸盐水泥的密度,主要取决于熟料的矿物组成,它也是测定水泥细度指标比表面积的重要参数,一般在 $3.1\sim3.2$ g/cm³ 之间。因储存过久受潮的水泥,密度稍有降低。硅酸盐水泥在松散状态时的表观密度,一般在 $900\sim1300$ kg/m³ 之间,紧密状态时可达 $1400\sim1700$ kg/m³ 之间。表观密度除了与密度有关外,还与粉磨细度有关,一般来说,水泥越细,表观密度越小。

(2) 细度

细度是影响水泥性能的重要物理指标。颗粒越细,与水起反应的表面积越大,因而水化作用既迅速又安全,凝结硬化的速度越快,早期强度也就越高,但是硬化后体积收缩较大,水泥易于受潮。水泥颗粒越细,粉磨过程耗能越大,使水泥生产成本越高。水泥细度不合格的水泥为不合格品。

《通用硅酸盐水泥》(GB 175—2007)规定,硅酸盐水泥和普通硅酸盐水泥以比表面积表示,不小于 300 m²/kg,采用比表面积仪测定;矿渣硅酸盐水泥、火山灰质硅酸盐水泥、粉煤灰硅酸盐水泥和复合硅酸盐水泥以筛余量表示,0.08 mm 的方孔筛筛余不大于 10% 或 0.045 mm 的方孔筛筛余不大于 30%,采用负压筛析仪测定。

(3) 标准稠度用水量

① 标准稠度用水量的概念

标准稠度用水量不是水泥的直接技术标准,而是间接指标,它是用来测定水泥安定性和凝结时间的加水量的标准,即测定水泥安定性和凝结时间的加水量不是随意的,而是必须按照规定的量进行掺加,这个规定的量就是标准稠度用水量。标准稠度用水量测定准确与否关系到水泥安定性和凝结时间测定的准确性。中华人民共和国国家质量监督检验检疫总局和中国国家标准化管理委员会将这三个试验归于同一个标准《水泥标准稠度用水量、凝结时间、安定性检验方法》(GB/T 1346—2011)。各种水泥达到一定稠度时,需要的用水量并不相同。水泥加水量的多少,又直接影响水泥的各种性质。所以为了测定水泥的各种性质必须在一定稠度下进行。这个规定的稠度称为标准稠度。水泥净浆到达标准稠度时,所需要的拌合水量称为标准稠度用水量。标准稠度用水量用水占水泥质量的百分比表示。

② 标准稠度用水量的测定

水泥的标准稠度用水量必须进行实测,一般在 24%～30% 之间。水泥熟料中矿物成分不同,水泥的细度不同时,其标准稠度用水量也有差异。

标准稠度用水量的测定方法有标准法和代用法,其中代用法又分调整水量法和固定水量法,在有争议时应以标准法为准。标准法采用的仪器设备为水泥净浆搅拌机和标准法维卡仪,标准稠度试杆由有效长度为 50 mm±1 mm,直径为 10 mm±0.05 mm 的圆柱形耐腐蚀金属制成。代用法采用的仪器设备为水泥净浆搅拌机和代用法维卡仪。

标准法是按照规定的方法,以试杆沉入水泥净浆并距离底板 6 mm±1 mm 时的稠度对应的用水量为标准稠度用水量。标准法实际上就是逐渐调整水量,逐渐逼近直到找到标准稠度用水量为止。

采用代用法测定水泥标准稠度用水量可用调整水量和不变水量两种方法中的任一种测定。代用法中的调整水量法与标准法原理上差不多,只不过标准法采用试杆而调整水量法采用试锥,采用调整水量法时拌合水量按经验找水;当试锥下沉深度为 30 mm±2 mm 时的稠度对应的用水量为标准稠度用水量。代用法中的固定水量法又称不变水量法,固定水泥 500 g,固定用水 142.5 mL,一次就可以计算出标准稠度用水量 $p(\%)=33.4-0.185\times s$,其中 s 为试锥下沉深度(mm)。

调整水量法稍微麻烦,一般在 24%～30% 之间按照经验找水,但是较为精确,当试锥下沉深度小于 13 mm 时,必须用调整水量法。

试验时可由两种方法逐渐逼近标准稠度用水量,可减少调整的次数。一是利用水泥生产厂的检测结果作为参考值验证;二是首先用不变水量法确定一个不太准确但是大致差不多的标准稠度用水量,然后再以此为标准采用标准法或调整水量法测定其标准稠度用水量。这可以大大减少盲目性,缩短试验检测的时间。

(4) 凝结时间

① 凝结时间的概念

测定凝结时间的掺水量应为标准稠度用水量。基于水泥的原材料和矿物组成的复杂性,水泥的凝结是一个十分复杂的过程,目前还没有一种理论公式完全能够表征水泥的凝结;从工程实际需要,人为地将水泥的凝结分为初凝和终凝。水泥的凝结时间自然也分为初凝时间和终凝时间,有时初凝和初凝时间、终凝和终凝时间概念上没有严格区分,凝结和凝结时间常常混同,但这并不影响工程应用。

水泥初凝时间是指水泥从加水时刻开始到水泥浆开始失去塑性时刻的时间,水泥的终凝时间是指水泥从加水时刻开始到水泥浆完全失去塑性时刻的时间。终凝时间包含初凝时间,终凝时间要比初凝时间长,如图 6.11 所示。

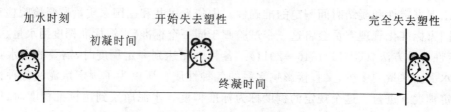

图 6.11　凝结时间示意图

② 水泥凝结时间的工程意义

理论上只要水泥浆超过初凝时间还没有完成搅拌、运输、浇筑、振捣和抹平等操作,水泥浆就会作废,即所有操作必须在初凝时间之内完成,超过初凝时间操作将会人为地破坏水泥浆已经凝结状况,内部产生微裂纹或粗裂纹。但实际上,单单使用水泥浆的情况极少,绝大多数使用的是混凝土,混凝土与水泥净浆相比掺加了粗骨料、粉煤灰掺合料和外加剂等,这导致了混凝土凝结时间与水泥的凝结时间的差异;水泥达到凝结时间并不意味着混凝土达到凝结时间,即此时刻混凝土并不一定不能使用。可以这么讲,水泥初凝时间仅仅作为判断水泥浆能否继续使用的标准和水泥技术性质指标,不能直接作为混凝土凝结时间的判断标准。

水泥的凝结时间在工程上有两点意义:一是它作为判断水泥技术性质指标之一;二是针对工程应用的水泥净浆,如后张法预应力混凝土注浆 M40、M50 凝结时间有现实意义。但是读者一定要区分水泥的凝结时间和水泥混凝土的凝结时间,两者的试验方法完全不同,凝结时间长短也有所不同。一般来说水泥混凝土的凝结时间因掺加粗骨料比水泥的凝结时间要长 1 h 左右(掺外加剂除外),混凝土的凝结时间要通过试验检测结果才能判断,详见 7.5.7 小节。

③ 规范规定的凝结时间

《通用硅酸盐水泥》(GB 175—2007)规定硅酸盐水泥的初凝时间不得小于 45 min,终凝时间不大于 390 min。普通硅酸盐水泥、矿渣硅酸盐水泥、火山灰质硅酸盐水泥、粉煤灰硅酸盐水泥和复合硅酸盐水泥初凝时间不小于 45 min,终凝时间不大于 600 min。我国目前出产的普通水泥,在常温常压下,初凝时间一般为 1～3 h,终凝时间为 5～8 h。

凡水泥初凝时间不符合规定者为废品,终凝时间不符合规定者为不合格品。

④ 凝结时间试验

凝结时间试验标准法采用的仪器设备为水泥净浆搅拌机和标准法维卡仪,初凝试针由钢制成,其有效长度为 50 mm±1 mm,终凝试针为 30 mm±1 mm,直径为 1.13 mm±0.05 mm。凝结时间试验按《水泥标准稠度用水量、凝结时间、安定性检验方法》(GB/T 1346—2011)的规定执行。

(5) 体积安定性

① 体积安定性的概念

水泥的体积安定性是指水泥在凝结硬化过程中体积变化的均匀性。水泥硬化后产生不均匀的体积变化即体积安定性不良,水泥体积安定性不良会使水泥制品、混凝土构件产生膨胀性裂缝,降低建筑物质量,甚至引起严重的工程事故。

体积安定性测定的掺水量为标准稠度用水量,体积安定性不合格的水泥应作废品处理。

② 体积安定性不合格的后果及因素

水泥凝固后,经过一段时间,如果发生体积膨胀而开裂,就是体积不安定。不安定的主要原因,大多是因水泥成分中存有过量的游离石灰、石膏、氧化镁及三氧化硫等,遇水时消化极其缓慢,当水泥已经硬化成型具有强度后,它在其中继续消化,体积膨胀而使水泥遭到破坏,出现龟裂、弯曲、松脆或崩溃等现象。

③ 体积安定性试验

《水泥标准稠度用水量、凝结时间、安定性检验方法》(GB/T 1346—2011)规定,雷氏夹法是通过测定标准稠度净浆在雷氏夹中沸煮后试针的相对位移表征体积膨胀的程度,试饼法是通过观测水泥标准稠度净浆试饼沸煮后的外形变化情况表征其体积安定性。《通用硅酸盐水泥》(GB 175—2007)规定安定性测定为"沸煮法合格"。但是通过试验检测下结论,似乎沸煮法合格不恰当,雷氏夹法和试饼法都需要沸煮,标准方法为雷氏夹法,结论下"雷氏夹法合格"更妥。雷氏夹法简单,便于操作,试验结果定量化,易于判断。

(6) 强度

① 水泥强度等级

《通用硅酸盐水泥》(GB 175—2007)中规定硅酸盐水泥强度等级分别为 42.5、42.5R、52.5、52.5R、62.5 和 62.5R 六个等级。普通硅酸盐水泥强度等级分别为 42.5、42.5R、52.5、52.5R 四个等级。矿渣硅酸盐水泥、火山灰质硅酸盐水泥、粉煤灰硅酸盐水泥和复合硅酸盐水泥强度等级分别为 32.5、32.5R、42.5、42.5R、52.5、52.5R 六个等级。R 表示早强水泥,即早期强度较高,有 R 的水泥与没有 R 的水泥后期强度相当。

② 胶砂强度试验

a. 引用标准

《水泥胶砂强度检验方法(ISO 法)》(GB/T 17671—1999)

《试验筛技术要求和检验第 1 部分:金属丝编织网试验筛》(GB/T 6003.1—2012)

《行星式水泥胶砂搅拌机》(JC/T 681—2005)

《水泥胶砂试体成型振实台》(JC/T 682—2005)

《40 mm×40 mm 水泥抗压夹具》(JC/T 683—2005)

《水泥胶砂电动抗折试验机》(JC/T 724—2005)

《水泥胶砂试模》(JC/T 726—2005)

《水泥胶砂强度自动压力试验机》(JC/T 960—2005)

b. 方法概要

水泥胶砂强度检验方法为用 40 mm×40 mm×160 mm 棱柱试体的水泥抗压强度和抗折强度测定。试体由按质量计的一份水泥和三份中国 ISO 标准砂,用 0.5 的水灰比拌制的一组塑性胶砂制成,见表 6.5。所谓水灰比是指水与水泥的质量之比;在水泥混凝土中水灰比常称为水胶比,即指混凝土中水与胶凝材料(包括水泥和粉煤灰)的质量之比,当没有掺加粉煤灰等胶凝材料而只掺加水泥时的水胶比等于水灰比。

表 6.5　每锅胶砂材料数量

水泥品种	水泥(g)	标准砂(g)	水(mL)
硅酸盐水泥			
普通硅酸盐水泥			
矿渣硅酸盐水泥	450±2	1350±5	225±1
粉煤灰硅酸盐水泥			
复合硅酸盐水泥			
石灰石硅酸盐水泥			

　　中国 ISO 标准砂的水泥抗压强度结果必须与 ISO 基准砂相一致。胶砂用行星式搅拌机搅拌,在振实台上成型。试体连模一起在湿气中养护 24 h,然后脱模在水中养护至标准养护龄期。到试验龄期时将试体从水中取出,先进行抗折强度试验,折断后每节再进行抗压强度试验。

　　c.脱模和养护龄期

　　脱模应非常小心,脱模时可用塑料锤或橡胶榔头或专门的脱模器。对于 24 h 龄期的,应在破型前 20 min 内脱模。对于 24 h 以上龄期的,应在成型后 20~24 h 之间脱模。如经 24 h 养护,会因脱模对强度造成损害时,可以延迟到 24 h 以后脱模,但在试验报告中应予以说明。

　　一般水泥的养护龄期为 3 d 和 28 d。其中 3 d 强度代表水泥的早期强度,28 d 强度代表水泥的后期强度(有人称为成人强度或长期强度)。不同养护龄期试件的强度试验应在下列时间内进行:24 h±15 min、48 h±30 min、72 h±45 min、7 d±2 h、28 d±8 h。

　　d. 强度等级划分

　　根据 3 d 和 28 d 的抗折和抗压强度将水泥划分为相应等级,并以 28 d 的抗压强度命名。如普通硅酸盐水泥 P·O 42.5 表示 28 d 的抗压强度应≥42.5 MPa,28 d 的抗折强度应≥6.5 MPa,而 3 d 的抗折强度应≥3.5 MPa,3 d 的抗压强度应≥17.0 MPa,否则就为不合格水泥。不同品种、不同强度等级的通用硅酸盐水泥,其不同龄期的强度应符合表 6.6 的要求。

表 6.6　不同品种、不同强度等级的通用硅酸盐水泥的强度要求

品种	强度等级	抗压强度(MPa)		抗折强度(MPa)	
		3 d	28 d	3 d	28 d
硅酸盐水泥	42.5	≥17.0	≥42.5	≥3.5	≥6.5
	42.5R	≥22.0		≥4.0	
	52.5	≥23.0	≥52.5	≥4.0	≥7.0
	52.5R	≥27.0		≥5.0	
	62.5	≥28.0	≥62.5	≥5.0	≥8.0
	62.5R	≥32.0		≥5.5	

品种	强度等级	抗压强度（MPa）		抗折强度（MPa）	
		3 d	28 d	3 d	28 d
普通硅酸盐水泥	42.5	≥17.0	≥42.5	≥3.5	≥6.5
	42.5R	≥22.0		≥4.0	
	52.5	≥23.0	≥52.5	≥4.0	≥7.0
	52.5R	≥27.0		≥5.0	
矿渣硅酸盐水泥 火山灰质硅酸盐水泥 粉煤灰硅酸盐水泥 复合硅酸盐水泥	32.5	≥10.0	≥32.5	≥2.5	≥5.5
	32.5R	≥15.0		≥3.5	
	42.5	≥15.0	≥42.5	≥3.5	≥6.5
	42.5R	≥19.0		≥4.0	
	52.5	≥21.0	≥52.5	≥4.0	≥7.0
	52.5R	≥23.0		≥4.5	

③ 胶砂强度试验结果判定

各个抗折强度和抗压强度记录至 0.1 MPa，精确至 0.1 MPa，这里强调平均值。

a. 抗折强度

以一组 3 个棱柱体抗折强度结果的平均值作为试验结果。当 3 个强度值中有 1 个超出平均值±10％时，应剔除这个值后再取平均值作为抗折强度试验结果。当 3 个强度值中有 2 个超出平均值±10％时，则此组结果作废。

b. 抗压强度

以一组 3 个棱柱体得到的 6 个抗压强度测定值的算术平均值作为试验结果。当 6 个测定值中有 1 个超出平均值的±10％，就应剔除这个结果，而以剩下 5 个的平均值作为试验结果。如果剩下的 5 个测定值中再有超过它们平均数±10％的，则此组结果作废。也可以理解为：如果 6 个测定值中有 2 个超过它们的平均数±10％的，则此组结果作废。

（7）水泥取样

水泥取样按照《通用硅酸盐水泥》（GB 175—2007）和《水泥取样方法》（GB/T 12573—2008）规定执行。水泥各项技术指标及包装质量检验分水泥生产厂家抽样检验和在施工现场按照有关规定施工单位、监理单位和业主抽样检验。

① 水泥生产厂家抽样检验

a. 编号

水泥出厂前按同品种、同强度等级编号和取样。袋装水泥和散装水泥应分别进行编号和取样。每一编号为一取样单位。水泥出厂编号按年生产能力规定为：

$200×10^4$ t 以上，不超过 4000 t 为一编号；

$120×10^4～200×10^4$ t，不超过 2400 t 为一编号；

$60×10^4～120×10^4$ t，不超过 1000 t 为一编号；

$30 \times 10^4 \sim 60 \times 10^4$ t,不超过 600 t 为一编号;

$10 \times 10^4 \sim 30 \times 10^4$ t,不超过 400 t 为一编号;

10×10^4 t 以下,不超过 200 t 为一编号。

b. 取样

取样方法按《水泥取样方法》(GB/T 12573—2008)规定执行。可连续取样,也可从 20 个以上不同部位取等量样品,总量不少于 12 kg。当散装水泥运输工具的容量超过该厂规定出厂编号吨数时,允许该编号的数量超过取样规定吨数。

c. 检验内容和期限

经确认水泥各项技术指标及包装质量符合要求时方可出厂。

检验报告内容包括出厂检验项目、细度、混合材料品种和掺加量、石膏和助磨剂的品种及掺加量、生产工艺(旋窑或立窑)及合同约定的其他技术要求。当用户需要时,生产者应在水泥发出之日起 7 d 内寄发除 28 d 强度以外的各项检验结果,32 d 内补报 28 d 强度的检验结果。

d. 抽样签封方式

交货时水泥的质量验收可抽取实物试样以其检验结果为依据,也可以以生产者同编号水泥的检验报告为依据。采用何种方法验收由买卖双方商定,并在合同或协议中注明。卖方有告知买方验收方法的责任。当无书面合同或协议,或未在合同、协议中注明验收方法的,卖方应在发票上注明"以本厂同编号水泥的检验报告为验收依据"字样。

以抽取实物试样的检验结果为验收依据时,买卖双方应在发货前或交货地共同取样和签封。取样方法按《水泥取样方法》(GB/T 12573—2008)规定执行。取样数量为 20 kg,缩分为两等份。一份由卖方保存 40 d,另一份由买方按照《通用硅酸盐水泥》(GB 175—2007)规定的项目和方法进行检验。在 40 d 以内,买方检验认为产品质量不符合《通用硅酸盐水泥》(GB 175—2007)要求,而卖方又有异议时,则双方应将卖方保存的另一份试样送省级或省级以上国家认可的水泥质量监督检验机构进行仲裁检验。水泥安定性仲裁检验时,应在取样之日起 10 d 内完成。

以生产者同编号水泥的检验报告为验收依据时,在发货前或交货时买方在同编号水泥中取样,双方共同签封后由卖方保存 90 d,或认可卖方自行取样、签封并保存 90 d 的同编号水泥的封存样。在 90 d 内,买方对水泥质量有疑问时,则买卖双方应将共同认可的试样送省级或省级以上国家认可的水泥质量监督检验机构进行仲裁检验。

② 施工现场抽样检验

a. 术语

检验批:为实施抽样检查而汇集起来的一批同一条件下生产的单位产品。

单样:由一个部位取出的适量的水泥样品。

混合样:从一个编号内不同部位取得的全部单样,经充分混匀后得到的样品。

试验样:从混合样中取出,用于出厂水泥质量检验的一份称为试验样。

封存样:从混合样中取出,用于复验仲裁的一份称为封存样。

分割样:在一个编号内按每 1/10 编号取得的单样,用于匀质性试验的样品。

b. 取样部位

取样应在有代表性的部位进行,并且不应在污染严重的环境中取样。一般在水泥输送管路中、袋装水泥堆场、散装水泥卸料处或水泥运输机具上等部位取样。

c. 取样步骤

取样分手工取样和自动取样,而手工取样分散装水泥取样和袋装水泥取样。

散装水泥:

当所取水泥深度不超过 2 m 时,每一个编号内采用散装水泥取样器随机取样。在适当位置把取样器插入水泥一定深度,转动取样器内管控制开关,关闭后小心抽出,将所取样品放入符合规定要求的容器中。每次抽取的单样量应尽量一致。

袋装水泥:

每一个编号内随机抽取不少于 20 袋水泥,采用袋装水泥取样器取样,将取样器沿对角线方向插入水泥包装袋中,用大拇指按住气孔,小心抽出取样管,将所取样品放入符合规定的容器中。每次抽取的单样量应尽量一致。

自动取样:

即采用自动取样器取样。该装置一般安装在尽量接近于水泥包装机或散装容器的管路中,从流动的水泥流中取出样品,将所取样品放入符合规定的容器中。

d. 取样量

混合样的取样量应符合相关水泥标准。

分割样的取样量应符合下列规定:袋装水泥每 1/10 编号从一袋中取至少 6 kg;散装水泥每 1/10 编号在 5 min 内取至少 6 kg。

e. 样品制备与试验

混合样:每一编号所取水泥单样通过 0.9 mm 方孔筛后充分混匀,一次或多次将样品缩分到相关标准要求的定量,均分为试验样和封存样。试验样按相关标准的要求进行试验,封存样按规定要求储存以备仲裁。样品不得混入杂物和结块。

分割样:在每一编号所取 10 个分割样应分别通过 0.9 mm 方孔筛,不得混杂,并按规定要求进行 28 d 抗压强度均质性试验。样品不得混入杂物和结块。

f. 包装与储存

样品取得后应储存在密闭的容器中,封存样要加封条。容器应洁净、干燥、密闭、不易破损并且不影响水泥性能。

存放封存样的容器应至少在一处加盖清晰、不易擦掉的标有编号、取样时间、取样地点和取样人的密封印,如只有一处标志应在容器外壁上。

封存样应密封储存,储存期应符合相应水泥标准的规定。试验样与分割样也应妥善储存。封存样应储存于干燥、通风的环境中。

(8) 水化热

① 概念

水化热是指水泥在水化过程中放出的热量。

② 水化热对水泥的影响

水泥的放热量的大小及快慢,首先取决于水泥熟料中的矿物成分。C_3A 放热量最多最快,C_3S 次之,C_2S 放热量最慢最少。此外水泥细度越细,水化作用越快,早期放热量越大。标号越高的水泥,水化热越大,放热速度也快。

水泥的水化放热时间及比例参考值:1 d 放热 30.1%、3 d 放热 72.8%、7 d 放热

85.5％、28 d 放热 94.7％、三个月放热 100％。

③ 水化热的工程应用

应根据工程情况选用不同品种、不同标号的水泥,如对大体积混凝土(大型基础、桥墩)就不能选用水化热大的水泥,由于体积大,水化热聚集在内部不易发散,可引起不均匀的内应力,使混凝土发生裂缝,所以需要选用低热水泥;反之,在冬季施工可优先选用水化热大的水泥。

(9) 水泥石的几种主要侵蚀及防护

① 软水侵蚀(溶出性侵蚀)

软水侵蚀即淡水腐蚀。水泥石中 $Ca(OH)_2$ 溶解于水。特别是在流水及水压力作用下,溶解的 $Ca(OH)_2$ 被水冲走,又重新溶解水泥中的 $Ca(OH)_2$,尤其当混凝土不够密实或有缝隙时,在水压力作用下,水渗入混凝土内部,更能产生渗流作用,将 $Ca(OH)_2$ 溶解并过滤出来,这个过程连续不断地进行,使水泥石中石灰浓度降低,将逐渐引起水化硅酸钙、水化铝酸钙的分解。由于水泥石的结构受到破坏,强度不断降低,以致最后引起整个建筑物的破坏。水泥石中的水化产物须在一定浓度的氢氧化钙溶液中才能稳定存在,如果溶液中的氢氧化钙浓度小于水化产物所要求的极限浓度时,则水化产物将被溶解和分解,从而造成水泥石结构的破坏。这就是硬化水泥石软水侵蚀的原理。

雨水、雪水、蒸馏水、工厂冷凝水及含碳酸盐甚少的河水与湖水等都属于软水。当水泥石长期与这些水相接触时,氢氧化钙会被溶出(每升水中能溶解氢氧化钙 1.23 g 以上)。在静水无压力的情况下,由于氢氧化钙的溶解度小,易达饱和,故溶出仅限于表层,影响不大。但在流水及压力水作用下,氢氧化钙被不断溶解流失,使水泥石碱度不断降低,从而引起其他水化物的分解溶蚀,如高碱性的水化硅酸盐、水化铝酸盐等分解成为低碱性的水化产物,最后会变成胶结能力很差的产物,使水泥石结构遭受破坏,这种现象称为溶析。此外氢氧化钙的溶出还会影响混凝土的外观,溶出的氢氧化钙与空气中的 CO_2 反应生产白色的碳酸钙沉积在混凝土的表面,这种现象称为风化。

当环境水中含有重碳酸盐时,则重碳酸盐与水泥石中的氢氧化钙起作用,生成几乎不溶于水的碳酸钙。生成的碳酸钙沉积在已硬化水泥石中的空隙内起密实作用,从而可阻止外界水的继续侵入及内部氢氧化钙的扩散析出。所以,对需与软水接触的混凝土,若预先在空气中硬化,存放一段时间后使之形成碳酸钙外壳,则可对溶解性侵蚀起到一定的保护作用。

② 盐类侵蚀

a. 硫酸盐侵蚀

在海水、盐田水、地下水、某些工业污水及流经高炉矿渣或煤渣的水中,常含钾、钠、氨的硫酸盐,它们易与水泥石中的氢氧化钙、含铝的水化产物相反应。当 C_3A 含量高于 5％时,大多数含铝相形成单硫型水化硫铝酸钙 $C_3A \cdot CS \cdot H_{18}$。如果 C_3A 含量高于 8％,水化产化物中还有 $C_3A \cdot CH \cdot H_{18}$。当与硫酸盐接触时,两种含铝水化产物相均转变成高硫型的钙矾石。通常认为,水泥石中与硫酸盐相关的膨胀与钙矾石的形成有关。多数研究者认为,钙矾石晶体生长时产生压力及其在碱性环境中吸水膨胀是导致水泥石破坏的主要原因。由于离子交换反应形成的二水石膏也能导致膨胀。当水中硫酸盐浓度较高时,硫酸钙将在孔隙中直接结晶成二水石膏,产生体积膨胀,导致水泥石的开裂破坏。

b. 镁盐侵蚀

在海水及地下水中,常含有大量的镁盐,主要是硫酸镁和氯化镁。它们与水泥石中的氢氧化钙起分解反应。生成的氢氧化镁松软而无胶凝力,氯化钙易溶于水,二水石膏又将引起硫酸盐的破坏作用。因此,硫酸镁对水泥石起镁盐和硫酸盐的双重侵蚀作用。

③ 酸类侵蚀

a. 碳酸的侵蚀

在工业污水、地下水中常溶解有较多的二氧化碳。开始时,二氧化碳与水泥石中的氢氧化钙作用生成碳酸钙,生成的碳酸钙再与含碳酸的水作用转变成重碳酸钙。生成的重碳酸钙易溶于水,当水中含有较多的碳酸,并超过平衡浓度时,则反应继续进行,导致水泥石中的氢氧化钙转变为易溶的重碳酸钙而溶失。氢氧化钙浓度的降低,将导致水泥石中其他水化产物的分解,使腐蚀作用进一步加剧。

b. 一般酸的腐蚀

在工业废水、地下水中常含有无机酸和有机酸。工业窑炉中的烟气常含有二氧化硫,遇水后生成亚硫酸。各种酸类对水泥石都有不同程度的腐蚀作用,它们与水泥石中的氧氧化钙作用后的生成物,或者易溶于水,或者体积膨胀,在水泥石内产生内应力而导致破坏。腐蚀作用最快的是无机酸中的盐酸、氢氟酸、硝酸、硫酸和有机酸中的醋酸、蚁酸和乳酸等。例如盐酸和硫酸分别与水泥石中的氧氧化钙作用,反应生成的氯化钙易溶于水,生成的二水石膏又起到硫酸盐的腐蚀作用。

④ 强碱的腐蚀

碱类溶液如果浓度不大时一般无害。但铝酸盐含量较高的硅酸盐水泥遇到强碱(如氢氧化钠)作用后也会被腐蚀破坏。氢氧化钠与水泥熟料中未水化的铝酸盐作用生成易溶的铝酸钠。当水泥石被氢氧化钠浸透后又在空气中干燥,与空气中的二氧化碳作用生成碳酸钠,碳酸钠在水泥石毛细孔中结晶沉积,而使水泥石胀裂。

除上述四种侵蚀类型外,对水泥石有腐蚀作用的还有其他物质,如糖、氨盐、纯酒精、动物脂肪、含环烷酸的石油产品等。

实际上,水泥石的腐蚀是一个极为复杂的物理化学作用过程,在遭受腐蚀时,很少仅为单一的侵蚀作用,往往是几种腐蚀同时存在,互相影响。但产生水泥石腐蚀的基本内因:一是水泥石中存在有易被腐蚀的组分,即 $Ca(OH)_2$ 和水化铝酸钙;二是水泥石本身不密实,有很多毛细孔通道,侵蚀性介质易于进入其内部。应该说明,干的固体化合物对水泥石不起侵蚀作用,腐蚀性化合物必须呈溶液状态,而且其浓度要达一定值。促进化学腐蚀的因素为较高的温度、较快的流速、干湿交替和出现钢筋锈蚀等。

⑤ 防止水泥石腐蚀的措施

怎样防止水泥石腐蚀呢?可先将混凝土在空气中硬化一段时间,使表层水泥石的 $Ca(OH)_2$ 碳化,形成碳酸钙外壳,可起保护作用。此外,振捣密实,减少蜂窝眼,增大混凝土的密实度也可大大减少淡水腐蚀,延长建筑物的使用寿命。

a. 根据侵蚀环境特点,合理选用水泥品种。例如采用水化产物中氢氧化钙含量较少的水泥,可提高对各种侵蚀作用的抵抗能力;对抵抗硫酸盐的腐蚀,应采用铝酸三钙含量低于 5% 的抗硫酸盐水泥。另外,掺入活性混合材料,可提高硅酸盐水泥对多种介质的抗腐蚀性。

b. 提高水泥石的密实度。从理论上讲,硅酸盐水泥水化只需水(化学结合水)23% 左右(占水泥质量的百分数),但实际用水量约占水泥重的 40%~70%,多余的水分蒸发后形成连通孔隙,腐蚀介质就容易侵入水泥石内部,从而加速水泥石的腐蚀。在实际工程中,提高混凝土或砂浆密实度的措施有:合理进行混凝土配合比设计、降低水灰比、选择性能良好的骨料、掺加外加剂以及改善施工方法(如振动成型、真空吸水作业)等。

c. 表面加保护层。当侵蚀作用较强时,可在混凝土或砂浆表面加做耐腐蚀性高且不透水的保护层,保护层的材料可为耐酸石料、耐酸陶瓷、玻璃、塑料、沥青等。对具有特殊要求的抗侵蚀混凝土,还可采用聚合物混凝土。

6.2.5 硅酸盐水泥的应用

(1) 硅酸盐水泥的特性

① 凝结硬化快,强度高,尤其早期强度高。因为决定水泥石 28 d 以内强度的 C_3S 含量高,同时对水泥早期强度有利的 C_3A 含量高。

② 抗冻性好。硅酸盐水泥硬化水泥石的密度比掺大量混合材水泥的高,故抗冻性好。显然,硅酸盐水泥的抗冻性优于普通水泥。

③ 水化热大。这是由于水化热大的 C_3S 和 C_3A 含量高所致。

④ 不耐腐蚀。水泥石中存在很多氢氧化钙和较多水化铝酸钙,所以耐软水侵蚀和耐化学腐蚀性差。

⑤ 不耐高温。水泥石受热到约 300 ℃ 时,水泥的水化产物开始脱水,体积收缩,强度开始下降,温度达 700~1000 ℃ 时,强度降低很多,甚至完全破坏,故不耐高温。

(2) 硅酸盐水泥的应用

① 适用于重要结构的高强混凝土及预应力混凝土工程;

② 适用于早期强度要求高的工程及冬季施工的工程;

③ 适用于严寒地区,遭受反复冻融的工程及干湿交替的部位;

④ 不能用于海水和有侵蚀介质存在的工程;

⑤ 不能用于大体积混凝土;

⑥ 不能用于高温环境的工程。

(3) 硅酸盐水泥的特性用途

① 应用范围大

硅酸盐水泥标号较高,主要用于地上、地下和水中重要结构物的高强混凝土、预应力混凝土工程。

② 特性用途

硅酸盐水泥中 C_3S 含量较多,凝结硬化较快,水化热大。适用于早期强度要求高,拆模快的工程及冬季施工的工程。硅酸盐水泥较其他水泥抗冻性好,适用于严寒地区遭受反复冰冻的工程。

③ 不适用范围

硅酸盐水泥中水化物 $Ca(OH)_2$ 含量较多,耐腐蚀水侵蚀的能力差,不适用于长期流动的淡水、海水、矿物等作用的工程。不适用于耐高温的耐热工程。由于水化热大,不能用于大体积工程。

水泥的选用见表 6.7。

表 6.7 通用水泥的选用

分类	混凝土工程特点及所处环境条件	优先选用	可以选用	不宜选用
混凝土	一般气候环境中的混凝土	普通硅酸盐水泥	矿渣硅酸盐水泥、火山灰质硅酸盐水泥、粉煤灰硅酸盐水泥和复合硅酸盐水泥	—
	干燥环境中的混凝土	普通硅酸盐水泥	矿渣硅酸盐水泥	火山灰质硅酸盐水泥、粉煤灰硅酸盐水泥
	高温高湿环境中或长期处于水中的混凝土	矿渣硅酸盐水泥、火山灰质硅酸盐水泥、粉煤灰硅酸盐水泥和复合硅酸盐水泥	普通硅酸盐水泥	—
	大体积的混凝土	矿渣硅酸盐水泥、火山灰质硅酸盐水泥、粉煤灰硅酸盐水泥和复合硅酸盐水泥	—	硅酸盐水泥、普通硅酸盐水泥
有特殊要求的混凝土	要求快硬、高强的混凝土	硅酸盐水泥	普通硅酸盐水泥	矿渣硅酸盐水泥、火山灰质硅酸盐水泥、粉煤灰硅酸盐水泥和复合硅酸盐水泥
	严寒地区的露天混凝土	硅酸盐水泥、普通硅酸盐水泥	矿渣硅酸盐水泥	火山灰质硅酸盐水泥、粉煤灰硅酸盐水泥
	严寒地区处于水位变化区域的混凝土	普通硅酸盐水泥	—	火山灰质硅酸盐水泥、粉煤灰硅酸盐水泥、复合硅酸盐水泥
	有抗渗要求的混凝土	普通硅酸盐水泥、火山灰质硅酸盐水泥	—	—
	有耐磨性要求的混凝土	硅酸盐水泥、普通硅酸盐水泥	矿渣硅酸盐水泥	火山灰质硅酸盐水泥、粉煤灰硅酸盐水泥
	有侵蚀介质作用的混凝土	矿渣硅酸盐水泥、火山灰质硅酸盐水泥、粉煤灰硅酸盐水泥和复合硅酸盐水泥	—	硅酸盐水泥、普通硅酸盐水泥

6.3 普通硅酸盐水泥

(1)普通硅酸盐水泥与硅酸盐水泥的相同点

① 技术性质基本相同。

② 使用范围基本相同。

(2)普通硅酸盐水泥与硅酸盐水泥的不同点

① 原材料不同

生产时普通硅酸盐水泥适当掺加混合料,而硅酸盐水泥仅仅为熟料和石膏。

② 强度等级不同

普通硅酸盐水泥只有 42.5、42.5R、52.5、52.5R 四个等级;而硅酸盐水泥有 42.5、42.5R、52.5、52.5R、62.5 和 62.5R 六个等级。说明硅酸盐水泥高标号范围大,普通硅酸盐水泥没有高标号水泥。

③ 硅酸盐水泥的凝结硬化速度快。

④ 硅酸盐水泥抗淡水腐蚀能力较差。

6.4 掺混合料的硅酸盐水泥

6.4.1 概述

(1)掺混合料硅酸盐水泥的优点和特点

掺混合料硅酸盐水泥包括矿渣硅酸盐水泥、粉煤灰硅酸盐水泥、火山灰质硅酸盐水泥和复合硅酸盐水泥。

掺混合料硅酸盐水泥具有调节水泥强度等级、调整水泥的性能、降低成本和造价、增加产量、扩大水泥品种、满足不同工程需要、充分利用工业废渣、有利于保护环境、社会效益高等优点。

掺混合料硅酸盐水泥的主要特点有:

① 早期强度低,后期强度高;

② 抗腐蚀性强,耐淡水、酸碱盐腐蚀能力比硅酸盐水泥和普通硅酸盐水泥强;

③ 水化热低,用于大体积混凝土,多用于修筑大坝;

④ 抗冻性差,不宜在低温环境下使用;

⑤ 干缩性大,易产生干缩裂缝。

(2)混合料

① 混合料的概念

在水泥磨细时,所掺入的天然或人工的矿物材料称为混合料。

② 混合料的分类

混合料按其性能可分为活性混合料和非活性混合料。

活性混合料有粒化高炉矿渣和火山灰质混合料,磨细成细粉加水后本身并不硬化,与石灰加水拌和后,在常温下能生成具有胶凝性的水化物,既能在空气中硬化,也能在水中继续硬化。火山灰质混合料包括火山灰、硅藻土、沸石、凝灰岩、烧黏土、煅烧煤矸石、煤渣与粉煤灰等。硅酸盐水泥熟料适量掺加活性混合料,不仅能提高水泥产量,降低水泥成本,而且可以改善水泥的某些性能,调节水泥强度等级,扩大使用范围,还能充分利用工业废渣,有利于保护环境。

非活性混合料磨细成细粉与石灰加水拌和后,不能或很少能具有胶凝性,在水泥中仅起填充作用,例如石英砂、黏土、石灰岩及慢冷矿渣等,掺入硅酸盐水泥熟料中仅起提高水泥产量、降低水泥强度等级以及减少水化热等作用。

6.4.2 掺混合料硅酸盐水泥的种类

(1) 按掺混合料不同分类

我国目前生产的掺混合料的硅酸盐水泥主要有矿渣硅酸盐水泥、火山灰质硅酸盐水泥、粉煤灰硅酸盐水泥和复合硅酸盐水泥。

(2) 掺混合料硅酸盐水泥的组分

其组分可参考表 6.1。

(3) 掺混合料硅酸盐水泥的选用

其选用可参考表 6.6。

(4) 复合硅酸盐水泥

近年来,复合硅酸盐水泥应用较多,而一般在通用水泥的选用表 6.6 中鲜有提及。

凡是由硅酸盐水泥熟料、两种或两种以上规定的混合料、适量石膏等磨细制成的水硬性胶凝材料,都称为复合硅酸盐水泥。矿渣硅酸盐水泥、火山灰质硅酸盐水泥、粉煤灰硅酸盐水泥掺入的是一种混合料,而复合硅酸盐水泥掺入的是两种或两种以上的混合料。复合硅酸盐水泥中混合料总掺量按质量百分比应大于 15%,不超过 50%,水泥中允许用不超过 8%的窑灰替代部分混合料,掺矿渣时混合料掺量不得与矿渣硅酸盐水泥重复。

复合硅酸盐水泥有 32.5、32.5R、42.5、42.5R、52.5、52.5R 六个强度等级。复合硅酸盐水泥与其他三种(矿渣硅酸盐水泥、火山灰质硅酸盐水泥、粉煤灰硅酸盐水泥)掺混合料的硅酸盐水泥的技术性质、强度等级、使用范围基本相同。

6.5 特 性 水 泥

6.5.1 快硬硅酸盐水泥

快硬硅酸盐水泥是以硅酸盐熟料为基础,掺加适量石膏磨细而成的以 3 d 抗压强度表示标号的水硬性胶凝材料。它具有快硬,即早期强度增进较快的特性。

在硅酸盐水泥熟料矿物中,铝酸三钙和硅酸三钙硬化最快,硅酸三钙强度最高。因此,快硬硅酸盐水泥熟料中硅酸三钙和铝酸三钙的含量较高。通常硅酸三钙为 50%~60%,铝酸三钙为 8%~14%,两者的总量不少于 60%~65%。为加快硬化速度,可适当增加石膏的掺量(可达 8%),并提高水泥的粉磨细度。快硬水泥以 3 d 抗压强度为准,分为 32.5、37.5、42.5 三个强度等级。各标号快硬硅酸盐水泥在各龄期的强度不低于表 6.8 中数值。

表 6.8　快硬硅酸盐水泥的强度

水泥强度等级	抗压强度（MPa）			抗折强度（MPa）		
	1 d	3 d	28 d	1 d	3 d	28 d
32.5	15.0	32.5	52.5	3.5	5.0	5.7
37.5	17.0	37.5	57.5	4.0	6.0	7.6
42.5	19.0	42.5	62.5	4.5	6.5	8.0

注:28 d 强度由供需双方参考指标。

快硬水泥主要用于要求早期强度较高的工程、紧急抢修工程、抗冲击及抗震性工程、冬季施工工程等,必要时可用于制作钢筋混凝土及预应力混凝土构件。

6.5.2　白色及彩色硅酸盐水泥

白色硅酸盐水泥与硅酸盐水泥的主要区别在于氧化铁含量少,因而色白。一般硅酸盐水泥熟料呈暗灰色,主要由于水泥中存在氧化铁(Fe_2O_3)等成分。当氧化铁含量在 3%～4%时,熟料呈暗灰色;在 0.45%～0.7%时,带淡绿色;而降低到 0.35%～0.4%后,即略带淡绿,接近白色。因此白色硅酸盐水泥的生产特点主要是降低氧化铁的含量。此外,对于其他着色氧化物(氧化锰、氧化铬和氧化钛等)的含量也要加以限制。通常采用较纯净的高岭土、纯石英砂、纯石灰岩或白垩等作为原料;在较高温度(1500～1600 ℃)下煅烧成熟料;生料的制备、熟料的粉磨、煅烧和运输,均应在没有着色物玷污的条件下进行。

白色硅酸盐水泥的强度等级为 32.5、42.5、52.5 及 62.5 四种,各标号水泥在各龄期所要求的强度不低于表 6.9 的数值。白色硅酸盐水泥的白度见表 6.10。

表 6.9　白色硅酸盐水泥的强度

水泥强度等级	抗压强度（MPa）		抗折强度（MPa）	
	3 d	28 d	3 d	28 d
32.5	14.0	32.5	2.5	5.5
42.5	18.0	42.5	3.5	6.5
52.5	23.0	52.5	4.0	7.0
62.5	28.0	62.5	5.0	8.0

表 6.10　白色硅酸盐水泥的白度

等级	特级	一级	二级	三级
白度(%)	86	84	80	75

白色硅酸盐水泥产品根据其白度及标号分为优等品、一等品和合格品三个等级,见表 6.11。

表 6.11　白色硅酸盐水泥产品等级

等级	白度等级	强度等级
优等品	特级	62.5
		52.5
一等品	一级	52.5
		42.5
	二级	52.5
		42.5
合格品	二级	42.5
	三级	42.5
		32.5

彩色硅酸盐水泥按生产方式分为两大类。一类为白色水泥熟料、适量石膏和碱性颜料共同磨细而成。所用颜料要求不溶于水,且分散性好,耐碱性强,抗大气稳定性好,掺入水泥中不能显著降低其强度。常用以氧化铁为基础的各色颜料。另一类彩色水泥是在白色水泥的生料中加入少量金属氧化物直接煅烧成彩色水泥熟料,然后加入适量石膏磨细而成。例如加入氧化铬可得绿色;加入氧化钴在还原气氛中煅烧成浅蓝色,在氧化气氛中煅烧成玫瑰红色;加入氧化锰在还原气氛中煅烧成淡黄色,在氧化气氛中即得浅紫色等。

白色和彩色水泥主要用于建筑物内外表面的修饰,制作具有一定艺术效果的各种水磨石、水刷石、人造大理石,彩色混凝土和砂浆等各种装饰部件及制品。

6.5.3　铝酸盐水泥

铝酸盐水泥是以铝矾土和石灰石为主要原料,适当配合后,经煅烧、磨细而成的一种水泥。铝酸盐水泥熟料的主要矿物组成为铝酸盐,其中以铝酸钙为主,也有少量硅酸二钙。铝酸盐水泥的正常使用温度应在 30 ℃以下,这时铝酸盐水泥水化反应后的水化产物,以水化铝酸二钙为主。水化铝酸二钙和水化铝酸钙具有针状和片状晶体,它们互相交错攀附,重叠结合,形成坚硬的晶体骨架,使水泥获得较高的强度。氢氧化铝凝胶填充于晶体骨架的空隙,能形成较致密的结构。这种水泥水化 5～7 d 后,水化产物就很少增加,因此硬化初期强度增长很快,以后则不显著。应注意的是,水化铝酸钙和水化铝酸二钙是不稳定的晶体,在常温下,能很缓慢地转化为稳定的水化铝酸三钙。但当温度提高时,转化速度大为加快。在转化过程中不仅晶体形成发生变化,而且析出较多游离水,强度降低。

铝酸盐水泥水化放热量基本上与硅酸盐水泥相同,但放热速度极快,如用于体积较大的混凝土构件,硬化初期的温度可大大超过 30 ℃,促使水化物的晶形加速转化,导致强度降低。因此,用铝酸盐水泥浇筑混凝土构件时,体积不能太大。施工时要特别注意控制混凝土的温度。铝酸盐水泥不得采用湿热处理方法,硬化过程中环境温度也不得超过 30 ℃。最适宜的硬化温度为 15 ℃。

铝酸盐水泥具有较高的抵抗矿物水和硫酸盐的侵蚀性,也具有较高的耐热性。铝酸盐水泥主要用于紧急抢修工程、需要早期强度的特殊工程、冬季施工工程、处于海水或其他侵蚀介质作用的重要工程,耐热混凝土等。

6.5.4　膨胀水泥

膨胀水泥是一种在水化过程中休积产生微量膨胀的水泥。它通常由胶凝材料和膨胀剂混合制成。膨胀剂使水泥在水化过程中形成膨胀性物质水化硫铝酸钙等,导致体积稍微膨胀。由于这一过程是在未硬化浆体中进行,所以不至于引起破坏和有害的应力。

按水泥主要组成可分为硅酸盐型、铝酸盐型和硫铝酸盐型膨胀水泥。根据水泥的膨胀值及其用途,又可分为收缩补偿水泥和自应力水泥两类。下面介绍我国目前生产的主要膨胀水泥品种。

(1) 硅酸盐型膨胀水泥

① 硅酸盐膨胀水泥和硅酸盐自应力水泥

它们是以适当成分的硅酸盐水泥熟料、膨胀剂按一定比例混合磨细而成。常用的膨胀剂由铝酸盐水泥和石膏组成。膨胀值的大小主要取决于石膏含量,石膏含量越高,膨胀越大,但强度有所降低。硅酸盐膨胀水泥的膨胀值小,自由膨胀率在 1‰ 以下,属收缩补偿类水泥。硅酸盐自应力水泥膨胀值较大,自由膨胀率 1‰~3‰,自应力值可达 3 MPa 左右。

② 明矾水泥

明矾水泥属硅酸盐型膨胀水泥。以硅酸盐水泥熟料、明矾石、石膏和粉煤灰或粒化高炉矿渣按适当比例混合磨细而成。膨胀剂由明矾石代替铝酸盐水泥和部分石膏,生产工艺较简单,成本较低。

(2) 膨胀水泥的应用

① 膨胀水泥硬化后形成较致密的水泥石,抗渗性较高,适用于制作防水层和防水混凝土。例如地铁车站变形缝、施工缝的后浇带和给排水厂站中的大型矩形水池的后浇带,常用硅酸盐膨胀水泥拌制的补偿收缩混凝土浇筑。

② 用作浇筑预留孔洞、预制构件的接缝及管道接头。

③ 用于结构的加固和修补。

④ 制造自应力混凝土构件及自应力压力水管和输气管等。

6.5.5　快硬硫铝酸盐水泥

随着建筑技术的发展,不仅要求水泥具有快凝、快硬、早强等性能,而且要求能迅速达到最终要求的强度,还要求具有不收缩性及可调整的膨胀性。以无水硫铝酸钙为基础的快硬水泥(也称超早强水泥)是满足上述要求的新品种水泥。

快硬硫铝酸盐水泥以石灰石、矾土和石膏为原料,按一定比例配合磨细制成生料,经煅烧成为熟料,再掺适量石膏磨细而成。这种水泥主要矿物组成为无水硫铝酸钙和硅酸二钙。无水硫铝酸钙在水泥中起早强和膨胀作用,硅酸二钙则保证水泥的后期强度。外掺石膏的数量以控制形成水化硫铝酸钙的组成、速度和数量,从而获得早强或膨胀的性能。膨胀性则随石膏掺量的提高而增大。

快硬硫铝酸盐水泥硬化快,早期强度高。12 h 抗压强度一般在 30 MPa 以上,24 h 达到 35~50 MPa,后期强度仍有发展。这种水泥抗拉强度较高,具有良好的抗水性、抗冻性和耐磨性,但耐热性较差,也不利于防止钢筋锈蚀。

快硬硫铝酸盐水泥的标号以 3 d 的抗压强度表示,分为 42.5、52.5、62.5、72.5 四个强度等级,见表 6.12。

表 6.12　快硬硫铝酸盐水泥强度等级的指标

水泥强度等级	抗压强度(MPa)			抗折强度(MPa)		
	12 h	1 d	3 d	12 h	1 d	3 d
42.5	29.4	34.4	41.7	5.9	6.4	6.9
52.5	36.8	44.1	51.5	6.4	6.9	7.4
62.5	39.2	51.5	61.3	6.9	7.4	7.8
72.5	59.0	72.5	78.0	8.0	8.5	9.0

快硬硫铝酸盐水泥适用于紧急抢修和国防工程、快速和冬季施工工程、矿井和地下建筑的喷锚支护工程、浇灌装配式结构构件的接头及管道接缝等,必要时还可用于制作一般钢筋混凝土构件。

6.6　水泥包装与储运

(1)水泥包装

水泥可以散装或袋装,袋装水泥每袋净含量为 50 kg,且应不少于标志质量的 99%;随机抽取 20 袋总质量(含包装袋)应不少于 1000 kg。其他包装形式由供需双方协商确定,但有关袋装质量要求,应符合上述规定。水泥包装袋应符合《水泥包装袋》(GB 9774—2010)的规定。

(2)标志

水泥包装袋上应清楚标明:执行标准、水泥品种、代号、强度等级、生产者姓名、生产许可证标志(QS)及编号、出厂编号、包装日期、净含量。包装袋两侧应根据水泥的品种采用不同的颜色印刷水泥名称和强度等级,硅酸盐水泥和普通硅酸盐水泥采用红色,矿渣硅酸盐水泥采用绿色;火山灰质硅酸盐水泥、粉煤灰硅酸盐水泥和复合硅酸盐水泥采用黑色或蓝色。

散装发运时应提交与袋装标志相同内容的卡片。

(3)运输与储存

水泥在运输与储存时不得受潮和混入杂物,不同品种和强度等级的水泥在储运中应避免混杂。

水泥保质期一般为 3 个月。超期水泥如何处理?

例如,某工地使用 P・O52.5,因故在工地储存时间超过 3 个月,简述该水泥的处理办法。(1)取样进行试验,检测水泥的技术性质;(2)如果其他技术性质符合要求而强度也符合 P・O52.5 标准,可以继续当 P・O52.5 使用;(3)如果其他技术性质符合要求而强度符合 P・O42.5 标准,可以降低标准当 P・O42.5 使用;(4)如果其他技术性质符合要求而强度符合 P・C32.5 标准,可以降低标准当 P・C32.5 使用;(5)达不到 P・C32.5 标准,当废品处理。

【典型例题及参考答案】

1. 全面分析理解表 6.6 不同品种、不同强度等级的通用水泥的强度等级。

【解】

(1)通用水泥分为三大类,即硅酸盐水泥、普通硅酸盐水泥和掺加混合料的硅酸盐水泥。其中硅酸盐水泥分为 42.5、52.5 和 62.5 三级,代号为 P・Ⅰ 和 P・Ⅱ,每一级又分为普通水泥和带 R 的早强水泥。普通硅酸盐水泥分为 42.5 和 52.5 两级,代号为 P・O,每一级又分为普通水泥和带 R 的早强水泥。掺混合料的硅酸盐水泥分为 32.5、42.5 和 52.5 三级,复合硅酸盐水泥代号为 P・C,每一级又分为普通水泥和带 R 的早强水泥。每一个强度等级对应相应的抗压强度(3 d、28 d)和抗折强度(3 d、28 d)。各级水泥以 28 d 抗压强度命名,其余强度不低于规范的规定。

(2)随着水泥等级的增加,强度相应增加。同一龄期抗压强度比抗折强度大得多。随着养护龄期的增加,强度相应增加。

(3)带 R 水泥的早期强度比不带 R 的水泥高,掺加混合料的硅酸盐水泥的早期强度比硅酸盐水泥和普通硅酸盐水泥稍微低一些。

2. 简述水泥胶砂强度试验过程。

【解】

(1)主要仪器设备:胶砂搅拌机、胶砂振动台、抗折试验机、抗压试验机、标准养护箱。

(2)原材料:水泥 450 g,标准砂 1350 g,水 225 mL。一个试件规格:40 mm×40 mm×160 mm。第一天在标准养护箱中养护,第二天脱模后在恒温水箱中养护。标准养护条件:温度 20 ℃±1 ℃,湿度 90% 以上。

(3)一组试件 3 个,龄期 3 d 和 28 d,分别测定其抗折强度值和抗压强度值。首先进行抗折强度试验,每一个试件折断后再进行抗压强度试验。

(4)根据 28 d 抗压强度和其余强度(28 d 抗折强度、3 d 抗折强度、3 d 抗压强度)来评定水泥的强度等级。

(5)强度评定规则牢记两个关键词:平均值和±10%。抗折强度:当三个试件抗折强度值比较接近时,取其平均值作为抗折强度值;当其中一个试件超过平均值的±10%时,取其余两个试件的平均值作为抗折强度值;当有两个试件超过平均值的±10%,该组试件作废。抗压强度:当六个试件抗压强度值比较接近时,取其平均值作为抗压强度值;当其中一个试件超过平均值的±10%时,取其余五个试件的平均值作为抗压强度值;当有两个试件超过平均值的±10%,该组试件作废。

(6) 根据胶砂强度试验结果可以判定水泥强度等级,或验证水泥强度等级。

 复习思考题

6.1 试述硅酸盐水泥的主要矿物组成及其对水泥性质的影响。

6.2 通用水泥包括几大类? 掺混合料的硅酸盐水泥包括哪几类?

6.3 硅酸盐水泥、普通硅酸盐水泥和复合硅酸盐水泥的英文代号是什么?

6.4 硅酸盐水泥强度发展的规律怎样? 影响其凝结硬化的主要因素有哪些?

6.5 指出防止水泥石腐蚀的措施有哪些?

6.6 什么是通用硅酸盐水泥?

6.7 水泥按其性能和用途分为哪几类?

6.8 全国一级建造师执业资格考试用书(2011 年 4 月第三版)《市政公用工程管理与实务》第"1K413023"节中有这样一段描述:"高压喷射注浆的主要材料为水泥,对于无特殊要求的工程,宜采用强度等级为 32.5 级及以上的普通硅酸盐水泥。"第"1K413044"节有类似描述:"水泥浆或水泥砂浆主要成分为 P·O42.5 级及以上的硅酸盐水泥,水泥砂浆宜采用中砂或粗砂……"这两段关于水泥的描述正确吗? 为什么?

6.9 硅酸盐水泥中有哪四种矿物? 分别写出它们的矿物名称、化学组成、化学简式。

6.10 硅酸盐水泥熟料的四种矿物各有什么特性?

6.11 某试验室进行一组 P·O42.5 级水泥胶砂强度试验,其 28 d 抗压强度试验结果是 48.5、49.8、48.9、41.5、49.6、41.3(单位:MPa),进行该组水泥的抗压强度判定。

6.12 硅酸盐水泥和普通硅酸盐水泥细度用什么表示? 具体指标是多少? 采用什么仪器测定?

6.13 某人进行水泥胶砂强度试验,其中一组 28 d 抗折强度值分别为 5.5 MPa、5.7 MPa、4.5 MPa,计算其 28 d 抗折强度值。

6.14 超期水泥如何处理?

6.15 测定标准稠度用水量的目的是什么?

6.16 简述硅酸盐水泥的技术性质。它们各有何实用意义? 水泥通过检查,不满足技术标准时什么情况作不合格品处理? 什么情况当废品处理?

6.17 通用水泥可以分为哪三大类? 通用水泥可以分为哪六大品种?

6.18 生产水泥的主要原料是什么?

6.19 硅酸盐水泥的密度一般是多少?

6.20 矿渣硅酸盐水泥、火山灰质硅酸盐水泥、粉煤灰硅酸盐水泥和复合硅酸盐水泥细度以什么表示? 具体指标是什么? 采用什么仪器测定?

6.21 烧制水泥虽烧制设备各异,但生料在窑内都要经历哪五个阶段,才能形成熟料?

6.22 水泥试验室条件(即环境条件)是什么? 水泥试验的标准养护条件是什么?

6.23 什么叫标准稠度用水量?

6.24　标准稠度用水量的测定方法有哪些？

6.25　标准法是按照规定的方法，以试杆沉入水泥净浆并距离底板多少时的稠度对应的用水量为标准稠度用水量？

6.26　采用什么方法可以尽快找到标准稠度用水量，大大缩短试验时间？

6.27　代用法中的固定水量法又称不变水量法，固定水泥 500 g，固定用水 142.5 mL，一次就可以计算出标准稠度用水量 $P(\%)$。当试锥下沉深度为 36 mm 时，标准稠度用水量 $P(\%)$ 为多少？

6.28　试锥下沉深度小于 13 mm 时，必须采用什么方法测定标准稠度用水量？

6.29　硅酸盐水泥生产的工艺流程是什么？

6.30　什么是水泥的初凝时间和终凝时间？

6.31　水泥的凝结时间有何工程意义？

6.32　硅酸盐水泥的初凝时间不得小于多少？终凝时间不大于多少？

6.33　凡水泥初凝时间不符合规定者和终凝时间不符合规定者如何处理？

6.34　普通硅酸盐水泥、矿渣硅酸盐水泥、火山灰质硅酸盐水泥、粉煤灰硅酸盐水泥和复合硅酸盐水泥初凝时间不小于多少？终凝时间不大于多少？

6.35　标准稠度用水量测定的标准法采用的仪器设备有哪些？凝结时间试验标准法采用的仪器设备有哪些？

6.36　体积安定性不合格的水泥如何处理？

6.37　什么叫水泥的体积安定性？

6.38　水泥体积安定性不合格的后果及因素是什么？

6.39　水泥体积安定性测定的标准方法是什么？

6.40　硅酸盐水泥的强度等级有哪些？普通硅酸盐水泥的强度等级有哪些？

6.41　矿渣硅酸盐水泥、火山灰质硅酸盐水泥、粉煤灰硅酸盐水泥和复合硅酸盐水泥强度等级有哪些？

6.42　塑性胶砂由什么材料组成？

6.43　一般水泥的养护龄期是多少？

6.44　胶砂强度试验结果如何判定？

6.45　当用户需要时，水泥生产者应在水泥发出之日起什么时间内寄发除 28 d 以外的各项检验结果？什么时间内补报 28 d 强度的检验结果？

6.46　什么叫水化热？

6.47　工程应用中如何理解水化热？

6.48　超期水泥如何处理？试举例说明。

6.49　硅酸盐水泥的特性有哪些？

6.50　硅酸盐水泥可以应用在哪些地方？

6.51　硅酸盐水泥的特性用途有哪些？

6.52　普通硅酸盐水泥和硅酸盐水泥有哪些不同点？

6.53　掺混合料硅酸盐水泥的主要特点是什么？

6.54 掺混合料的硅酸盐水泥中混合料按其性能分为哪几类?

6.55 掺混合料的硅酸盐水泥中的活性混合料有哪几类?

6.56 掺混合料的硅酸盐水泥中的非活性混合料有哪几类?

6.57 什么是快硬硅酸盐水泥?

6.58 快硬硅酸盐水泥使用在哪些地方?

6.59 白色硅酸盐水泥与硅酸盐水泥的主要区别在于什么含量少,因而色白?

6.60 膨胀水泥可以应用在哪些地方?

6.61 袋装水泥每袋净含量为 50 kg,且应不少于标志质量的多少?随机抽取 20 袋总质量(含包装袋)应不少于多少?

6.62 水泥包装袋上应清楚标明什么内容?

6.63 水灰比指水与石灰的质量之比,这一名词解释正确吗?水灰比越大表示水泥用量越大吗?

6.64 什么叫水胶比?水胶比越大表示用水量越大吗?

6.65 《砌筑砂浆配合比设计规程》(JGJ/T 98—2010),M15 及 M15 强度等级以下的砌筑砂浆,宜选用 32.5 级的通用硅酸盐水泥或砌筑水泥;M15 强度等级以上的砌筑砂浆,宜选用 42.5 级通用硅酸盐水泥。这一关于水泥的判断正确吗?

7 普通混凝土

【重要知识点】

1. 混凝土的概念、混凝土的优缺点。

2. 根据水泥混凝土标号和要求选择水泥品种和强度等级。

3. 水泥混凝土的坍落度试验;水泥混凝土工作性经验检测方法分类及适用条件;不同工况下选择适宜的坍落度。和易性的影响因素及改善和易性的措施。砂率、最佳砂率的概念。

4. 混凝土立方体抗压强度试验方法;立方体抗压强度试件规格及强度换算系数;单组试件混凝土立方体抗压强度的确定。常规混凝土强度等级、级差,混凝土强度等级的选择。混凝土强度的影响因素,提高混凝土强度的措施。

5. 混凝土试配强度计算、混凝土配合比设计步骤。根据混凝土设计配合比进行试配的目的。重新进行配合比设计和试配的条件。根据混凝土试件组数进行混凝土强度综合评定。

6. 混凝土凝结时间的概念及意义,经时损失的概念。

7. 胶凝材料、胶凝材料用量、外加剂掺量、粉煤灰掺量、水胶比(水灰比)等的概念。

7.1 概　述

7.1.1 混凝土的概念

水泥混凝土是由水泥、细骨料(砂)、粗骨料(碎石或卵石)、水,按照一定比例拌制而成的复合混合料,它们也称为混凝土的四大组分。商品混凝土常常掺加一定比例的掺合料(例如粉煤灰)等胶结材料,这种掺合料一定程度上减少水泥用量,可以看成是水泥组分,这种掺合料不是外加剂。必要时,在混凝土中掺加微量的外加剂,以按照需要的方向改善混凝土的性能,外加剂不是掺合料,不少学者把外加剂看成混凝土的第五组分。人们通常所说的混凝土,在没有特别说明的情况下,一般指水泥混凝土。

7.1.2 混凝土的分类

(1) 按表观密度分类

① 普通混凝土。其表观密度为 2100~2500 kg/m³,一般在 2400 kg/m³ 左右,普通混凝土配合比设计时其表观密度常采用 2350~2450 kg/m³。它是用普通的天然砂、石作骨料配制而成,为土木工程中最常用的混凝土,通常简称混凝土。主要用作各种土木工程的承重结构材料。

② 轻混凝土。其表观密度小于 1950 kg/m³。它是采用轻质多孔的骨料,或者不用骨

料而掺入加气剂或泡沫剂等,形成的具有多孔结构的混凝土,包括轻骨料混凝土、多孔混凝土、大孔混凝土等。可作为结构、保温和结构兼保温等几种用途。

③ 重混凝土。其表观密度大于 2600 kg/m³。它是采用密度很大的重骨料——重晶石、铁矿石、钢屑等配制而成,也可以同时采用重水泥、钡水泥、锶水泥进行配制。重混凝土具有防辐射的性能,故又称防辐射混凝土,主要用作核能工程的屏蔽结构材料。

（2）按用途分类

混凝土按其用途可分为结构混凝土(即普通混凝土)、防水混凝土、耐热混凝土、耐酸混凝土、装饰混凝土、大体积混凝土、膨胀混凝土、防辐射混凝土、道路混凝土等多种。

（3）按所用胶凝材料分类

混凝土按其所用胶凝材料可分为水泥混凝土、沥青混凝土、聚合物水泥混凝土、树脂混凝土、石膏混凝土、水玻璃混凝土、硅酸盐混凝土等。

（4）按生产和施工方法分类

混凝土按生产和施工方法可分为预拌混凝土(商品混凝土)、泵送混凝土、喷射混凝土、压力灌浆混凝土(预填骨料混凝土)、挤压混凝土、离心混凝土、真空吸水混凝土、碾压混凝土、热拌混凝土等。

（5）按照 1 m³ 中的水泥用量分类

混凝土还可按其 1 m³ 中的水泥用量(C)分为贫混凝土($C<170$ kg)和富混凝土($C>230$ kg)。

按其抗压强度(f_{cu})又可分为低强混凝土($f_{cu}<30$ MPa)、一般混凝土(30 MPa$\leqslant f_{cu}\leqslant 60$ MPa)、高强混凝土($f_{cu}>60$ MPa)及超高强混凝土($f_{cu}>100$ MPa)等。

7.1.3 混凝土的优缺点

（1）混凝土的优点

① 原材料来源丰富,造价低廉。混凝土中砂、石骨料约占 80%,而砂、石为地方性材料,到处可得,因此可就地取材,价格便宜。

② 混凝土拌合物具有良好的可塑性。可按工程结构要求浇筑成各种形状和任意尺寸的整体结构或预制构件。

③ 制备灵活、适应性好。改变混凝土组成材料的品种及比例,可制得不同物理力学性能的混凝土,以满足各种工程的不同需求。

④ 抗压强度高。硬化后的混凝土其抗压强度一般为 20～40 MPa,可高达 80～100 MPa,故很适合作土木工程结构材料。

⑤ 可塑性好。只要模板成型,混凝土就能浇筑成各种形状的构件。

⑥ 与钢筋有牢固的黏结力,且混凝土与钢筋的线膨胀系数基本相同,两者复合成钢筋混凝土后,能保证共同工作,从而大大扩展了混凝土的应用范围。

⑦ 耐久性良好。混凝土在一般环境不需要维护保养,故维修费用少。

⑧ 耐火性好。普通混凝土的耐火性远比木材、钢材和塑料好,可耐数小时的高温作用而保持其力学性能,有利于火灾时扑救。

⑨ 生产能耗较低。混凝土生产的能源消耗远比烧土制品及金属材料低。

可以这么说,钢材在工程上更具有可控性,只要按照规范进行抽样检测即可判断钢材的合格性和品质优劣,要想在工地现场提高钢材的品质几乎不可能,那是钢材生产厂家的任务。而水泥混凝土能够通过工地现场控制其合格性和品质优劣,这对工程结构和工程质量至关重要,所以水泥混凝土是工程施工中最不易控制质量又最为重要的材料。

(2) 混凝土的缺点

① 自重大、比强度小。每立方米普通混凝土重达 2400 kg 左右,致使在土木工程中形成肥梁、胖柱、厚基础,对高层、大跨度建筑不利。相对于钢筋而言,水泥混凝土用量大得多,钢筋在水泥混凝土结构中用量极少,在考虑结构自重时有时可以忽略钢筋的自重,因此水泥混凝土的相对自重比钢筋大。

② 抗拉强度低。一般其抗拉强度为抗压强度的 1/10～1/20,因此受拉时易产生脆裂,一般工程中不考虑水泥混凝土的抗拉强度,其拉力由抗拉性能更好的钢筋、钢绞线等来承受。

③ 导热系数大。普通混凝土导热系数为 1.40 W/(m・K),为黏土砖的两倍,故保温隔热性能较差。

④ 硬化较慢,生产周期长。

⑤ 质量不易控制,施工受季节影响。可以说施工现场质量控制的关键在于混凝土,包括其原材料、配合比例、模板、浇筑、振捣、养护等工序都要高度重视,与此同时钢筋虽然非常重要,但是钢筋在现场取样试验(抗拉和弯曲)比较容易,质量很容易把握。

应该着重指出,随着现代混凝土科学技术的发展,混凝土的不足之处已经得到很大改进。例如采用轻骨料可使混凝土的自重和导热系数显著降低;在混凝土中掺入纤维或聚合物,可大大降低混凝土的脆性;混凝土采用快硬水泥或掺入早强剂、减水剂等,可明显缩短硬化周期。混凝土具有以上这些优点,使得许多比强度大的、效益高的结构材料,亦无法与之相竞争。普通混凝土早已成为当代的主要土木工程材料,广泛应用于工业与民用建筑工程、水利工程、地下工程以及公路、铁路、桥梁及国防建设等工程中,并成为这些工程的主要结构材料,由于其质量不易控制,混凝土已经成为工程结构中重点控制的结构材料,绝大多数工程质量问题都是由于混凝土质量问题引起,所以应该把混凝土的设计和施工质量上升到结构安全高度。

7.1.4　混凝土的发展方向

混凝土虽然只有 170 多年历史,但它的发展甚快,尤其近半个多世纪以来发展更加迅速。据统计,目前世界混凝土年产量在 70 亿吨以上,人均耗用混凝土达 1.6 t/(人・年),一些工业发达国家高达 3～4 t/(人・年)。根据发展趋势及资源、能源情况,可预测到今后世界混凝土年产量还将进一步提高。

自 1824 年世界发明了波特兰水泥之后,1830 年前后就有了混凝土问世,1867 年又出现了钢筋混凝土。混凝土和钢筋混凝土的出现,是世界工程材料的重大变革,特别是钢筋混凝土的诞生,它极大地扩展了混凝土的使用范围,因而被誉为是对混凝土的第一次革命。在 20 世纪 30 年代又制成了预应力钢筋混凝土,它被称为是混凝土的第二次重大革命。20 世纪 50 年代出现了自应力混凝土。而 20 世纪 70 年代出现的混凝土外加剂,特别是减水剂的应用,可使混凝土强度达到 60 MPa 以上,同时给混凝土改性提供了很好的手段,为此被公认为是混凝土应用史上的第三次革命。20 世纪 80 年代以后,各国的混凝土研究工作者,均转向对混凝土的理论研究和新产品的开发,一致认定混凝土不仅是 20 世纪使用最广、最重要的土木工程材料,并预言 21 世纪水泥混凝土仍将在众多的工程材料应用中遥居领先地位。

为了适应将来的建筑向高层、超高层、大跨度发展,以及人类要向地下和海洋开发,混凝土今后的发展方向是:快硬、高强、轻质、高耐久性、多功能、节能。例如美国混凝土协会 AC12000 委员会曾设想,今后美国常用混凝土的强度为 135 MPa,如果需要,在技术上可使混凝土强度达 400 MPa;将能建造出高度为 600～900 m 的超高层建筑,以及跨度达 500～600 m 的桥梁。所有这些,均说明了未来社会对混凝土的需求,必然大大超过今天的规模。社会的巨大需求还将促进混凝土施工的进一步机械化,促进混凝土质量更进一步优化。明天的混凝土研究工作无疑将放在有关混凝土复合材料的机理和应用方面。随着施工和管理的现代化,期望未来混凝土对于形形色色的工程建设会有更好的适应性。

7.2 混凝土组成材料

7.2.1 水泥品质及等级选择

(1) 水泥品种的选择

配制混凝土用的水泥品种,应根据混凝土的工程性质和特点、工程所处环境及施工条件,然后按所掌握的各种水泥特性进行合理选择。土木工程常用水泥品种的选用见表 6.6。

(2) 水泥强度等级的选择

水泥强度等级的选择应当与混凝土的设计强度等级相适应,原则上是配制高强度等级的混凝土选用高强度等级的水泥,低强度等级混凝土选用低强度等级的水泥。一般对普通混凝土以水泥强度为混凝土强度的 1.5 倍左右为宜,对于高强度的混凝土可取 1.0 倍左右。例如:C20 混凝土:20×1.5=30,选 32.5 级水泥。

C25 混凝土:25×1.5=37.5,选 42.5 级水泥。

C30 混凝土:30×1.5=45,选 42.5 级水泥。

C40 混凝土:有人认为是一般混凝土,有人认为是高标号混凝土。C40 混凝土:40×1.0=40,若选 42.5 级水泥必须掺减水剂才能达到评定强度要求。若选 52.5 级水泥则不需要减水剂就能够达到评定强度要求。

C50 混凝土:一般认为是高标号混凝土。但是《普通混凝土配合比设计规程》(JGJ 55—2011)规定:高强混凝土界定为"强度等级为 C60 及其以上的混凝土"。C50 混凝土:50×1.0=50,若选 52.5 级水泥,必须掺减水剂才能达到评定强度要求,如果选用 62.5 级水泥可以不掺减水剂就可以达到强度评定要求。

7.2.2 集料选择

细集料选择详见 4.2 节,粗集料选择详见 4.3 节。

7.2.3 拌和及养护用水

（1）概述

水是混凝土的重要组成之一,水质的好坏不仅影响混凝土的凝结和硬化,还能影响混凝土的强度和耐久性,并可加速混凝土中钢筋的锈蚀。

按水源可分为饮用水、地表水、海水、生活污水和工业废水等几种,拌制混凝土和养护混凝土宜采用饮用水。地表水和地下水常溶有较多的有机质和矿物盐类,用前必须按标准规定经检验合格后方可使用。海水中含有较多的硫酸盐(SO_4^{2-} 约 2400 mg/L),会对混凝土后期强度有降低作用(28 d 强度约降低 10%),且影响抗冻性。同时,海水中含有大量氯盐(Cl^- 约 15000 mg/L),对混凝土中钢筋有加速锈蚀作用,因此对于钢筋混凝土和预应力混凝土结构,不得采用海水拌制混凝土。对有饰面要求的混凝土,也不得采用海水拌制,以免因混凝土表面产生盐析而影响装饰效果。生活污水的水质比较复杂,不能用于拌制混凝土。工业废水常含有酸、油脂、糖类等有害杂质,也不能用于拌制混凝土。

（2）混凝土拌合用水水质规定

根据《混凝土用水标准》(JGJ 63—2006)的规定,混凝土拌合用水水质要求应符合表7.1 的规定。对于设计使用年限为 100 年的结构混凝土,氯离子含量不得超过 500 mg/L;对于使用钢丝或经热处理钢筋的预应力混凝土,氯离子含量不得超过 350 mg/L。

表 7.1 混凝土拌合用水水质要求

项目	预应力混凝土	钢筋混凝土	素混凝土
pH 值	≥5.0	≥4.5	≥4.5
不溶物($mg \cdot L^{-1}$)	≤2000	≤2000	≤5000
可溶物($mg \cdot L^{-1}$)	≤2000	≤5000	≤10000
氯化物(以 Cl^- 计)($mg \cdot L^{-1}$)	≤500	≤1000	≤3500
硫酸盐(以 SO_4^{2-} 计)($mg \cdot L^{-1}$)	≤600	≤2000	≤2700
碱含量($mg \cdot L^{-1}$)	≤1500	≤1500	≤1500

在配制混凝土时,如对拟用水的水质有怀疑,应用此水和蒸馏水分别做水泥凝结时间和砂浆或混凝土强度对比试验和化学成分对比试验。对比试验测得的水泥初凝时间差及终凝时间差,均不得超过 30 min,且其初凝及终凝时间均应符合国家有关标准的规定。用该水制成的砂浆或混凝土试件的 28 d 抗压强度,不得低于用蒸馏水制成的对比试件抗压强度的 90%。

7.3 混凝土外加剂

7.3.1 概述

混凝土外加剂是近几十年发展起来的新型建材。为满足工程中对混凝土速凝、早强、缓凝、防水、补偿收缩、膨胀等性能要求,各种有机、无机的外加剂层出不穷。各种外加剂本身不但从微观、亚微观层次改变了硬化混凝土的结构,而且在某些方面彻底改善了新拌混凝土的性能,进而改变了混凝土的施工工艺。当前混凝土正向着高性能方向发展,高性能混凝土最重要的是提高耐久性,其耐久性可达 100~500 年,是普通混凝土的 3~10 倍,而实现混凝土高耐久性的最重要技术途径就是掺用优质高效的外加剂。当今外加剂已成为混凝土除水泥、砂、石、水以外的第五重要组分。

7.3.2 混凝土外加剂的定义、分类

(1) 定义

按国家标准《混凝土外加剂定义、分类、命名与术语》(GB/T 8075—2017),混凝土外加剂是一种在混凝土搅拌之前或搅拌过程中加入的、用以改善新拌混凝土和硬化混凝土性能的材料,可简称外加剂。

(2) 分类

混凝土外加剂分化学外加剂与矿物外加剂两大类,按其主要使用功能分为四类:改善混凝土拌合物流变性能的外加剂,包括各种减水剂和泵送剂、引气剂等;调节混凝土凝结时间、硬化性能的外加剂,包括缓凝剂、促凝剂、速凝剂、早强剂等;改善混凝土耐久性的外加剂,包括引气剂、防水剂、阻锈剂以及磨细矿渣、磨细粉煤灰、磨细天然沸石、硅灰等矿物外加剂;改善混凝土其他性能的外加剂,包括膨胀剂、防冻剂、保水剂、增稠剂、减缩剂、保塑剂、着色剂等。

7.3.3 外加剂的作用

各种外加剂都有其各自的特殊作用。合理使用外加剂,可以满足实际工程对混凝土在塑性阶段、凝结硬化阶段和凝结硬化后期服务阶段各种性能的不同要求。归纳起来,混凝土外加剂主要作用有以下几种:

(1) 改善混凝土、砂浆和水泥浆塑性阶段的性能

在不增加用水量的情况下,提高新拌混凝土和易性或在和易性相同时减少用水量;降低泌水率;增加黏聚性,减少离析;增加含气量;降低坍落度经时损失;提高可泵性;改善在水下浇注时的抗分散性等。

(2) 改善混凝土、砂浆和水泥浆凝结硬化阶段的性能

缩短或延长凝结时间;延长水化时间或减少水化热,降低水化热温升速度和温峰高度;加快早期强度的增长速度;在负温下尽快建立强度,以增强抗冻性等。

(3) 改善混凝土、砂浆和水泥浆凝结硬化后期及服务期间的性能

提高强度(包括抗拉、抗压、抗剪强度);增强混凝土与钢筋之间的黏结能力;提高新老混凝土之间的黏结力;增强密实性,提高防水能力;提高抗冻融循环能力;产生一定体积膨胀;提高耐久性;阻止碱-集料反应;阻止内部配筋和预埋金属的锈蚀;改善混凝土抗冲击和磨损能力;配置彩色混凝土、多孔混凝土等。

当前在混凝土工程中,外加剂除普遍用于一般工业与民用建筑外,最主要用于配制

高强混凝土、低温早强混凝土、防冻混凝土、大体积混凝土、流态混凝土、喷射混凝土、膨胀混凝土、防裂密实混凝土及耐腐混凝土等,广泛用于高层建筑、水利、桥梁、道路、港口、井巷、隧道、硐室、深基础等重要工程施工,解决了不少难题,取得了十分显著的技术经济效益。

混凝土掺用外加剂时,应遵守《混凝土外加剂应用技术规范》(GB 50119—2013)的规定,尤其有关强制条文,必须严格执行。

7.3.4 常用混凝土的外加剂

土木工程中常用的混凝土外加剂有减水剂、早强剂、引气剂、速凝剂、防冻剂、缓凝剂等,其中减水剂用途最广。

(1) 减水剂

减水剂是指在混凝土拌合物坍落度相同条件下,能减少拌和用水量的外加剂。

① 减水剂分类及其定义

混凝土减水剂按其主要作用分为普通减水剂、高效减水剂、缓凝高效减水剂、早强减水剂、缓凝减水剂及引气减水剂等几类,其中以普通减水剂应用最多。

在混凝土拌合物坍落度基本相同的条件下,能减少拌合用水量的外加剂称普通减水剂;能大幅度减少拌合用水量的减水剂称高效减水剂;兼有缓凝和高效减水功能的称缓凝高效减水剂;兼有早强(或缓凝)和减水功能的称早强(或缓凝)减水剂;兼有引气和减水功能的称引气减水剂。

② 常用减水剂品种

目前较为普遍使用的减水剂品种主要有:

a. 木质素磺酸钙(或钠)普通减水剂。

b. 萘磺酸甲醛缩合物高效减水剂。

c. 多环芳烃磺酸盐甲醛缩合物高效减水剂。

d. 三聚氰胺磺酸盐甲醛缩合物高效减水剂。

e. 脂肪族系高效减水剂。

f. 氨基磺酸盐系高效减水剂。

g. 聚羧酸系高效减水剂。

h. 改性木质素磺酸钙(或钠)高效减水剂。

(2) 早强剂

早强剂是指常温、低温条件下能显著地提高混凝土的早期强度,并且对后期强度无显著影响的外加剂。早强剂的主要作用在于加速水泥水化速度,促使混凝土早期强度的发展。

① 早强剂的分类

根据《混凝土外加剂应用技术规范》(GB 50119—2013),混凝土工程中可采用的早强剂有以下三类:

a. 强电介质无机盐类早强剂:硫酸盐、硫酸复盐、硝酸盐、碳酸盐、亚硝酸盐、氯盐等。其中常用的有硫酸钠和氯化钙。

b. 水溶性有机化合物：三乙醇胺、甲酸盐、丙酸盐等。其中三乙醇胺使用较多。

c. 其他：有机化合物、无机盐复合物。

混凝土工程中也可采用由早强剂与减水剂复合而成的早强减水剂。采用复合早强剂效果往往优于单独掺入早强剂或减水剂，故目前应用广泛。复合型早强剂和早强减水剂作用：大幅度提高混凝土的早期强度发展速率；既能较好地提高混凝土的早期强度，又对混凝土后期强度发展带来好处；既具有一定减水作用，又能大幅度加速混凝土早期强度发展；既起到良好的早强效果，又能避免有些早强组分引起混凝土内部钢筋锈蚀等。

② 早强剂适用范围

早强剂及早强减水剂适用于蒸养混凝土及常温、低温和最低温度不低于−5 ℃环境中施工的有早强要求的混凝土工程。采用蒸养时，由于不同早强剂对不同品种的水泥混凝土有不同的最佳蒸养制度，故应先经试验后方能确定蒸养制度。

按标准《混凝土外加剂应用技术规范》(GB 50119—2013)规定，掺入混凝土后对人体产生危害或对环境产生污染的化学物质，严禁用作早强剂。如铵盐遇碱性环境会产生化学反应释放出氨，对人体有刺激性，故严禁用于办公、居住等建筑工程。又如重铬酸盐、亚硝酸盐、硫氰酸盐等，对人体有一定毒害作用，均严禁用于饮水工程及与食品相接触的混凝土工程。

（3）引气剂

在搅拌混凝土过程中能引入大量均匀分布、稳定而封闭的微小气泡的外加剂，称为引气剂。引气剂在混凝土中的掺量非常小，却能使混凝土在搅拌过程中引气而大幅度改善混凝土的抗冻融循环方面的耐久性，应用在道路、桥梁、大坝和港口等工程中，大大提高了它们的使用寿命。

根据化学成分，引气剂主要有以下几类：木材树脂酸盐、合成洗涤剂类、磺化木质素盐类、石油酸盐类、蛋白质盐类、脂肪酸或树脂酸及其盐类、有机硅化合物类、磺酸烃的有机盐类等。

引气剂对混凝土的性能影响很大，其主要影响有：改善混凝土拌合物的和易性、提高混凝土的抗渗性和抗冻性、降低强度等。

引气剂及引气减水剂可用于抗冻混凝土、抗渗混凝土、抗硫酸盐混凝土、泌水严重的混凝土、贫混凝土、轻骨料混凝土以及对饰面有要求的混凝土等，但引气剂不宜用于蒸养混凝土及预应力混凝土。

（4）速凝剂

能使混凝土迅速凝结硬化的外加剂，称为速凝剂。速凝剂在隧道工程中的初期支护、抢险救灾中应用非常普遍。

速凝剂是以铝酸盐、碳酸盐、水玻璃等为主要成分的无机盐混合料。我国速凝剂产品主要有红星Ⅰ型、711型、782型及8604型等。国际上负有盛名的速凝剂有日本生产的"西古尼特"和奥地利生产的"西卡"。

常用的液体速凝剂有硅酸钠型、铝酸钠型、硫酸铝型、硫酸铝甲型等速凝剂。

（5）防冻剂

能使混凝土在负温下硬化，并在规定时间内达到足够防冻强度的外加剂，称为混凝土防冻剂。防冻剂在南方冬季温度低于0 ℃、北方冬季的混凝土工程中经常使用。

目前常用的混凝土防冻剂主要有以下四类：

① 电解质无机盐类:氯盐类防冻剂;氯盐阻锈类防冻剂;无氯盐类防冻剂。

② 水溶性有机化合物类:以某些醇烃等有机化合物为防冻组分的外加剂。

③ 有机化合物与无机盐复合类。

④ 复合型防冻剂:以防冻组分复合早强、引气、减水等组分的外加剂。

(6) 缓凝剂

混凝土施工常常要求延缓混凝土的凝结时间,尤其是初凝时间,以利于施工操作和保证混凝土的质量。热天混凝土施工,因气温较高,混凝土凝结加快,坍落度损失加快,很快失去流动性,会给施工带来困难,影响施工质量,所以要求延长混凝土凝结时间。

缓凝剂可分为无机物质和有机物质两大类。

① 常用的无机缓凝剂有:磷酸、磷酸盐(如磷酸三钠、聚磷酸三钠等);偏磷酸盐、锌盐(氯化锌、碳酸锌)、硼砂、硅氟酸盐、亚硫酸盐、硫酸亚铁等。

② 常用的有机缓凝剂有:木质素磺酸盐及其衍生物(木质素磺酸钙、木质素磺酸钠、木质素磺酸镁等);多羟基碳水化合物及其衍生物(蔗糖、蔗糖化钙、糖蜜、葡萄糖、葡萄糖酸、葡萄糖酸钠、葡萄糖酸钙等)。

③ 羟基酸及其盐类:酒石酸、酒石酸钠、酒石酸钾钠、乳酸、苹果酸、柠檬酸、柠檬酸钠、水杨酸等。

④ 多元醇基醚类物质:聚乙烯醇、纤维素醚等。

常用混凝土的外加剂还有膨胀剂、水下混凝土不离析剂、混凝土泵送剂及控制混凝土坍落度损失外加剂、减缩剂、阻锈剂、防水剂等,要深入了解可以参考《混凝土外加剂应用技术规范》(GB 50119—2013)。

7.4　混凝土掺合料

混凝土掺合料不同于生产水泥时与熟料一起磨细的混合材料,它是在混凝土(或砂浆)搅拌前或在搅拌过程中,与混凝土(或砂浆)其他组分一样,直接加入的一种掺料。用于混凝土的掺合料绝大多数是具有一定活性的固体工业废渣。掺合料不仅可以取代部分水泥、减少混凝土的水泥用量、降低成本,而且可以改善混凝土拌合物和硬化混凝土的各项性能。因此,混凝土中使用掺合料,其技术、经济和环境效益是十分显著的。

土木工程中用作混凝土的掺合料有粉煤灰、硅灰、粒化高炉矿渣粉、磨细自燃煤矸石及其他工业废渣。其中粉煤灰是目前用量最大、使用范围最广的一种掺合料。

7.4.1　粉煤灰

(1) 粉煤灰的分类及技术要求

拌制混凝土和砂浆用的粉煤灰分为 F 类粉煤灰和 C 类粉煤灰两类。F 类粉煤灰是由无烟煤或烟煤煅烧收集的,其 CaO 含量不大于 10%或游离 CaO 含量不大于 1%;C 类粉煤灰是由褐煤或次烟煤煅烧收集的,其 CaO 含量大于 10%或游离 CaO 含量大于 1%,又称高钙粉煤灰。

F 类和 C 类粉煤灰又根据其技术要求分为Ⅰ级、Ⅱ级和Ⅲ级三个等级。按《用于水泥和混凝土中的粉煤灰》(GB/T 1596—2017)规定,其相应的质量指标的分级和技术要求列于表 7.2 中。

表 7.2 拌制混凝土和砂浆用粉煤灰技术要求

项目		技术要求		
		Ⅰ级	Ⅱ级	Ⅲ级
细度(45 μm 方孔筛筛余)(%)	F 类粉煤灰	≤12.0	≤30.0	≤45.0
	C 类粉煤灰			
需水量比(%)	F 类粉煤灰	≤95	≤105	≤115
	C 类粉煤灰			
烧失量(%)	F 类粉煤灰	≤5.0	≤8.0	≤10.0
	C 类粉煤灰			
含水量(%)	F 类粉煤灰	≤1.0		
	C 类粉煤灰			
三氧化硫(SO_3)质量分数(%)	F 类粉煤灰	≤3.0		
	C 类粉煤灰			
游离氧化钙(f-Cao)质量分数(%)	F 类粉煤灰	≤1.0		
	C 类粉煤灰	≤4.0		
安定性(雷氏法,mm)	C 类粉煤灰	≤5.0		
强度活性指数(%)	F 类粉煤灰	≥70.0		
	C 类粉煤灰			

与 F 类粉煤灰相比,C 类粉煤灰一般具有需水量小、活性高和自硬性好等特征。但由于 C 类粉煤灰中往往含有游离氧化钙,所以在用作混凝土掺合料时,必须对其体积安定性进行合格检验。

(2) 粉煤灰效应及其对混凝土性质的影响

粉煤灰由于其本身的化学成分、结构和颗粒尺寸等特征,在混凝土中可产生三种效应,即活性效应、颗粒形态效应、微骨料效应,总称为"粉煤灰效应"。

由于上述效应,粉煤灰可以改善混凝土拌合物的流动性、保水性、可泵性以及抹面性等性能,并能降低混凝土的水化热,以及提高混凝土的抗化学侵蚀、抗渗、抵制碱-集料反应(在混凝土中也可称为碱-骨料反应)等耐久性能。

混凝土中粉煤灰取代部分水泥后,混凝土的早期强度将随掺入量增多而有所降低,但28 d 以后长期强度可以达到甚至超过不掺粉煤灰的混凝土的强度。

(3) 混凝土掺用粉煤灰的工程应用

混凝土工程掺用粉煤灰时,按《粉煤灰混凝土应用技术规范》(GB/T 50146—2014)的规定,对于不同的混凝土工程,选用相应等级的粉煤灰:

① Ⅰ级粉煤灰适用于钢筋混凝土和跨度不大于 6 m 的预应力钢筋混凝土;

② Ⅱ级粉煤灰适用于钢筋混凝土和无筋混凝土;

③ Ⅲ级粉煤灰主要用于无筋混凝土,对设计强度等级 C30 及以上的无筋粉煤灰混凝

土,宜采用Ⅰ级、Ⅱ级粉煤灰;

④ 用于预应力钢筋混凝土、钢筋混凝土及设计强度等级 C30 及以上的无筋混凝土的粉煤灰等级,经过试验论证,可采用比上述规定低一级的粉煤灰。

⑤ 粉煤灰用于跨度小于 6 m 的预应力钢筋混凝土时,放松预应力前,粉煤灰混凝土的强度必须达到设计规定的强度等级,且不得小于 20 MPa。

⑥ 配制泵送混凝土、大体积混凝土、抗渗结构混凝土、抗硫酸盐和抗软水侵蚀混凝土、蒸养混凝土、轻骨料混凝土、地下混凝土、水下混凝土、压浆混凝土及碾压混凝土等,宜掺用粉煤灰。

⑦ 根据各类工程和各种施工条件的不同要求,粉煤灰可与各类外加剂同时使用,外加剂的适应性及合理掺量应由试验确定。

⑧ 粉煤灰用于下列混凝土时,应采取相应措施:

粉煤灰用于要求高抗冻融性的混凝土时,必须掺入引气剂;粉煤灰混凝土在低温条件下施工时,宜掺入对粉煤灰混凝土无害的早强剂或防冻剂;用于早强脱模、提前负荷的粉煤灰混凝土,宜掺用高效减水剂、早强剂等外加剂;掺有粉煤灰的钢筋混凝土,对含有氯盐外加剂的限制,应符合《混凝土外加剂应用技术规范》(GB 50119—2013)。

⑨ 此外,粉煤灰常用于软土路基、边坡、堤坝等注浆加固。

(4)粉煤灰混凝土配合比设计

粉煤灰混凝土设计强度等级的龄期,地上工程宜为 28 d,地面工程宜为 28 d 或 60 d,地下工程宜为 60 d 或 90 d,大体积混凝土工程宜为 90 d 或 180 d。

混凝土中掺用粉煤灰可采用等量取代法、超量取代法和外加法。粉煤灰混凝土配合比设计时,应按绝对体积法计算。

(5)粉煤灰取代水泥的最大限量

实践证明,当粉煤灰取代水泥量过多时,混凝土的抗碳化耐久性将变差,所以粉煤灰取代水泥的最大限量应符合表 7.3 的规定。

表 7.3　粉煤灰取代水泥的最大限量

混凝土种类	粉煤灰取代水泥的最大限量(%)			
	硅酸盐水泥	普通硅酸盐水泥	矿渣硅酸盐水泥	火山灰质硅酸盐水泥
预应力混凝土	25	15	10	—
钢筋混凝土 高强混凝土 高抗冻融性混凝土 蒸养混凝土	30	25	20	15
中、低强度混凝土 泵送混凝土 大体积混凝土 水下混凝土 地下混凝土 压浆混凝土	50	40	30	20
碾压混凝土	65	55	45	35

7.4.2 粒化高炉矿渣粉

用作混凝土掺合料的粒化高炉矿渣粉,是由粒化高炉矿渣经干燥、粉磨达到一定细度的一种粉体。粉磨时也可添加适量的石膏和助磨剂。粒化高炉矿渣粉简称矿渣粉,又称矿渣微粉。

按《用于水泥、砂浆和混凝土中的粒化高炉矿渣粉》(GB/T 18046—2017)规定,矿渣粉应符合表 7.4 的技术要求。

矿渣粉按其活性指数和流动度比两项指标分为三个等级:S105、S95 和 S75。活性指数是指以矿渣粉取代 50% 水泥后的试验砂浆强度与对比的水泥砂浆强度的比值。流动度比则是这两种砂浆流动度的比值。

表 7.4 矿渣粉技术要求

项目		级别		
		S105	S95	S75
密度(g/m³)		≥2.8		
比表面积(m²/kg)		≥500	≥400	≥300
活性指数(%)	7 d	≥95	≥70	≥55
	28 d	≥105	≥95	≥75
流动度比(%)		≥95		
初凝时间比(%)		≤200		
含水量(质量分数,%)		≤1.0		
三氧化硫(质量分数,%)		≤4.0		
玻璃体含量(质量分数,%)		≥85		
氯离子(质量分数,%)		≤0.06		
烧失量(质量分数,%)		≤1.0		
放射性		$I_{Ra} \leq 1.0$ 且 $I_r \leq 1.0$		

粒化高炉矿渣粉是混凝土的优质掺合料。它不仅可少量代替混凝土中的水泥,而且可使混凝土的每项性能获得显著改善,如降低水化热、提高抗渗和抗化学腐蚀等耐久性、抵制碱-集料反应以及大幅度提高长期强度。

掺矿渣粉的混凝土与普通混凝土的用途一样,可用作钢筋混凝土、预应力钢筋混凝土和素混凝土。矿渣粉还适用于配制高强混凝土、高性能混凝土。

7.4.3 硅灰

硅灰又称凝聚硅灰或硅粉,为电弧炉冶炼硅金属或硅铁合金的副产品。在温度高达2000 ℃,将石英还原成硅时,会产生气体,到低温区再氧化成 SiO_2,最后冷凝成极微细的球状颗粒固体。《高强高性能混凝土用矿物外加剂》(GB/T 18736—2017)规定,常用的硅灰的技术指标见表7.5。

表 7.5　硅灰的技术指标

技术要求	烧失量 (%)	SiO_2 (%)	氯离子 (%)	含水量 (%)	比表面积 (m^2/kg)	需水量比 (%)	28 d 活性指数 (%)
指标	≤6	≥85	≤0.1	≤3	≥15000	≤125	≥115

硅灰取代水泥后,其作用与粉煤灰类似,可改善混凝土拌合物的和易性,降低水化热,提高混凝土抗侵蚀、抗冻、抗渗性,抑制碱-集料反应,且其效果要比粉煤灰好很多。硅灰中的SiO_2在早期即可与$Ca(OH)_2$发生反应,生成水化硅酸钙。所以,用硅灰取代水泥可提高混凝土的早期强度。硅灰取代水泥量一般为5%～15%,当代替量超过20%水泥浆将变得十分黏稠。混凝土拌合用水量随硅灰的掺入而增加,为此,当混凝土掺用硅灰时,必须同时掺加减水剂,这样才可获得最佳效果。由于硅灰的售价较高,故目前主要用于配制高强和超高强混凝土、高抗渗混凝土以及其他要求高性能的混凝土。

7.5　新拌混凝土的和易性

7.5.1　混凝土技术性质分类

混凝土的技术性质包括两点:一是新拌混凝土的工作性(又称为和易性)——针对水泥浆而言;二是硬化后混凝土的力学性质和耐久性——针对水泥石而言。表征混凝土水泥浆的工作性目前工程实践上常用坍落度法和维勃稠度法。表征混凝土的力学性质常用混凝土的强度(包括抗压强度、抗拉强度、抗剪强度、疲劳强度和抗折强度等),其中混凝土的立方体抗压强度常用来衡量混凝土的标号强度,混凝土长方体抗折强度常用来衡量路面混凝土的抗弯拉强度。

7.5.2　和易性

(1) 和易性的概念

和易性(又称工作性)是指新拌混凝土的施工操作的难易程度和抵抗分层离析作用的性质。具体地说,和易性是指混凝土拌合物能保持其组成成分均匀,不发生分层离析、泌水等现象,适于运输、浇筑、捣实成型等施工作业,并能获得质量均匀、密实的混凝土的性能。和易性为一综合技术性质,它包括流动性、黏聚性和保水性三方面的含义。

流动性是指混凝土拌合物在自重或机械振捣作用下,能产生流动并均匀密实地充满模型的性能。流动性的大小,反映拌合物质稀稠程度,它直接影响着浇捣施工的难易和混凝土的质量。若拌合物太干稠,混凝土难以捣实,易造成内部孔隙;若拌合物过稀,振捣后混凝土易出现水泥砂浆和水上浮而石子下沉的分层离析现象,影响混凝土的质量均匀性。

黏聚性是指混凝土拌合物内部组分间具有一定的黏聚力,在运输和浇筑过程中不致发生离析分层现象,而使混凝土能保持整体均匀的性能。黏聚性差的混凝土拌合物,或者发涩,或者产生石子下沉,石子与砂浆容易分离,振捣后会出现蜂窝、空洞等现象。

保水性是指混凝土拌合物具有一定的保持内部水分的能力,在施工过程中不致产生严重的泌水现象。保水性差的拌合物,在混凝土振实后,一部分水易从内部析出至表面,在水渗流之处留下许多毛细管孔道,成为以后混凝土内部的透水通路。另外,在水分上升的同时,一部分水还会滞留在石子及钢筋的下缘形成水隙,从而减弱水泥浆与钢筋的胶结力。所有这些都影响混凝土的密实性,降低混凝土的强度及耐久性。

(2) 和易性的保证

混凝土拌合物的流动性、黏聚性和保水性,三者是互相关联又互相矛盾的,当流动性很大时,则黏聚性和保水性差,反之亦然。因此,所谓拌合物和易性良好,就是要使这三方面的性质在某种具体条件下,达到均为良好,即矛盾得到统一。

混凝土生产过程中的两个"保证":一是保证混凝土中材料的均匀混合;二是保证不发生分层离析现象。这两个"保证"是保证混凝土质量的前提条件。

7.5.3　混凝土和易性测定方法

混凝土拌合物和易性内容比较复杂,新拌混凝土具有弹性、黏聚性、塑性,微观颗粒十分复杂。许多学者试图用流变学的理论来研究,假设各种模型来进行"流变特性"的研究,但是收效甚微。目前,生产工程实践中常用坍落度法和维勃稠度法来近似测定混凝土的工作性。即通常是采用一定的试验方法测定混凝土拌合物的流动性,再辅以直观经验目测评定黏聚性和保水性。按《混凝土质量控制标准》(GB 50164—2011)和《普通混凝土拌合物性能试验方法标准》(GB/T 50080—2016)规定,混凝土拌合物的稠度可以采用坍落度、维勃稠度或扩展度表示。坍落度检验适用于骨料最大粒径不大于 40 mm、坍落度不小于 10 mm 的混凝土拌合物稠度测定,维勃稠度检验适用于骨料最大粒径不大于 40 mm,维勃稠度在 5～30 s 之间的混凝土拌合物稠度测定,扩展度适用于泵送高强混凝土和自密实混凝土,坍落度适用于流动性较大的混凝土拌合物。坍落度与坍落扩展度试验所用的混凝土坍落度仪应符合《混凝土坍落度仪》的规定。稠度应按照《普通混凝土拌合物性能试验方法标准》(GB/T 50080—2016)规定测定。坍落度测定和维勃稠度测定见图 7.1 和图 7.2。

按照《混凝土质量控制标准》(GB 50164—2011),混凝土拌合物的坍落度、维勃稠度和扩展度的等级划分及其允许偏差,见表 7.6～表 7.9。

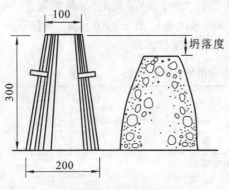

图 7.1　混凝土坍落度测定示意

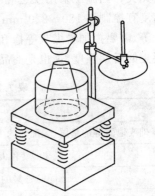

图7.2　混凝土维勃稠度测定示意

表 7.6　混凝土拌和物的坍落度等级划分

等级	S1	S2	S3	S4	S5
坍落度(mm)	10～40	50～90	100～150	160～210	≥220

表 7.7　混凝土拌合物的维勃稠度等级划分

等级	V0	V1	V2	V3	V4
维勃稠度(s)	≥31	30～21	20～11	10～6	5～3

表 7.8　混凝土拌合物的扩展度等级划分

等级	F1	F2	F3	F4	F5	F6
扩展度(mm)	≤340	350～410	420～480	490～550	560～620	≥630

表 7.9　混凝土拌合物稠度的允许偏差

拌合物性能		允许偏差		
坍落度(mm)	设计值	≤40	50～90	≥100
	允许偏差	±10	±20	±30
维勃稠度(s)	设计值	≥11	10～6	≤5
	允许偏差	±3	±2	±1
扩展度(mm)	设计值	≥350		
	允许偏差	±30		

7.5.4　施工稠度选择

工程中选择混凝土拌合物的坍落度,要根据结构构件截面尺寸大小、配筋疏密和施工捣实方法等来确定。当构件截面尺寸较小或钢筋较密,或采用人工插捣时,坍落度可选择大些。反之,如构件截面尺寸较大或钢筋较疏,或者采用振动器振捣时,坍落度可选择小些。普通混凝土浇筑时的坍落度参考见表 7.10。表中数值仅仅作为参考,与实际施工现场的坍落度无关。当施工采用泵送混凝土拌合物时,其坍落度通常为 120～180 mm。水下混凝土坍落度宜控制在 180～220 mm。一般来说,坍落度较大的商品混凝土、泵送混凝土、水下混凝土等,需要掺加粉煤灰等掺和料、减水剂等外加剂来改善混凝土的工作性,并保证或提高混凝土的后期强度,这也是商品混凝土的节约成本和关键技术的核心。

表 7.10　普通混凝土拌合物的坍落度参考值

结构种类	坍落度(mm)
基础或地面等的垫层、无配筋的大体积结构(挡土墙、基础等)或配筋稀少的结构	10～30
板、梁和大型及中型截面的柱子等	30～50
配筋密集的结构(薄壁、斗仓、细柱等)	50～70
配筋特密的结构	70～90

应该指出,正确选择混凝土拌合物的坍落度,对于保证混凝土的施工质量以及节约水泥具有重要意义。在选择时,原则上应在不妨碍施工操作并能保证振捣密实的条件下,尽可能采用较小的坍落度,以节约水泥并获得质量较高的混凝土。

实际工程中,只要坍落度已经确定,按此坍落度设计出的混凝土配合比报告一经审核和验证,现场就用此坍落度来衡量混凝土的工作性,如果实测坍落度大于设计坍落度说明加水过多,混凝土强度会降低;如果实测坍落度小于设计坍落度说明加水过少,不利于混凝土的工作性(搅拌、流动)。也就是说,现场不得随意改变混凝土的坍落度,特别是重要结构的高标号混凝土。对于一个有经验的工程技术人员现场观察就能看出坍落度是否基本符合要求,对于一个初学者除了具备理论知识外,具备现场观察和分析能力也是十分必要的,要在现场能够迅速作出判断混凝土是否符合设计坍落度。

坍落度一经选定,在配合比试验验证后,经过相关检测人员、监理人员批准后,现场就必须按照该配合比检测报告上批准的坍落度,抽样检测现场混凝土的坍落度,以判断该混凝土的工作性。特别是重要结构不得随便使用坍落度偏离较大的混凝土,避免造成人为的工程质量事故;例如桩基础水下混凝土,坍落度与设计值相比偏大易造成混凝土强度偏低,反之,坍落度偏小易造成堵管断桩等严重后果。工地现场确实需要混凝土坍落度有较大改变,应按照原来配合比试验、批准程序重新进行配合比试验,经过相应的试验养护时间(一般至少28 d),强度和工作性验证合格并经过批准后,方可按照新的配合比施工,按照新的坍落度检测施工现场的混凝土稠度。

泵送高强混凝土的扩展度不小于 500 mm;自密实混凝土的扩展度不小于 600 mm。

7.5.5　影响和易性的因素

(1) 水泥浆数量和稠度

混凝土拌合物在自重或外界振动力的作用下要产生流动,必须克服其内部的阻力。拌合物内的阻力主要来自两个方面:骨料间的摩阻力和水泥浆的黏聚力。骨料间摩阻力的大小主要取决于骨料颗粒表面水泥浆层的稠度,也就是取决于水泥浆的数量;水泥浆的黏聚力大小主要取决于浆的干稀程度,即水泥浆的稠度。

混凝土拌合物在保持水胶比不变的情况下,水泥浆用量越多,包裹在骨料颗粒表面的浆层越厚,润滑作用越好,使骨料间摩擦阻力减小,混凝土拌合物易于流动,于是流动性就大,但若水泥浆量过多,这时骨料用量必然相对减少,就会出现流浆及泌水现象,致使混凝土拌合物黏聚性及保水性变差,同时对混凝土的强度与耐久性也会产生不利影响,而且还耗费了水泥。若水泥浆量过少,致使不能填满骨料间的空隙或不够包裹所有骨料表面时,则拌合物会产生崩坍现象,黏聚性变差。由此可知,混凝土拌合物中水泥浆不能太少,但也不能过多,应以满足拌合物流动性要求为度。

在保持混凝土水泥用量不变的情况下,减少拌合用水量,水泥浆较稠,水泥浆的黏聚力增大,黏聚性和保水性良好,而流动性变小。增加用水量则相反。当混凝土加水过少时,即水胶比过低,不仅流动性太小,黏聚性也变得较差,在施工现场难以成型密实。但若加水过多,水胶比过大,水泥浆过稀,这时混凝土拌合物虽流动性大,将产生严重的分层离析和泌水现象,并且严重影响混凝土的强度及耐久性。因此,绝不可以用单纯加水的办法来增大流动性,而应采取在水胶比不变的条件下,以增加水泥浆量的办法来调整拌合物的流动性。

无论是水泥浆数量的影响,还是水泥浆稠度的影响,实际上都是水的影响。因此,影响混凝土拌合物和易性的决定性因素是其拌和用水量的多少。实践证明,在配制混凝土时,当所用粗、细骨料的种类及比例一定时,为获得要求的流动性,所需拌合用水量基本是一定的,即使水泥用量有所变动($1~m^3$ 混凝土水泥用量增减 $50\sim100$ kg)时,对用水量也无甚影响,这一关系称为"恒定用水量法则",它为混凝土配合比设计时确定拌合用水量带来很大方便。

普通混凝土中用水量的选择详见 7.6.5 节。

(2) 砂率

砂率是指混凝土中砂的质量占砂和石总质量的百分率,见公式(7.1)。

$$\beta_s = \frac{m_{s0}}{m_{s0} + m_{g0}} \times 100\% \tag{7.1}$$

式中 β_s——砂率;

m_{s0}——计算配合比混凝土细骨料砂的用量(kg/m^3);

m_{g0}——计算配合比混凝土粗骨料石子的用量(kg/m^3)。

砂率表示混凝土中砂子与石子两者的组合关系,砂率的变动,会使骨料的总表面积和空隙率发生很大的变化,对混凝土拌合物的和易性有显著的影响。当砂率过大时,骨料的总表面积和空隙率均增大,当混凝土中水泥浆量一定的情况下,骨料颗粒表面的水泥浆层将相对减薄,拌合物就显得干稠,流动性就变小,如要保持流动性不变,则需增加水泥浆,就要多耗用水泥。反之,若砂率过小,则拌合物中显得石子过多而砂子过少,形成砂浆量不足以包裹石子表面,并不能填满石子间空隙。在石子间没有足够的砂浆润滑层时,不但会降低混凝土拌合物的流动性,而且会严重影响其黏聚性和保水性,使混凝土产生粗骨料离析、水泥浆流失,甚至出现溃散等现象。

在配制混凝土时,砂率不能过大,也不能太小,应该选用合理砂率(又称最佳砂率)。合理砂率是指在用水量及水泥用量一定的情况下,使混凝土拌合物获得最大的流动性,能够保证黏聚性及保水性能良好,而此时水泥用量最少的砂率,如图 7.3、图 7.4 所示。普通混凝土中砂率的选择见表 7.17。

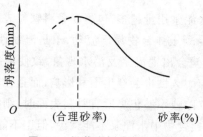

图 7.3 坍落度与砂率的关系
(水和水泥用量一定情况下)

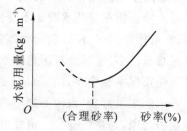

图 7.4 水泥用量与砂率的关系
(相同坍落度条件下)

(3) 组成材料的影响

① 水泥品种的影响

在水泥用量和用水量一定的情况下,采用矿渣水泥或火山灰水泥拌制的混凝土拌合物,其流动性比用普通水泥差,这是因为前者水泥的密度较小,所以在相同水泥用量时,它们的绝对体积较大,因此在相同用水情况下,混凝土就显得较稠,若要两者达到相同的坍落度,则前者每立方米混凝土的用水量必须增加一些。此外,矿渣水泥拌制的混凝土拌合物泌水性较大。

② 骨料的影响

骨料性质指混凝土所用骨料的品种、级配、颗粒粗细及表面性状等。在混凝土骨料用量一定的情况下,采用卵石和河砂拌制的混凝土拌合物,其流动性比用碎石和人工砂拌制的好,因为前者骨料表面光滑,摩阻力小;用级配好的骨料拌制的混凝土拌合物和易性好,骨料间的空隙较少,在水泥浆量一定的情况下,用于填充空隙的水泥浆就少,包裹骨料颗粒表面的水泥浆层就厚一些,故和易性就好;用细砂拌制的混凝土拌合物的流动性较差,但黏聚性和保水性好。

③ 外加剂的影响

混凝土拌合物掺入减水剂或引气剂,流动性明显提高,引气剂还可有效地改善混凝土拌合物的黏聚性和保水性,两者还分别对硬化混凝土的强度与耐久性起着十分有利的作用。

(4) 拌合物存放时间及温度的影响

新制备的混凝土,随着时间的延长会变得越来越干稠,坍落度将逐渐减小,这是由于拌合物中的一些水分逐渐被骨料吸收,一部分水被蒸发以及水泥的水化与凝聚结构的逐渐形成等作用所致,这就是所谓的经时损失,详见 7.5.7 节。混凝土拌合物随着时间的推移而变得干稠,流动性降低,拌合物坍落度随着时间变化的规律如图 7.5 所示。

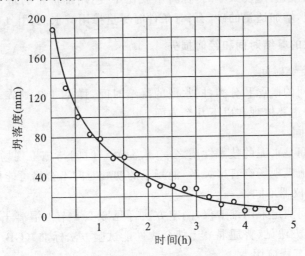

图 7.5 坍落度与拌合物凝结时间的关系

特别指出,当拌合物存放时间超过水泥混凝土的初凝时间,可能导致混凝土报废,这对重要结构来说是致命的,例如可能导致连续梁报废、桩基础水下混凝土报废。

混凝土拌合物和易性还受温度的影响。随着环境温度的升高,混凝土的坍落度损失得更快,因为这时的水分蒸发及水泥的化学反应将进行得更快。温度每增高 10 ℃,拌合物的坍落度减小 20~40 mm。混凝土拌合物的流动性随着温度的升高而降低,温度对拌合物坍落度的影响如图 7.6 所示。

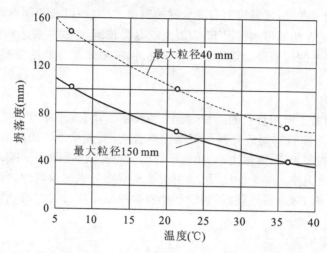

图 7.6 温度对拌合物坍落度的影响规律

7.5.6 改善和易性的措施

掌握了混凝土拌合物和易性的变化规律,就可运用这些规律能动地调整拌合物的和易性,以满足工程需要。在实际工程中,改善混凝土拌合物的和易性可采取以下措施:采用最佳砂率,以提高混凝土的质量及节约水泥;改善砂、石级配;在可能条件下尽量采用较粗的砂、石;当混凝土拌合物坍落度太小时,保持水胶比不变,增加适量的水泥浆;当坍落度太大时,保持砂石比不变,增加适量的砂、石;有条件时尽量掺用减水剂、引气剂。

7.5.7 混凝土的凝结时间和经时损失

(1)混凝土的凝结时间

混凝土凝结时间的概念和分类,同水泥的凝结时间,详见 6.2.4 节。虽然概念相同,其实两者有本质区别,主要体现在以下几个方面:

① 工程意义不同

水泥的凝结时间是水泥的技术性质之一,水泥凝结时间与施工现场没有直接关联。而混凝土凝结时间与施工现场有直接关系,混凝土的初凝时间不合格可能导致混凝土报废。

② 测定方法和仪器不同

水泥的凝结时间测定采用维卡仪,测定方法详见 6.2.4 节。混凝土的凝结时间采用贯入阻力仪测定,测定方法见《普通混凝土拌合物性能试验方法标准》(GB/T 50080—2016)。

③ 凝结时间的工程应用

没有掺入掺合料和外加剂的普通混凝土的凝结时间比相应的水泥的凝结时间要长,例如某 P·O 42.5 水泥的凝结时间为 2.5 h,其混凝土的凝结时间大概为 4.0 h 左右。但是混凝土的凝结时间影响因素很多,混凝土组成材料、粉煤灰等掺合料、气温、外加剂等都可能影响混凝土的凝结时间,混凝土的凝结时间应以实测为准。施工现场应根据需要,在进行配合比设计前提出混凝土凝结时间的需求(快凝或缓凝混凝土)。有的施工现场因为进度等因素提出混凝土初凝时间在 2.0 h 以内。而有的商品混凝土站距离浇筑地点较远,运输又较为困难,混凝土量大(如某桥的桩基础桩径为 2.5 m、桩长为 72 m 以上,商品混凝土站距离浇筑地点 25 km),可能提出混凝土初凝时间超过 10 h 的情况。检测单位可以根据相应的原材料和外加剂,在合理范围内配制出与需求凝结时间相当的混凝土。该种混凝土经过施工现场试验验证合格后,并经批准,意味着其混凝土的工作性和强度满足工程需要,即该混凝土的凝结时间(假定其初凝时间为 12.0 h)已经满足施工现场需要;实际施工时,该混凝土在批准的初凝时间(假定其初凝时间为 12.0 h)之前凝结,该混凝土不合格,可能导致该混凝土报废。

对于重要结构混凝土,在进行混凝土配合比设计时一起将其凝结时间测定出来,便于后期施工过程中具有可控性,当工程中出现了停电、阻工、搅拌机故障、交通阻塞等不可预见的意外情况时,对混凝土具有可判断性,当然做好应急预案(如备用电机、备用搅拌机)也是必不可少的。现行规范《普通混凝土拌合物性能试验方法标准》(GB/T 50080—2016)仅仅提出了混凝土凝结时间的测定,但是什么情况下需要测定混凝土凝结时间并没有做出规定,因此需要根据不同工程具体考虑。

同时,《普通混凝土拌合物性能试验方法标准》(GB/T 50080—2016)中,虽然标明是测定混凝土凝结时间,实际上该规范的试验步骤中明确"在制备或现场取样的混凝土拌合物试样中用 5 mm 标准筛筛出砂浆测定混凝土凝结时间",即用砂浆的凝结时间来近似代替混凝土凝结时间,这将对混凝土凝结时间的准确性造成一定影响,因此开发或研究出一个真正适合混凝土的凝结时间的试验方法,将是重要结构混凝土的一个重要研究课题。

(2)经时损失

首先,检测混凝土拌合物卸出搅拌机时的坍落度;在坍落度试验后立即将混凝土拌合物装入不吸水的容器内密闭搁置 1 h;然后,再将混凝土拌合物倒入搅拌机内搅拌 20 s;再次测定混凝土拌合物的坍落度。前后两次坍落度之差即为坍落度经时损失,计算应精确到 5 mm,详见《混凝土质量控制标准》(GB 50164—2011)附录 A 坍落度经时损失试验方法。

混凝土拌合物的坍落度经时损失不应影响混凝土的正常施工;泵送混凝土拌合物的坍落度经时损失不宜大于 30 mm/h。

7.6 混凝土的力学性能和耐久性

7.6.1 混凝土的力学性能

(1)混凝土力学性能简介

① 混凝土强度分类

混凝土力学性能主要指混凝土的强度。强度是硬化后混凝土最重要的技术性质,与混凝土的其他性能关系密切。混凝土强度也是工程施工中控制和评定混凝土质量的主要指标。混凝土的强度有抗压、抗拉、抗弯和抗剪等。

② 混凝土的立方体抗压强度

混凝土立方体抗压强度是混凝土的最重要指标。《普通混凝土力学性能试验方法》(GB/T 50081—2002)中普通混凝土力学性能试验包括抗压强度试验、轴心抗压强度试验、静力受压弹性模量试验、劈裂抗拉强度试验和抗折强度试验。《混凝土强度检验评定标准》

(GB/T 50107—2010)中,混凝土的强度等级应按立方体抗压强度标准值划分,混凝土强度的评定也是按混凝土立方体抗压强度来评定。

③ 混凝土的弯拉强度

《公路水泥混凝土路面施工技术细则》(JTG F30—2014)中,公路路面的普通混凝土配合比设计在兼顾经济性的同时,应满足三项技术要求:弯拉强度、工作性、耐久性,将弯拉强度(即抗折强度)提到首要位置。《公路水泥混凝土路面设计规范》(JTG D40—2011)中,水泥混凝土路面的设计强度应采用 28 d 龄期的弯拉强度。有关抗折强度的分类及计算公式详见 2.2.1 节。

(2) 混凝土的立方体抗压强度

① 立方体抗压强度测定

根据《普通混凝土力学性能试验方法标准》(GB/T 50081—2002)规定,将混凝土制成边长为 150 mm 的立方体标准试件,在温度为 20 ℃±2 ℃、湿度为 95% 以上的标准条件下养护 28 d,用标准试验方法测得的抗压强度值称为混凝土立方体抗压强度。压力试验机测量精度为 ±1%,试件破坏荷载应大于压力机全量程的 20% 且小于压力机全量程的 80%,压力机应具有加载速度指示或加载速度控制装置,并应能均匀、连续地加载。一组混凝土为三个试件,抗压强度值的确定应符合下列规定(有人称为单组混凝土强度评定):当三个试件的测值比较均匀时,以三个试件测值的算术平均值作为该组试件的强度值(精确至 0.1 MPa);当三个测值中的最大值或最小值中如果有一个与中间值的差值超过中间值的 15% 时,则把最大值和最小值一并舍去,取中间值作为该组试件的抗压强度值;当最大值和最小值与中间值的差均超过中间值的 15% 时,则该组试件的试验结果无效。

② 非标准试件强度换算系数

边长为 150 mm 的立方体试件是标准试件;边长为 100 mm 和 200 mm 的立方体试件是非标准试件。边长为 100 mm 和 200 mm 的立方体非标准试件的强度换算系数分别是边长为 150 mm 立方体标准试件的 0.95 和 1.05。

③ 混凝土强度等级

《混凝土强度检验评定标准》(GB/T 50107—2010)中,混凝土强度等级应按立方体抗压强度标准值划分,混凝土强度等级应采用符号 C 与立方体抗压强度的标准值($N/mm^2 =$ MPa)表示,用符号 $f_{cu,k}$(MPa)表示,混凝土立方体抗压强度标准值应为按照标准方法制作养护的边长为 150 mm 的立方体试件在 28 d 龄期用标准方法测得的混凝土抗压强度总体分布中的一个值,强度低于该值的概率应不超过 5%。而《混凝土结构设计规范》(GB 50010—2010)中,混凝土立方体抗压强度标准值是指按照标准方法制作养护的边长为 150 mm 的立方体试件,在 28 d 龄期用标准方法测得的具有 95% 保证率的抗压强度。两个规范对混凝土立方体抗压强度标准值的描述基本一致。

《混凝土质量控制标准》(GB 50164—2011)中,混凝土强度等级按立方体抗压强度标准值(MPa)划分为 C10、C15、C20、C25、C30、C35、C40、C45、C50、C55、C60、C65、C70、C75、C80、C85、C90、C95 和 C100。普通混凝土按立方体抗压强度标准值划分为 C10、C15、C20、C25、C30、C35、C40、C45、C50、C55、C60 等 11 个强度等级。以 C30 为例,混凝土强度等级符号为 C,30 表示混凝土 28 d 抗压强度不低于 30 MPa。事实上,C30 混凝土按照《混凝土强度检验评定标准》(GB 50107—2010)赋予了新的含义,详细评定在 7.6.7 节中介绍,其单组 28 d 的强度小于 30 MPa 不一定满足要求,其单组 28 d 的强度大于 30 MPa 不一定不满足要求。

按《普通混凝土配合比设计规程》(JGJ 55—2011)和《高强混凝土应用技术规程》(JGJ/T 281—2012)术语的解释,高强混凝土指强度不低于 C60 的混凝土。

④ 混凝土强度等级选择

结构设计时根据建筑物的不同部位和承受荷载的不同,采用不同强度等级的混凝土,以下混凝土强度等级可以作为参考。

C10、C15:用于垫层、基础、地坪及受力不大的结构;

C20、C25:用于普通混凝土结构的梁、板、柱、楼梯及屋架等;

C30、C35:用于大跨度结构、耐久性要求较高的结构、预制构件等;

C40 及 C40 以上等级:用于预应力钢筋混凝土结构、吊车梁及特种结构等。

公路桥梁和铁路桥梁的上部结构混凝土有跨度越来越大的趋势,混凝土标号也有越来越高的趋势,C40 虽然广泛应用于公路桥梁的跨度小于或等于 25 m 的空心梁板上,但是随着跨度的增大,C50、C55、C60 的高标号混凝土不断涌现,所以实际工程中要特别注意高标号混凝土的配合比设计、原材料质量、现场混凝土的施工质量及其试验检测。

一般来说,混凝土强度等级由设计单位设计确定,并在设计图纸上予以明确;施工单位根据设计图纸上指定的混凝土强度等级,选择组成材料,自行进行配合比设计或对外委托有资质的检测单位进行配合比设计。施工单位经过批准并使用的混凝土配合比,现场验证或抽样检测的混凝土强度应满足不低于设计规定的混凝土强度等级,同时应满足《混凝土强度检验评定标准》(GB 50107—2010)中对混凝土强度的综合评定。

(3) 混凝土其他强度

① 混凝土轴心抗压强度

混凝土轴心抗压强度又称棱柱体抗压强度。确定混凝土强度等级是采用立方体试件进行试验,但在实际结构中,钢筋混凝土受压构件大部分为棱柱体或圆柱体。为了使所测混凝土的强度能接近于混凝土结构的实际受力情况,规定在钢筋混凝土结构设计中计算轴心受压构件(如柱、桁架的腹杆等)时,均需用混凝土的轴心抗压强度作为依据。

根据《普通混凝土力学性能试验方法标准》(GB/T 50081—2002)的规定,混凝土轴心抗压强度(f_{cp})应采用 150 mm×150 mm×300 mm 的棱柱体作为标准试件。标准棱柱体试件的制作条件与标准立方体试件相同,但测得的抗压强度值前者较后者小。试验表明,当标准立方体抗压强度(f_{cc})在 10～50 MPa 范围内时,$f_{cp} = (0.7～0.8)f_{cc}$,一般取 0.76。

② 混凝土的抗拉强度

混凝土的抗拉强度很低,只有其抗压强度的 1/10～1/20(通常取 1/15),且这个比值是随着混凝土强度等级的提高而降低。所以,混凝土受拉时呈脆性断裂,破坏时无明显残余变形。为此,在钢筋混凝土结构设计中,不考虑混凝土承受拉力,而是在混凝土中配以钢筋,由钢筋来承担结构中的拉力;但混凝土抗拉强度对于混凝土抗裂性具有重要作用,它是结构设计中确定混凝土抗裂度的主要指标。混凝土抗拉强度的测定,目前国内外都采用劈裂法,因此,抗拉强度也称为劈拉强度。《普通混凝土力学性能试验方法标准》(GB/T 50081—2002)规定,我国混凝土劈拉强度采用边长为 150 mm 的立方体作为标准试件。

7.6.2 混凝土强度的影响因素

(1) 水泥强度和水胶比的影响

水泥强度和水胶比对混凝土强度的影响,用保罗米(Bolomey)强度公式表示,见公式(7.2)。从式中可以看出,水泥强度等级越高,胶凝材料 28 d 胶砂抗压强度越高,混凝土强度就越高;水胶比越小,混凝土强度就越高。

$$f_{cu,0} = \alpha_a f_b (B/W - \alpha_b) \tag{7.2}$$

式中　$f_{cu,0}$——混凝土配制强度(MPa);

　　　W——水的质量;

　　　B——胶凝材料的质量;

　　　W/B——混凝土水胶比,水胶比大小要适当,水胶比过小不利于混凝土拌和;水胶比越大,混凝土强度越低;当胶凝材料中只有水泥一种材料时,水胶比又称为水灰比,用 W/C 表示;

　　　α_a,α_b——粗骨料的回归系数,可试验统计;当不具备试验统计资料时,使用粗骨料为碎石时,$\alpha_a=0.53$、$\alpha_b=0.20$;使用粗骨料为卵石时,$\alpha_a=0.49$、$\alpha_b=0.13$;

　　　f_b——胶凝材料 28 d 胶砂抗压强度(MPa),可实测,且试验方法应按《水泥胶砂强度检验方法(ISO 法)》(GB/T 17671—1999)执行;当无实测资料时,按公式(7.3)计算。

$$f_b = \gamma_f \gamma_s f_{ce} \tag{7.3}$$

式中　γ_f,γ_s——粉煤灰影响系数和粒化高炉矿渣粉影响系数,见表 7.11。

　　　f_{ce}——水泥 28 d 胶砂抗压强度(MPa),可实测;无实测资料时,按公式(7.4)计算。

$$f_{ce} = \gamma_c f_{ce,g} \tag{7.4}$$

式中　γ_c——水泥强度等级值的富余系数,可按实际统计资料确定;当缺乏实际统计资料时,掺混合料的硅酸盐水泥等级为 32.5 时,γ_c 取 1.12;水泥等级为 42.5 时,γ_c 取 1.16;水泥等级为 52.5 时,γ_c 取 1.10;

　　　$f_{ce,g}$——水泥强度等级值(MPa)。

表 7.11　粉煤灰影响系数和粒化高炉矿渣粉影响系数

掺量(%)	粉煤灰影响系数(γ_f)	粒化高炉矿渣粉影响系数(γ_s)
0	1.00	1.00
10	0.85~0.95	1.00
20	0.75~0.85	0.95~1.00
30	0.65~0.75	0.90~1.00
40	0.55~0.65	0.80~0.90
50	—	0.70~0.85

拌制混凝土拌合物时,为了获得必要的流动性,常常根据需要加入适量的水,有时加入的水比较多(比如泵送混凝土、水下混凝土等),多余的水所占空间在混凝土硬化后成为毛细

孔,使得混凝土密实度降低,强度降低,如图7.7所示。

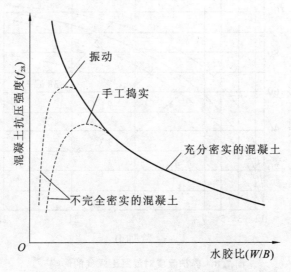

图7.7　混凝土强度与水胶比的关系曲线

（2）骨料的影响

混凝土骨料级配良好、砂率适当时,组成坚强密实的骨架,有利于强度提高。

碎石表面粗糙富有棱角,与水泥石胶结性好,且骨料颗粒间有嵌固作用,所以在原材料及坍落度相同情况下,用碎石拌制的混凝土较用卵石时强度高。当水胶比(胶凝材料主要为水泥时,称为水灰比)为0.40时,碎石混凝土强度可比卵石混凝土高约三分之一。但随着水灰比的增大,两者强度差值逐渐减小,当水胶比达0.65后,两者的强度差异就不太显著了。这是因为当水灰比很小时,影响混凝土强度的主要矛盾是界面强度,而当水胶比很大时,则水泥石强度成为主要矛盾。

混凝土中骨料与水泥质量之比称为骨灰比。骨灰比对35 MPa以上的混凝土强度影响很大。在相同水灰比和坍落度下,混凝土强度随骨灰比的增大而提高,其原因可能是由于骨料增多后表面积增大,吸水量也增加,从而降低了有效水灰比,使混凝土强度提高。另外因水泥浆相对含量减少,致使混凝土内总孔隙体积减小,也有利于混凝土强度的提高。

（3）养护温度和湿度的影响

温度是决定水泥水化作用速度快慢的重要条件,养护温度高,水泥早期水化速度快,混凝土的早期强度就高。但试验表明,混凝土硬化初期的温度对其后期强度有影响,混凝土初始养护温度愈高,其后期强度增进率就愈低。相反,在较低养护温度(如5～25 ℃)下,虽然水泥水化缓慢,水化产物生成速率低,但有充分的扩散时间形成均匀的结构,从而获得较高的最终强度,不过养护时间要长些。当温度0 ℃以下时,水泥水化反应停止,混凝土强度停止发展,这时还会因混凝土中的水结冰产生体积膨胀(增大约9％),而且产生相当大的压应力(可达100 MPa),从而致使硬化中的混凝土结构遭到破坏,导致混凝土已获得的强度受到损失。所以冬季施工时,要特别注意保温养护,以免混凝土早期受冻破坏。养护温度对混凝土强度的影响如图7.8所示。

湿度是决定水泥能否正常进行水化作用的必要条件。浇筑后的混凝土所处环境湿度相宜,水泥水化反应顺利进行,使混凝土强度得以充分发展。若环境湿度较低,水泥不能正常

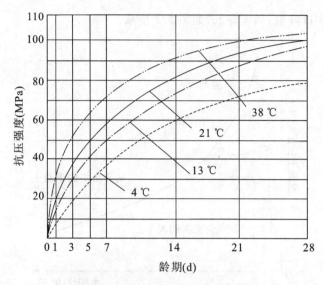

图 7.8　养护温度对混凝土强度的影响

进行水化作用,甚至停止水化,这将严重降低混凝土的强度。混凝土随受干燥的时间愈早,其强度损失愈大。混凝土硬化期间缺水,还将导致其结构疏松,易形成干缩裂缝,增大渗水而影响其耐久性。《混凝土结构工程施工规范》(GB 50666—2011)规定,应在浇筑完毕后的12 h 以内,对混凝土加以覆盖,并保湿养护;混凝土浇水养护的时间:对采用硅酸盐水泥、普通硅酸盐水泥或矿渣硅酸盐水泥拌制的混凝土,不得少于 7 d;对掺用缓凝型外加剂或有抗渗要求的混凝土,不得少于 14 d。胶凝材料的水化作用只能在充水的毛细管内发生,在干燥环境中,强度会随着水分蒸发而停止发展,因此,养护期间必须加水保湿,如图 7.9 所示。

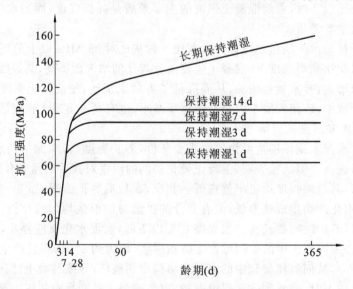

图 7.9　混凝土强度与保湿养护时间的关系

(4) 龄期对混凝土强度的影响

在正常养护条件下,混凝土的强度随龄期的增加而不断增大,最初 7~14 d 发展较快,以后便逐渐减慢,28 d 后强度增长就非常缓慢了,但只要具有一定的温度和湿度条件,混凝土的强度增长可延续数十年之久,如图 7.10 所示。实践证明,由中等强度等级的普通水泥配制的混凝土,在标准养护条件下,其强度发展大致与其龄期的常用对数成正比关系,其经验估算见公式(7.5)。

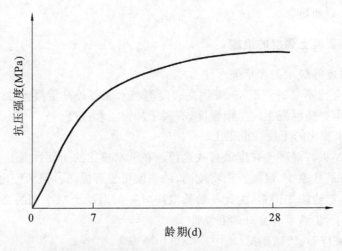

图 7.10 混凝土强度随着龄期的增长规律

$$\frac{f_n}{f_{28}} = \frac{\lg n}{\lg 28} \tag{7.5}$$

式中 f_n——混凝土 n d 龄期的抗压强度(MPa);

f_{28}——混凝土 28 d 龄期的抗压强度(MPa);

n——养护龄期(d),$3 \text{ d} < n \leqslant 90 \text{ d}$。

根据公式(7.5)计算出来的混凝土强度只能用作理论分析,不能作为实际强度,实际强度仍然以混凝土立方体试件抗压强度为准;公式(7.5)仅适合一般水泥,不适用于早强水泥;例如某 C40 早强混凝土采用 P·O 42.5R,在张拉钢绞线时 7 d 同条件试件的抗压强度达到 39 MPa 以上,按照上述公式推导 28 d 强度可能达到 66 MPa 以上,显然这是不可能的。

公式(7.5),可由所测得的普通混凝土的早期强度,估算其 28 d 龄期的强度。或者可由混凝土的 28 d 强度推算 28 d 之前的强度、混凝土达某一强度需要养护的天数,由此可用来控制生产施工进度,如确定混凝土拆模、构件起吊、放松预应力钢筋、制品堆放、出厂等的日期。但由于影响混凝土强度的因素很多,故按此式估算的结果只能作为参考,而且目前施工现场大多数因工期紧张要么使用早强水泥配制混凝土,要么采用掺加早强剂的混凝土,早期强度都比较高。

在实际工程中,各国用以估算不同龄期混凝土强度的经验公式很多,如常用的斯拉特公式,它是根据标准养护条件下的混凝土 7 d 强度(f_7)来推算其 28 d 的强度(f_{28}),见公式(7.6)。

$$f_{28} = f_7 + K \sqrt{f_7} \tag{7.6}$$

式中 K——经验系数,与水泥品种有关,由试验资料确定,一般为 1.9~2.4。

(5)施工方法及试验条件的影响

拌制混凝土时采用机械搅拌比人工拌和更为均匀,对水胶比小的混凝土,采用强制式搅拌机比自由落体式效果更好。实践证明,在相同配合比和成型密实条件下,机械搅拌的混凝土强度一般要比人工搅拌的提高 10% 左右。浇筑混凝土时采用机械振动成型比人工捣实要密实得多,低水胶比的混凝土尤为显著。

同一批混凝土试件,在不同试验条件下,所测抗压强度值会有差异,其中最主要的因素是加载速度。加载速度越快,测得的强度值越大,反之则越小。当加载速度超过 1.0 MPa/s 时,所测强度增大更加显著。

7.6.3 提高混凝土强度的措施

(1)采用高强度等级水泥和早强水泥

在混凝土配合比不变的情况下,采用高强度等级水泥可提高混凝土 28 d 龄期的强度;采用早强型水泥可提高混凝土的早期强度,有利于加快工程进度。

(2)采用低水胶比的干硬性混凝土

降低水胶比是提高混凝土强度最有效途径。在低水胶比的干硬性混凝土拌合物中游离水少,硬化后留下的孔隙少,混凝土密实度高,故强度可显著提高。但水胶比减小过多,将影响拌合物流动性,造成施工困难,为此一般采取同时掺加混凝土减水剂的办法,使混凝土在低水胶比的情况下,仍然具有良好的和易性。

(3)采用机械拌和、机械振捣

当施工采用干硬性混凝土或低流动性混凝土时,必须同时采用机械搅拌混凝土和机械振捣混凝土,否则不可能使混凝土成型密实和强度提高。机械拌和比人工拌和均匀,机械振捣比人工振捣密实。

(4)采用湿热处理养护混凝土

① 蒸汽养护

蒸汽养护是将混凝土放在近 100 ℃ 的常压蒸汽中养护,以加速水泥的水化,经约 16 h 左右,其强度可达正常条件下养护 28 d 强度的 70%~80%。因此蒸汽养护混凝土的目的,在于获得足够的早期高强,以加快拆模,提高模板及场地的周转率,有效提高生产率和降低成本。但对由普通水泥或硅酸盐水泥配置的混凝土,其养护温度不宜超过 80 ℃,否则待其自然养护至 28 d 时的强度,将比一直在自然养护下至 28 d 的强度低 10% 以上,这是由于水泥的快速水化,致使在水泥颗粒外表过早地形成水化产物的凝胶膜层,阻碍了水分深入内部进一步水化。

② 蒸压养护

蒸压养护是将混凝土放在温度 175 ℃ 及 8 个大气压的压蒸釜中进行养护,在此高温高压下水泥水化时析出的氢氧化钙与二氧化硅反应,生成结晶较好的水化硅酸钙,可有效提高混凝土的强度,并加速水泥的水化与硬化。这种方法对掺有活性混合材的水泥更为有效。

(5)掺加混凝土掺合料和外加剂

掺加混凝土掺合料和外加剂是商品混凝土重要的技术手段,不仅可以改善工作性,还可以提高混凝土强度。混凝土掺加外加剂是使其获得早强、高强的重要手段之一。混凝土中掺入早强剂,可显著提高其早期强度,当掺入减水剂,尤其是高效减水剂时,由于可大幅度减少拌合用水量,故使混凝土获得很高的 28 d 强度。若掺入早强减水剂,则能使混凝土的早期和后期强度均明显提高。对于目前国内外正在研制和应用的高强和高性能混凝土,除了必须掺入高效减水剂外,还同时掺加硅粉等矿物掺合料,这使得人们很容易配置出 C50～C100 的混凝土,以适应现代高层及大跨度建筑的需要。

7.6.4 混凝土配合比设计概述

(1) 配合比概念及其表示方式

混凝土配合比对于一般工程人员而言,不是十分重要,施工现场试验人员按照批准的配合比施工及试验检测即可;但对于专业的试验人员,特别是从事配合比试配的施工现场试验人员和检测机构专门从事配合比试配的试验人员,就显得尤为重要了。混凝土配合比试配,以施工现场使用的实际原材料、掺合料、外加剂进行试配,不能张冠李戴;配合比经过批准后,施工现场使用的实际原材料、掺合料、外加剂应与批准的配合比试配时使用的原材料、掺合料、外加剂一致;如果施工现场使用的实际原材料、掺合料、外加剂与批准的配合比试配时使用的原材料、掺合料、外加剂差别较大,需要对改变后的施工现场将要使用的原材料、掺合料、外加剂重新进行混凝土配合比试配,合格并经过批准后,才能使用新的配合比。

混凝土配合比是指单位体积的混凝土中各组成材料的质量比或体积比,施工现场常常以质量比表示。确定这种数量比例关系的工作,就称为混凝土配合比设计。在进行配合比设计时,单位体积常常为 1 m³,即计算出 1 m³ 混凝土中水泥、水、细骨料、粗骨料的质量,如果有掺合料和外加剂,还需要计算出它们的质量。配合比确定后,可以以 1 m³ 混凝土中的水泥质量为 1 个单位,计算出其余材料的质量比。试验室和施工现场往往需要进行不同体积的质量比转换,如试验室拌和混凝土 25 L 时,需要掺加各个材料的质量是多少;某搅拌机额定容量 0.2 m³,每盘需要掺加 2 包水泥(100 kg)时,其余各材料的质量是多少。

(2)《普通混凝土配合比设计规程》(JGJ 55—2011)中的有关术语

《普通混凝土配合比设计规程》(JGJ 55—2011)中有关术语包括:普通混凝土:表观密度为 2000～2800 kg/m³。干硬性混凝土:拌合物坍落度小于 10 mm 且须有维勃稠度(s)表示其稠度的混凝土。抗渗混凝土:抗渗等级不低于 P6 的混凝土。抗冻混凝土:抗冻等级不低于 F50 的混凝土。高强混凝土:强度等级不低于 C60 的混凝土。大体积混凝土:体积较大,可能由胶凝材料水化热引起的温度应力导致有害裂缝的结构混凝土。胶凝材料:混凝土中水泥和活性矿物掺合料的总称。胶凝材料用量:每立方米混凝土中水泥用量和活性矿物掺合料用量之和。水胶比:混凝土中用水量与胶凝材料用量的质量比。矿物掺合料掺量:混凝土中矿物掺合料用量占胶凝材料用量的质量百分比。外加剂掺量:混凝土中外加剂用量相对于胶凝材料用量的质量百分比。

(3) 混凝土配制强度

《普通混凝土配合比设计规程》(JGJ 55—2011)规定了混凝土配制强度。

① 当混凝土的设计强度等级小于 C60 时,配制强度按公式(7.7)确定。

$$f_{cu,0} \geqslant f_{cu,k} + 1.645\sigma \tag{7.7}$$

式中　$f_{cu,0}$——混凝土配制强度(MPa);

　　　$f_{cu,k}$——混凝土立方体抗压强度标准值(MPa),取混凝土设计强度等级值;

　　　σ——混凝土强度标准差(MPa),同《混凝土强度检验评定标准》(GB/T 50107—2010)中的 σ_0,详见 7.6.7 节。

② 当混凝土的设计强度等级不小于 C60 时,配制强度按公式(7.8)确定。

$$f_{cu,0} \geqslant 1.15 f_{cu,k} \tag{7.8}$$

③ 当没有近期的同一品种、同一强度等级 X 混凝土资料时,其标准差取值:$X \leqslant C20$ 时,$\sigma = 4.0$ MPa;$C25 \leqslant X \leqslant C45$ 时,$\sigma = 5.0$ MPa;$C50 \leqslant X \leqslant C55$ 时,$\sigma = 6.0$ MPa。当具有近期的同一品种、同一强度等级 X 混凝土资料时,其标准差按《普通混凝土配合比设计规范》(JGJ 55—2011)取值。

7.6.5　混凝土强度配合比设计步骤

(1)计算水胶比

已知设计混凝土强度等级、混凝土配制强度、水泥强度等级、粗骨料类别,根据混凝土强度公式(7.2)即可计算水胶比 W/B。

(2)用水量和外加剂用量

① 混凝土水胶比在 0.40～0.80 范围时,按表 7.12 和表 7.13 选取。

② 混凝土水胶比小于 0.40 时,可通过实验确定。

表 7.12　干硬性混凝土的用水量(kg/m³)

拌合物稠度		卵石最大公称粒径(mm)			碎石最大公称粒径(mm)		
项目	指标	10.0	20.0	40.0	16.0	20.0	40.0
维勃稠度 (s)	16～20	175	160	145	180	170	155
	11～15	180	165	150	185	175	160
	5～10	185	170	155	190	180	165

表 7.13　塑性混凝土的用水量(kg/m³)

拌合物稠度		卵石最大公称粒径(mm)				碎石最大公称粒径(mm)			
项目	指标	10.0	20.0	31.5	40.0	16.0	20.0	31.5	40.0
坍落度 (mm)	10～30	190	170	160	150	200	185	175	165
	35～50	200	180	170	160	210	195	185	175
	55～70	210	190	180	170	220	205	195	185
	75～90	215	195	185	175	230	215	205	195

③ 掺外加剂时,每立方米流动性或大流动性混凝土的用水量,按公式(7.9)计算。

$$m_{w0} \geqslant m'_{w0}(1-\beta) \tag{7.9}$$

式中　m'_{w0}——未掺外加剂时推定的满足实际坍落度要求的每立方米混凝土用水量(kg),以表 7.13 中坍落度为 90 mm 的用水量为基础,按每增大 20 mm 坍落度相应增加 5 kg/m³ 用水量计算;当坍落度增大到 180 mm 以上时,随坍落度相应增加的用水量可减少;

　　　　β——外加剂的减水率(%),应经过试验确定。

④ 掺外加剂时,每立方米混凝土中外加剂的用量,按公式(7.10)计算。

$$m_{a0} = m_{b0}\beta_a \qquad (7.10)$$

式中　m_{a0}——计算配合比每立方米混凝土中外加剂用量(kg);

　　　　m_{b0}——计算配合比每立方米混凝土中胶凝材料用量(kg);

　　　　β_a——外加剂掺量(%),应经试验确定。

(3) 胶凝材料、矿物掺合料和水泥用量

① 每立方米混凝土的胶凝材料用量,按公式(7.11)计算。

$$m_{b0} = \frac{m_{w0}}{W/B} \qquad (7.11)$$

混凝土的最小胶凝材料用量和最大水胶比见表7.14。

表 7.14　混凝土的最小胶凝材料用量和最大水胶比

最大水胶比	最小胶凝材料用量(kg/m³)		
	素混凝土	钢筋混凝土	预应力混凝土
0.60	250	280	300
0.55	280	300	300
0.50	320	320	320
≤0.45	330	330	330

② 每立方米混凝土的掺合料用量,按公式(7.12)计算。

$$m_{f0} \geqslant m_{b0}\beta_f \qquad (7.12)$$

式中　m_{f0}——计算配合比每立方米混凝土中矿物掺合料用量(kg);

　　　　β_f——矿物掺合料掺量(%),见表7.15和表7.16。

表 7.15　钢筋混凝土中矿物掺合料最大掺量

矿物掺合料种类	水胶比	最大掺量(%)	
		硅酸盐水泥	普通硅酸盐水泥
粉煤灰	≤0.40	45	35
	>0.40	40	30
粒化高炉矿渣	≤0.40	65	55
	>0.40	55	45
钢渣粉	—	30	20
磷渣粉	—	30	20
硅粉	—	10	10
复合掺合料	≤0.40	65	55
	>0.40	55	45

表 7.16　预应力混凝土中矿物掺合料最大掺量

矿物掺合料种类	水胶比	最大掺量(%)	
		硅酸盐水泥	普通硅酸盐水泥
粉煤灰	≤0.40	35	30
	>0.40	25	20
粒化高炉矿渣	≤0.40	55	45
	>0.40	45	35
钢渣粉	—	20	10
磷渣粉	—	20	10
硅粉	—	10	10
复合掺合料	≤0.40	55	45
	>0.40	45	35

③ 每立方米混凝土的水泥用量,按公式(7.13)计算。

$$m_{c0} = m_{b0} - m_{f0} \qquad (7.13)$$

式中　m_{c0}——计算配合比每立方米混凝土中水泥用量(kg)。

(4)砂率

砂率(β_s)应根据骨料的技术指标、混凝土拌合物性能和施工要求,参考既有历史资料确定。当缺乏砂率的历史资料时,混凝土的砂率应符合下列规定:

① 坍落度小于 10 mm 的混凝土,其砂率应经过试验确定。

② 坍落度为 10~60 mm 的混凝土,其砂率可根据粗骨料品种、最大公称粒径及水胶比按表 7.17 选取。

③ 坍落度大于 60 mm 的混凝土,其砂率可经过试验确定,也可在表 7.17 的基础上,按坍落度每增加 20 mm,砂率增大 1% 的幅度予以调整。

表 7.17　混凝土的砂率(%)

水胶比	卵石最大公称粒径(mm)			碎石最大公称粒径(mm)		
	10.0	20.0	40.0	16.0	20.0	40.0
0.40	26~32	25~31	24~30	30~35	29~34	27~32
0.50	30~35	29~34	28~33	33~38	32~37	30~35
0.60	33~38	32~37	31~36	36~41	35~40	33~38
0.70	36~41	35~40	34~39	39~44	38~43	36~41

(5)粗、细骨料用量计算

① 质量法计算每立方米混凝土中粗、细骨料的质量,按式(7.14)和式(7.1)计算。

$$m_{f0} + m_{c0} + m_{g0} + m_{s0} + m_{w0} = m_{cp} \qquad (7.14)$$

式中 m_{g0}——计算配合比每立方米混凝土的粗骨料用量(kg);

      m_{s0}——计算配合比每立方米混凝土的细骨料用量(kg);

      m_{cp}——计算配合比每立方米混凝土拌合物的假定质量(kg),可取 2350~2450 kg。

② 体积法计算每立方米混凝土中粗、细骨料的质量,按式(7.15)和式(7.1)计算。

$$\frac{m_{c0}}{\rho_c}+\frac{m_{f0}}{\rho_f}+\frac{m_{g0}}{\rho_g}+\frac{m_{s0}}{\rho_s}+\frac{m_{w0}}{\rho_w}+0.01\alpha=1 \tag{7.15}$$

式中 ρ_c——水泥密度(kg/m³),可实测,也可取 2900~3100 kg/m³;

      ρ_f——矿物掺合料密度(kg/m³),可实测;

      ρ_g——粗骨料的表观密度(kg/m³),可实测;

      ρ_s——细骨料的表观密度(kg/m³),可实测;

      ρ_w——水的密度(kg/m³),可取 1000 kg/m³;

      α——混凝土的含气量百分数,在不使用引气型外加剂时,α 可取 1。

【例 7.1】 某框架结构工程现浇钢筋混凝土梁,混凝土设计强度等级为 C30,施工采用机拌机振,混凝土坍落度要求 35~50 mm,并根据施工单位历史资料统计,混凝土强度标准差为 5.0 MPa。现场原材料情况如下。水泥:P·O 42.5,水泥密度为 $\rho_c=3.00$ g/cm³,水泥强度等级值的富余系数为 1.08;砂:2 区中砂,砂表现密度 $\rho_s=2650$ kg/m³;碎石:5~31.5 mm,级配尚可,石子表现密度 $\rho_g=2700$ kg/m³。外加剂:FDN 非引气高效减水剂(粉剂),适宜掺量为 0.5%,减水 8%。试求:

(1) 掺减水剂混凝土的配合比。

(2) 如果经试配制混凝土的和易性和强度等均符合要求,无需作调整。但是现场砂含水率为 3%,碎石含水率为 1%,试计算混凝土施工配合比。

【解】 (1)计算混凝土配合比

① 确定混凝土配制强度

由公式(7.7) $f_{cu,0}=f_{cu,k}+1.645\sigma=30+1.645\times5.0=38.23$ MPa

② 确定水胶比(W/B)

由公式(7.2) $\dfrac{W}{B}=\dfrac{\alpha_a f_b}{f_{cu,0}+\alpha_a\alpha_b f_b}=\dfrac{0.53\times42.5\times1.08}{38.23+0.53\times0.20\times42.5\times1.08}=0.56$

由于框架结构混凝土梁处于干燥环境,故按表 7.14 取允许最大水胶比值为 0.55,因未使用掺合料粉煤灰,这里水胶比 $\dfrac{W}{B}$ 就是水灰比 $\dfrac{W}{C}$。

③ 确定用水量和外加剂用量

查表 7.13,对碎石最大粒径为 31.5 mm,当所需坍落度为 35~50 mm 时,1 m³ 混凝土的用水量可选用 $m_{w0}=185$ kg。

按公式(7.9)掺 FND 减水剂为 8% 后,1 m³ 混凝土的用水量为:

$$m_{w0}=m'_{w0}(1-\beta)=185\times(1-8\%)=170.2 \text{ kg}$$

此时,1 m³ 混凝土中的外加剂掺量,按本例④和公式(7.10)取:

$$m_{a0}=m_{b0}\beta_a=310\times0.5\%=1.55 \text{ kg}$$

④ 计算水泥用量,按公式(7.11)有:

$$m_{b0} = \frac{m_{w0}}{W/B} = \frac{170.2}{0.55} = 310 \text{ kg}$$

此处因本例没有采用掺合料粉煤灰,胶凝材料用量 m_{b0} 就是水泥用量 m_{c0},满足表 7.14 的最小水泥用量 300 kg/m³。故取水泥用量 310 kg/m³。

⑤ 确定砂率(β_s)

查表 7.17,采用碎石最大粒径为 31.5 mm,当水胶比为 0.55 时,其砂率值可选取 $\beta_s = 35\%$(采用插入法选定)。

⑥ 计算粗、细骨料用量

用体积法计算,按公式(7.15)和公式(7.1),有:

$$\frac{310}{3.00} + \frac{m_{g0}}{2.70} + \frac{m_{s0}}{2.65} + \frac{170.2}{1.00} + 0.01 \times 1 = 1000$$

$$\beta_s = \frac{m_{s0}}{m_{s0} + m_{g0}} \times 100\% = 35\%$$

则得:$m_{s0} = 682 \text{ kg}, m_{g0} = 1267 \text{ kg}$。

⑦ 写出混凝土计算配合比

1 m³ 混凝土中各材料用量为:水泥 310 kg,砂 682 kg,碎石 1267 kg,水 170.2 kg,FND 减水剂 1.55 kg。

(2)换算成施工配合比

① 施工现场 1 m³ 混凝土中各材料用量为:

$m'_{c0} = m_{c0} = 310 \text{ kg}$

$m'_{s0} = m_{s0} \times (1 + 3\%) = 682 \times (1 + 3\%) = 702 \text{ kg}$

$m'_{g0} = m_{g0} \times (1 + 1\%) = 1267 \times (1 + 1\%) = 1280 \text{ kg}$

$m'_{w0} = m_{w0} - m_{s0} \times 3\% - m_{g0} \times 1\% = 170.2 - 682 \times 3\% - 1267 \times 1\% = 137 \text{ kg}$

FND 减水剂掺量 1.55 kg

② 进一步假定施工现场搅拌机额定容量为 0.5 m³,每一盘掺加 2 包水泥,每盘各个材料掺量为:

水泥质量:100 kg

含水 3% 的砂质量:$100 \times \frac{702}{310} = 226 \text{ kg}$

含水 1% 的碎石质量:$100 \times \frac{1280}{310} = 413 \text{ kg}$

水的质量:$100 \times \frac{137}{310} = 44 \text{ kg}$

FND 减水剂掺量:$100 \times \frac{1.55}{310} = 0.50 \text{ kg}$

7.6.6　混凝土配合比的试配、调整与确定

(1)试配

① 混凝土试配应采用强制式搅拌机进行搅拌,搅拌方法宜与施工采用的方法相同。每盘混凝土试配的最小搅拌量,见表 7.18。且不应小于搅拌机公称容量的 1/4,并不应大于搅拌机的公称容量。

表 7.18　混凝土试配的最小搅拌量

粗骨料最大公称粒径(mm)	拌合物数量(L)
≤31.5	20
40.0	25

在计算配合比的基础上进行试拌。计算水胶比宜保持不变,并应通过调整配合比其他参数使混凝土拌合物性能符合设计和施工要求,然后修正计算配合比,提出试拌配合比。

② 在试拌配合比的基础上应进行混凝土强度试验,并应符合下列规定:

应采用三个不同的配合比,其中一个应为按 7.6.5 节确定的试拌配合比(又称为基准配合比),另外两个配合比的水胶比宜较试拌配合比分别增加和减少 0.05%,用水量应与试拌配合比相同,砂率可分别增加和减少 1%。

进行混凝土强度试验时,拌合物性能应符合设计和施工要求。

进行混凝土强度试验时,每个配合比应至少制作一组试件,并应标准养护到 28 d 或设计规定龄期时试压。

(2) 配合比的调整与确定

① 配合比调整规定:

根据混凝土强度试验结果,宜绘制强度和水胶比的线性关系图或插值法确定略大于配制强度对应的水胶比。

在试拌配合比的基础上,用水量(m_w)和外加剂用量(m_a)应根据确定的水胶比作调整。

胶凝材料用量(m_b)应以用水量乘以确定的胶水比计算得出。

粗骨料和细骨料用量(m_g 和 m_s)应根据用水量和胶凝材料用量进行调整。

② 混凝土拌合物表观密度和配合比校正系数的计算应符合下列规定:

配合比调整后的混凝土拌合物的表观密度按公式(7.16)计算。

$$\rho_{c,c}=m_c+m_f+m_g+m_s+m_w \tag{7.16}$$

式中　$\rho_{c,c}$——混凝土拌合物的表观密度计算值(kg/m³);

　　　m_c——每立方米混凝土的水泥用量(kg);

　　　m_f——每立方米混凝土的矿物掺合料用量(kg);

　　　m_g——每立方米混凝土的粗骨料用量(kg);

　　　m_s——每立方米混凝土的细骨料用量(kg);

　　　m_w——每立方米混凝土的用水量(kg)。

混凝土配合比校正系数,按式(7.17)计算。

$$\delta=\frac{\rho_{c,t}}{\rho_{c,c}} \tag{7.17}$$

式中　δ——混凝土配合比校正系数;

　　　$\rho_{c,t}$——混凝土拌合物的表观密度实测值(kg/m³);

　　　$\rho_{c,c}$——混凝土拌合物的表观密度计算值(kg/m³)。

当混凝土拌合物表观密度实测值与计算值之差的绝对值不超过计算值的 2% 时,按"①

配合比调整规定"调整的配合比可维持不变。当两者之差超过 2% 时，应将配合比中每项材料用量均乘以校正系数 δ。

③ 生产单位可根据常用材料设计出常用的混凝土配合比备用，并应在启用过程中予以验证或调整。遇有下列情况之一时，应重新进行配合比设计：

对混凝土性能有特殊要求时；水泥、外加剂或矿物掺合料等原材料品种、质量有显著变化时。

7.6.7　混凝土强度评定

按照《混凝土强度检验评定标准》(GB/T 50107—2010)对混凝土强度进行综合评定。该标准中的混凝土强度是指混凝土立方体抗压强度。

（1）混凝土的取样

① 混凝土的取样，宜根据《混凝土强度检验评定标准》(GB/T 50107—2010)规定的检验评定方法要求制定检验批的划分和相应的取样计划。

② 混凝土强度试样应在混凝土的浇筑地点随机抽取。

③ 试件的取样频率和数量应符合下列规定：

每 100 盘，但不超过 100 m³ 的同配合比混凝土，取样次数不应少于 1 次。

每工作班拌制的同配合比混凝土，不足 100 盘和 100 m³ 时其取样次数不少于 1 次。

当一次连续浇筑的同配合比混凝土超过 1000 m³ 时，每 200 m³ 取样不少于 1 次。

对房屋建筑，每一楼层、同一配合比的混凝土，取样不少于 1 次。

④ 每批混凝土应制作的试件总组数，除满足规范混凝土强度评定所必需的组数外，还应留置为检验结构或构件施工阶段混凝土强度所必需的试件组数。

（2）混凝土试件的制作与养护

混凝土试件的制作与养护，见 7.6.1 节。

（3）混凝土试件的试验

混凝土试件的试验，见 7.6.1 节。

（4）用统计方法检验评定（综合评定）混凝土强度

混凝土强度的检验评定，又称为综合评定，分为（数理）统计方法和非（数理）统计方法。

① 样本容量 $n \geq 45$ 组时的统计方法

当连续生产的混凝土，生产条件在较长时间内保持一致，且同一品种、同一强度等级混凝土的强度变异性保持稳定时，采用该方法。

a. 一个检验批的样本容量应为连续的 3 组试件，其强度应同时符合公式(7.18)和公式(7.19)。

$$m_{f_{cu}} \geq f_{cu,k} + 0.7\sigma_0 \tag{7.18}$$

$$f_{cu,\,min} \geq f_{cu,k} - 0.7\sigma_0 \tag{7.19}$$

式中　$m_{f_{cu}}$——同一检验批混凝土立方体抗压强度的平均值（MPa），精确到 0.1 MPa；

$f_{cu,k}$——混凝土立方体抗压强度标准值（MPa），精确到 0.1 MPa；

σ_0——检验批混凝土立方体抗压强度的标准差（MPa），精确到 0.01 MPa，按式

(7.20)计算，当检验批混凝土强度标准差 σ_0 计算值小于 2.5 MPa 时，应取

2.5 MPa;

$f_{cu,min}$——同一检验批混凝土立方体抗压强度的最小值(MPa),精确到 0.1 MPa。

$$\sigma_0 = \sqrt{\frac{\sum f_{cu,i}^2 - nm_{f_{cu}}^2}{n-1}} \tag{7.20}$$

式中 $f_{cu,i}$——前一个检验期内同一品种、同一强度等级的第 i 组混凝土试件的立方体抗压强度代表值(MPa),精确到 0.1 MPa,该检验期不应少于 60 d,也不得大于 90 d;

n——前一检验期内的样本容量,在该检验期内样本容量不应少于 45 组;

其余符号意义同前。

b. 同时满足条件

当混凝土强度等级不高于 C20 时,其强度的最小值尚应满足公式(7.21)。

$$f_{cu,min} \geqslant 0.85 f_{cu,k} \tag{7.21}$$

当混凝土强度等级高于 C20 时,其强度的最小值尚应满足公式(7.22)。

$$f_{cu,min} \geqslant 0.90 f_{cu,k} \tag{7.22}$$

② 当 10 组≤样本容量<45 组时的统计方法

应同时满足公式(7.23)和公式(7.24)。

$$m_{f_{cu}} \geqslant f_{cu,k} + \lambda_1 \sigma_0 \tag{7.23}$$

$$f_{cu,min} \geqslant \lambda_2 f_{cu,k} \tag{7.24}$$

式中 λ_1, λ_2——合格评定系数,见表 7.19;

其余符合意义同前。

表 7.19 混凝土强度的合格评定系数

试件组数 n	$10 \leqslant n \leqslant 14$	$15 \leqslant n \leqslant 19$	$20 \leqslant n < 45$
λ_1	1.15	1.05	0.95
λ_2	0.90	0.85	0.85

(5) 用非统计方法检验评定(综合评定)混凝土强度

当用于评定的样本容量小于 10 组时,应采用非统计方法评定混凝土强度。

按非统计方法评定混凝土强度,其强度应同时满足公式(7.25)和公式(7.26)。

$$m_{f_{cu}} \geqslant \lambda_3 f_{cu,k} \tag{7.25}$$

$$f_{cu,min} \geqslant \lambda_4 f_{cu,k} \tag{7.26}$$

式中 λ_3, λ_4——合格评定系数,见表 7.20;

其余符合意义同前。

表 7.20 混凝土强度的非统计法合格评定系数

混凝土强度等级	<C60	≥C60
λ_3	1.15	1.10
λ_4	0.95	0.95

（6）混凝土强度的合格性评定

当检验结果满足上述规定时，则该批混凝土强度应评定为合格；当不能满足上述规定时，该批混凝土强度应评定为不合格。

对评定为不合格批的混凝土，可按国家现行的有关规定进行处理（根据实际情况采取重新检验、不做处理、返工、修补、退步验收等措施）。

【例 7.2】 某住宅为砖混结构，监理见证取样基础圈梁 11 组 C20 混凝土 28 d 强度分别为 23.2、24.5、20.2、19.5、22.5、25.6、23.8、24.6、25.8、24.6、24.9（单位：MPa）。试问该混凝土抗压强度综合评定采用什么方法，并用选定的方法评定其强度。

【解】

（1）按 10 组 $\leqslant$ 样本容量 $<$ 45 组时的统计方法评定混凝土强度。

（2）11 组样本的平均值 $m_{f_{cu}} = \dfrac{23.2 + 24.5 + \cdots + 24.9}{11} = 23.56$ MPa

（3）按公式（7.20）有，均方差 $\sigma_0 = \sqrt{\dfrac{\sum f_{cu,i}^2 - nm_{f_{cu}}^2}{n-1}} = 2.08$ MPa

（4）按公式（7.23）和公式（7.24）有：

$$m_{f_{cu}} = 23.56 \geqslant f_{cu,k} + \lambda_1 \sigma_0 = 20 + 1.15 \times 2.08 = 22.4 \text{ MPa}$$

$$f_{cu,\min} = 19.5 \geqslant \lambda_2 f_{cu,k} = 0.90 \times 20 = 18.0 \text{ MPa}$$

（5）结论：该 11 组混凝土强度综合评定结果符合《混凝土强度检验评定标准》（GB/T 50107—2010）的要求（该 11 组混凝土强度综合评定结果合格）。

7.6.8　混凝土的耐久性

（1）耐久性的概念

用于建筑物和构造物的混凝土，不仅应具有设计要求的强度，保证能安全承受荷载作用，还应具有耐久性能，能满足在所处环境及使用条件下经久耐用的要求。

混凝土的耐久性可定义为混凝土在长期外界因素作用下，抵抗外部和内部不利影响的能力。它是决定混凝土结构是否经久耐用的一项重要性能。

长期以来，人们认为混凝土的耐久性是不成问题的，形成了单纯追求强度的倾向，但实践证明，混凝土在长期环境因素的作用下，会发生破坏。因此，在设计混凝土结构时，强度与耐久性必须同时予以考虑。只有耐久性良好的混凝土，才能延长结构使用寿命、减少维修保养工作量、提高经济效益，适应现代化建设需要与可持续发展的战略需求。混凝土的耐久性涉及的影响因素多，目前还没有完善的理论体系和检测标准，人们常常用混凝土的抗渗性、混凝土的抗冻性、混凝土的抗侵蚀性、混凝土的碳化、混凝土的碱-骨料反应等方面来多方位衡量混凝土的耐久性。

（2）混凝土的抗渗性

混凝土的抗渗性是混凝土抵抗压力液体（水、油、溶液等）渗透作用的能力。抗渗性是决定混凝土耐久性最主要的因素，若混凝土的抗渗性差，不仅周围水等液体物质易渗入内部，而且当遇有负温或环境水中含有侵蚀性介质时,混凝土易遭受冰冻或侵蚀作用而破坏,对钢筋混凝土还将引起其内部钢筋锈蚀并导致表面混凝土保护层开裂与剥落。因此,对于受压水(或油)作用的工程,如地下建筑、水池、水塔、压力水管、水坝、油罐以及港口工程、海洋工程等,必须要求混凝土具有一定的抗渗能力。

混凝土的抗渗性用抗渗等级 P 表示。根据《普通混凝土长期性能和耐久性能试验方法标准》(GB/T 50082—2009)的规定,混凝土抗渗等级测定采用顶面内径为 175 mm、底面内径为 185 mm、高为 150 mm 的圆台体标准试件,标准养护条件下养护 28 d,在规定试验条件下测至六个试件中有三个试件端面渗水为止,则混凝土的抗渗等级以六个试件中四个未出现渗水时的最大水压力计算,混凝土的抗渗性计算见式(7.27)。

$$P=10H-1 \qquad\qquad (7.27)$$

式中　P——混凝土抗渗等级;

H——六个试件中三个渗水时的水压力(MPa)。

混凝土抗渗等级分为 P4、P6、P8、P10 及 P12 等五级,相应表示混凝土能抵抗 0.4、0.6、0.8、1.0、1.2 (MPa)的水压力而不渗水。设计时应按工程实际承受的水压选择抗渗等级。混凝土抗渗试验仪如图 7.11 所示。

图 7.11　抗渗试验仪

普通混凝土渗水的原因是由于其内部存在有连通的渗水孔道,这些孔道主要来源于水泥中多余水分蒸发和泌水后留下的毛细管道,以及粗骨料下缘聚积的水隙。另外也可产生于混凝土浇捣不密实及硬化后因干缩、热胀等变形造成的裂缝。由水泥浆产生的渗水孔道的多少,主要与混凝土的水胶比大小有关,显然,水胶比愈小,混凝土抗渗性愈好,反之则愈差。因此水胶比是影响混凝土抗渗性的主要因素。

提高混凝土抗渗性的关键在于提高混凝土的密实度。具体措施有:混凝土尽量采用低水胶比;骨料要致密、干净、级配良好;混凝土施工振捣要密实;养护混凝土要有适当的温度、充分的湿度及足够的时间。另外可掺加引气剂或引气减水剂等外加剂,这也是改善混凝土抗渗性的措施。

(3) 混凝土的抗冻性

混凝土的抗冻性是指硬化混凝土在水饱和状态下,能经受多次冻融循环作用而不破坏,同时也不严重降低强度的性能。对于寒冷地区的建筑和寒冷环境的建筑(如冷库),必须要求混凝土具有一定的抗冻融能力。

普通混凝土受冻融破坏的原因,是由于其内部空隙和毛细孔道中的水结冰产生体积膨胀和冷水迁移所致。当这种膨胀力超过混凝土的抗拉强度时,则使混凝土发生微细裂缝,在反复冻融作用下,混凝土内部的细微裂缝逐渐增多和扩大,于是混凝土强度渐趋降低,混凝土表面产生酥松剥落,直至完全破坏。

混凝土的抗冻性与混凝土内部的孔隙数量、孔隙特征、孔隙内充水程度、环境温度降低的程度及反复冻融的次数等有关。当混凝土的水胶比小、含封闭小孔多或开口孔中不充满水时,则混凝土抗冻性好。因此,提高混凝土抗冻性的关键也是提高其密实度,为此对于要求抗冻性的混凝土,其水胶比不应超过0.6。另外,在混凝土中掺加引气剂或引气减水剂,可显著提高混凝土的抗冻性。

按《普通混凝土长期性能和耐久性能试验方法标准》(GB/T 50082—2009)的规定,混凝土的抗冻性以抗冻等级 F 表示。混凝土的抗冻性试验方法分为慢冻法和快冻法。

慢冻法:标准试件为 100 mm×100 mm×100 mm 的立方体试件,标准养护 28 d,在水饱和后,于 20~−15 ℃情况下进行反复冻融,最后以抗压强度下降率不超过 25%、质量损失不超过 5%时,混凝土所能承受的最大冻融循环次数来表示。

快冻法:采用 100 mm×100 mm×400 mm 的棱柱试件,以混凝土耐快速冻融循环后,同时满足相对动弹性模量不小于 60%、质量损失率不超过 5%时的最大循环次数表示。对于抗冻性要求高的混凝土,可采用快冻法。

混凝土的抗冻等级分为 F10、F15、F25、F50、F100、F150、F200、F250 和 F300 等九个等级,其中数字即表示混凝土能经受的最大冻融循环次数。

工程中应根据气候条件或环境温度、混凝土所处部位及经受冻融循环次数等的不同,对混凝土提出不同的抗冻等级要求。

(4) 混凝土的抗侵蚀性

当混凝土所处环境中含有盐、酸、强碱等侵蚀性介质时,对混凝土必须提出抗侵蚀要求,其中尤应重视海水的侵蚀。混凝土的抗侵蚀性主要取决于其所用水泥的品种及混凝土的密实度。密实度较高或具有封闭孔隙的混凝土,环境水等不易侵入,混凝土的抗侵蚀性较强。所以,提高混凝土抗侵蚀性的措施,主要是合理选用水泥品种、降低水胶比、提高混凝土的密实度,以及尽量减少混凝土中的开口孔隙。

氯盐环境(海水、除冰盐)下的配筋混凝土,应采用大掺量或较大掺量的矿物掺合料,且为低水胶比。当单掺粉煤灰时掺量不宜小于 30%,单掺磨细矿渣不宜小于 50%,最好复合两种以上掺用,对于侵蚀非常严重的环境,可掺加 5%硅灰。

氯盐环境下应严格控制混凝土原材料引入的氯离子量,要求硬化混凝土中的水溶氯离子含量对于钢筋混凝土不应超过胶凝材料重量的 0.1%,对于预应力混凝土不应超过 0.06%。《普通混凝土配合比设计规范》(JGJ 55—2011)规定,混凝土拌合物中水溶性氯离子含量应符合表表 7.21 的规定。

表 7.21　混凝土拌合物中水溶性氯离子最大含量

环境条件	水溶性氯离子最大含量(%,水泥用量的质量百分比)		
	钢筋混凝土	预应力混凝土	素混凝土
干燥环境	0.30	0.06	1.00
潮湿但不含氯离子的环境	0.20	0.06	1.00
潮湿且含有氯离子的环境和盐渍土环境	0.10	0.06	1.00
除冰盐等侵蚀物质的腐蚀环境	0.06	0.06	1.00

（5）混凝土的碳化

① 混凝土碳化的影响因素

a. 环境中二氧化碳的浓度

二氧化碳浓度愈大，混凝土碳化作用愈快。一般室内混凝土碳化速度较室外快，铸工车间建筑的混凝土碳化更快。

b. 环境湿度

当环境的相对湿度在 50％～75％时，混凝土碳化速度最快，当相对湿度小于 25％或达100％时，碳化将停止进行，这是因为前者环境中水分太少，而后者环境中水分太多使混凝土孔隙中充满水，二氧化碳不易渗入扩散。

c. 水泥品种

普通水泥水化产物碱度高，故其抗碳化能力优于矿渣水泥、火山灰水泥及粉煤灰水泥，故水泥随混合料掺量的增多碳化速度加快。

d. 水胶比

水胶比愈小，混凝土愈密实，二氧化碳和水不易渗入，故碳化速度慢。

e. 外加剂

混凝土中掺入减水剂、引气剂或引气减水剂时，由于可降低水胶比或引入封闭小气泡，故可使混凝土碳化速度明显减慢。

f. 施工质量

混凝土施工振捣不密实或养护不良时，致使密实度较差而加快混凝土的碳化；经蒸汽养护的混凝土，其碳化速度较标准条件养护时更快。

② 阻滞混凝土碳化的措施

在可能的情况下，应尽量降低混凝土的水胶比。采用减水剂，以达到提高混凝土密实度的目的，这是最有效的措施。

根据环境和使用条件，合理选用水泥品种。

对于钢筋混凝土构件，必须保证有足够的混凝土保护层，以防钢筋锈蚀。

在混凝土表面抹刷涂层（如抹聚合物砂浆、刷涂料等）或粘贴面层材料（如贴面砖等），以防二氧化碳侵入。

在设计钢筋混凝土结构，尤其当确定采用钢丝网薄壁结构时，必须考虑混凝土的抗碳化问题。

（6）混凝土的碱-骨料反应

① 概述

碱-骨料反应是指混凝土内水泥中的碱性氧化物，与骨料中的活性二氧化硅发生化学反应，生成碱-硅酸凝胶，其吸水后会产生很大的体积膨胀（体积增大可达 3 倍以上），从而导致混凝土产生膨胀开裂而破坏，这种现象称为碱-骨料反应。

② 混凝土发生碱-骨料反应必须具备的三个条件

a. 水泥中碱含量高。

b. 砂、石骨料中夹杂有活性二氧化硅成分。含活性二氧化硅成分的矿物有蛋白石、玉髓、鳞石英等,它们常存在于流纹岩、安山岩、凝灰岩等天然岩石中。

　　c. 有水存在。在无水情况下,混凝土不可能发生碱-骨料反应。

　　③ 防止碱-骨料反应的措施

　　混凝土碱-骨料反应进行缓慢,通常要经若干年后才会出现,且难以修复,故必须将问题消灭在发生之前。经检验判定为属碱-碳酸盐反应的骨料,则不宜用作配制混凝土。对重要工程的混凝土所使用的粗、细骨料,应进行碱活性检验,当检验判定骨料为有潜在危害时,应采取下列措施:

　　a. 使用含碱量小于 0.6% 的水泥或采用能抑制碱-骨料反应的掺合料。

　　b. 当使用含钾、钠离子的混凝土外加剂时,必须进行专门试验。

　　c. 对钢筋混凝土采用海砂配制时,砂中氯离子含量不应大于 0.06%。

　　(7) 混凝土的干湿缩涨

　　处于空气中的混凝土失散水分,将引起体积收缩,称为干燥收缩,即干缩。而混凝土受潮后体积将会膨胀,称为湿涨。

　　混凝土干燥和湿涨曲线见图 7.12。该图表明,混凝土在第一次干燥后,如果再放入水中(较高潮湿环境),将发生膨胀。事实上,并非全部初始干燥产生的收缩都能为膨胀所恢复,即使长期置于水中也不可能全部恢复。因此,干燥收缩分为可逆收缩和不可逆收缩两类。可逆收缩属于第一次干缩循环所产生的总收缩的一部分;不可逆收缩则属于第一次干缩总收缩的一部分,在继续的干湿循环过程中不再产生不可逆收缩。经过第一次干燥、再潮湿后混凝土的后期干燥收缩将减少,即第一次干燥由于存在不可逆收缩,改善了混凝土的体积稳定性,这有助于混凝土制品的制造。

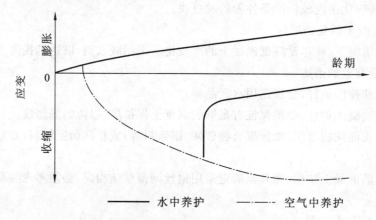

图 7.12　混凝土的干缩和湿涨

　　混凝土中过大的干缩将产生干缩裂缝,使得混凝土综合性能变差,混凝土结构设计中干缩率取值范围为 $1.5 \times 10^{-4} \sim 2.0 \times 10^{-4}$。干缩主要是水泥石产生的,因此,适当降低水泥用量,减少水灰比,是减少干缩的关键。

　　(8) 荷载作用下的变形

　　① 短期荷载作用下的变形

　　混凝土在短期荷载(单轴压缩)作用下的变形分为四个阶段,如图 7.13 所示。

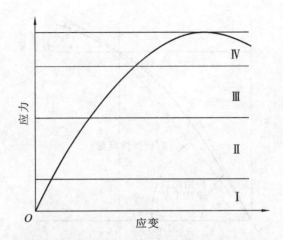

图 7.13 短期荷载作用下混凝土变形的四个阶段

第Ⅰ阶段:混凝土承受的压应力低于30%极限压应力。

在粗骨料和砂浆界面过渡区中,由于泌水、收缩等原因形成的原生界面裂缝基本保持稳定,没有扩展趋势。尽管局部界面区域可能有极少量新的微裂缝产生,这种微裂缝基本稳定。这一阶段,混凝土的抗压应力-应变曲线近似直线。

第Ⅱ阶段:混凝土承受的压应力为30%~50%极限压应力。

过渡区的微裂缝无论在长度、宽度和数量上均随着应力水平的逐步提高而增加。过渡区中的原生界面裂缝由于裂缝尖端的应力集中而在过渡区内稳定缓慢地延伸,但在砂浆基本体中尚未发生开裂。界面裂缝的这种演变,产生了明显的附加应变。在这一阶段,混凝土的抗压应力-应变曲线随着界面裂缝的演变逐渐偏离直线,呈现曲线状态。

第Ⅲ阶段:混凝土承受的压应力为50%~75%极限压应力。

一旦应力水平超过50%极限压应力,界面裂缝就变得不稳定,而且逐渐延伸到砂浆基本体中,同时砂浆基本体也开始形成微裂缝。当应力水平进一步从60%极限压应力增大到75%极限压应力时,砂浆基本体中的裂缝也逐渐增大,产生不稳定扩展。在应力水平达到75%极限压应力时,整个裂缝体现变得不稳定,过渡区裂缝和砂浆基本体裂缝的搭接开始发生,此时的应力水平称为临界压应力。

第Ⅳ阶段:混凝土承受的压应力超过75%极限压应力。

随着应力水平的增长,基本体和过渡区中的裂缝处于不稳定状态,迅速扩展成为联系的裂缝体系。混凝土产生非常大的应变,其抗压应力-应变曲线明显弯曲,趋向水平,直至达到极限压应力。

综上所述,混凝土在不同应力状态下的力学性能特征与其内部裂缝演变规律有密切关联。这为钢筋混凝土和预应力混凝土结构设计,规定相应的一系列混凝土力学性能指标(混凝土强度等级、疲劳强度、长期荷载作用下混凝土的强度、预应力取值、弹性模量等)提供了依据。

混凝土的弹性模量在结构设计、计算钢筋混凝土的变形和裂缝的开展中是不可缺少的参数。因混凝土应力-应变曲线的高度非线性,表征混凝土的模量有初始切线弹性模量、切线弹性模量和割线弹性模量,如图7.14所示。

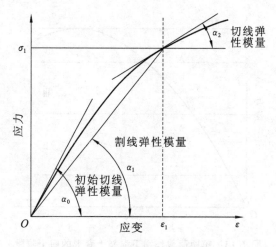

图 7.14　混凝土的弹性模量

　　a. 初始切线弹性模量

从曲线起点对曲线所作的切线的斜率,在混凝土抗压的初始加荷阶段,原来存在于混凝中的裂缝会在所加荷载作用下引起闭合,从而导致应力-应变曲线开始时稍呈凹形,使初始切线弹性模量不易求得。该模量只适用于小应力、小应变,在工程结构设计计算中并无多大实际意义。

　　b. 切线弹性模量

该值为应力-应变曲线上任意点对曲线所作切线的斜率。仅仅适用于考察某特定荷载处,较小的附加应力所引起的应变反应。

　　c. 割线弹性模量

该值为应力-应变曲线原点与曲线上相应于 30% 极限压应力的点连线的斜率。该模量包括了非线性部分,容易测量准确,适宜应用于工程中。混凝土强度等级从 C15～C60,其弹性模量范围是 $2.20 \times 10^4 \sim 3.60 \times 10^4$ MPa。

　　② 徐变

混凝土在长期荷载作用下随着时间的推移而增加的变形,称为徐变。

混凝土徐变在加荷早期增长较快,以后逐渐减弱。当混凝土卸载后,一部分变形(主要是弹性变形)迅速恢复,还有一部分要经过一段时间才能逐渐恢复,这部分变形称为徐变。剩余部分是不可恢复变形,称为残余变形,如图 7.15 所示。

混凝土的徐变对混凝土、钢筋混凝土及预应力混凝土的应力和应变状态有较大影响。徐变可能超过弹性变形,甚至达到弹性变形的 2～4 倍。在某些情况下,徐变有利于削弱由温度、干缩等引起的约束变形,从而防止裂缝的产生。但在预应力混凝土结构中,徐变将产生应力松弛,引起预应力损失,减弱施加在结构中的预应力,造成不利影响。

　　影响混凝土徐变大小的主要因素也是水泥用量和水胶比,水泥用量越多,水胶比越大,徐变就越大。它们之间的理论关系需要进一步研究。

　　(9) 提高混凝土耐久性的措施

根据中国土木工程学会标准《混凝土结构耐久性设计与施工指南》(CCES 01—2004)

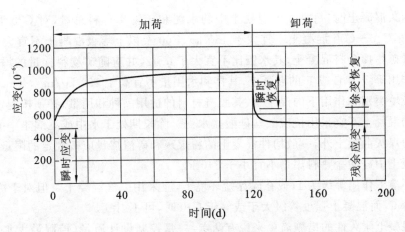

图 7.15 混凝土应变与加荷时间关系

(2005年修订版),混凝土按结构所处环境对钢筋和混凝土材料的不同腐蚀作用分为Ⅰ、Ⅱ、Ⅲ、Ⅳ、Ⅴ共五类,见表7.22。并将环境作用的严重程度分为A、B、C、D、E、F共六个等级,见表7.22。严重性从A到F依次递增。另外提出结构使用年限有100年、50年和30年三种要求。提出配制耐久混凝土的一般原则:①选用质量稳定、低水化热和含碱量偏低的水泥,尽可能避免使用早强水泥和C_3A含量偏高的水泥;②选用坚固耐久、级配合格、粒形良好的洁净骨料;③使用优质粉煤灰、矿渣等矿物掺合料或复合矿物掺合料,作为一般情况下配置耐久混凝土的必需组分;④使用优质引气剂,作为配置耐久混凝土的常规手段;⑤尽量降低拌合用水量,采用高效减水剂;⑥高度重视骨料级配与粗骨料粒形要求;⑦限制每立方米混凝土中胶凝材料的最低和最高用量,尽可能减少硅酸盐水泥用量。除此之外,还应保证混凝土施工质量,即混凝土要搅拌均匀、浇捣密实、加强养护,避免产生次生裂缝。

表 7.22 环境分类及环境作用等级

类别	名称	作用等级	作用程度的定性描述
Ⅰ	碳化引起钢筋锈蚀的一般环境	A	可忽略
Ⅱ	反复冻融引起混凝土冻蚀环境	B	轻度
Ⅲ	海水氯化物引起钢筋锈蚀的近海或海洋环境	C	中度
Ⅳ	除冰盐等其他氯化物引起钢筋锈蚀环境	D	严重
Ⅴ	其他化学物质引起混凝土腐蚀环境	E	非常严重
Ⅴ1	土中和水中的化学腐蚀环境	F	极端严重
Ⅴ2	大气污染环境	—	
Ⅴ3	盐结晶环境	—	

《混凝土结构耐久性设计与施工指南》(CCES 01—2004)(2005年修订版)提出,不同环境作用等级和不同使用年限的钢筋混凝土结构和预应力混凝土结构,其混凝土的最低强度等级、最大水胶比和每立方米混凝土胶凝材料最低用量为:

配置耐久混凝土时,每立方米混凝土中的水泥和矿物掺合料总量,对 C30 混凝土不宜大于 400 kg,C40～C50 混凝土不宜大于 450 kg,C60 及以上等级混凝土不宜大于 500 kg。对于大掺量矿物掺合料混凝土,其水胶比不宜大于 0.42,并应随矿物料掺量的增加而降低。用于环境作用等级为 E 或 F 的混凝土,其拌和水用量不宜高于 150 kg/m^3。

不同环境类别和作用下的混凝土,其胶凝材料的适用品种和用量,必须按规定选用。海水环境下的混凝土不宜采用抗硫酸盐硅酸盐水泥。除长期处于水中或湿润土中的构件可采用大掺量粉煤灰混凝土外,一般构件混凝土的粉煤灰和矿渣掺量应按规定的限量掺入,且每立方米混凝土中硅酸盐熟料用量不宜小于 240 kg。

冻融环境下作用等级为 D 或在除冰盐环境下,应采用引气混凝土。但对于冻融环境下作用等级为 C,而混凝土强度等级大于或等于 C40 时,可不引气。

控制混凝土耐久性的措施简单来说有两点:一是控制设计质量(控制最大水胶比、控制最小水泥用量);二是控制施工质量(控制原材料中的砂、石、水泥质量;控制材料均匀混合;控制浇注振捣质量;控制模板质量,特别是空心梁板的芯模;控制混凝土的养护,特别是高温条件下的养护和冬季低温养护)。

【典型例题及参考答案】

1. 部分工地存在下列几种现象。

(1) A 工地没有条件进行 C30 混凝土配合比设计及验证,于是采用另外一个地区的熟人工地上的 C30 配合比进行施工。

(2) B 工地试验人员非常有经验,进行了 C30 混凝土配合比设计,但是没有进行配合比验证,就直接按照设计的配合比施工。

(3) C 工地试验人员对采用 E 厂水泥＋F 料场的砂石＋G 厂的外加剂进行了 C30 配合比设计和验证,后来因为生产外加剂的 G 厂倒闭,C 工地决定采用 W 厂的外加剂。C 工地没有重新进行配合比设计和验证,按照之前的配合比直接使用 W 厂的外加剂。

分析上述 3 种现象是否正确,如果不正确,给出正确的做法。

【解】

(1) 题干中 A 工地做法不正确,因为另外一个地区的材料与 A 工地材料相差较大,出现了实际使用的材料与配合比设计和验证时的材料完全不一致现象。

正确做法:在没有条件进行配合比设计及验证时,应对外委托符合配合比设计及验证资质的检测单位,进行该配合比的设计及验证;外委送检材料必须是将来工地上使用的实际材料,避免出现送检材料与将来实际使用的材料不一致的现象。

(2) 题干中 B 工地做法不正确,因为没有进行配合比验证就直接施工,难以判断该混凝土的配合比是否满足工作性能和 28 d 强度要求。

正确做法:混凝土配合比不仅需要设计,还需要进行验证,包括验证混凝土的工作性(符合预期坍落度)和 28 d 强度(略大于配制强度),到达技术经济合理。

(3) 题干中 C 工地做法不正确,因为 W 厂与 G 厂的外加剂相去甚远,原材料的品种已经发生显著变化,该配合比没有重新设计和验证就直接使用,可能导致严重后果。

正确做法:当混凝土中各个组成(水泥、外加剂或矿物掺合料等)原材料的品种、质量有显著变化时,应重新进行配合比设计和验证。

2.某桥上部结构采用预应力混凝土连续箱梁。箱梁混凝土强度受到弯矩、剪力及相应的压应力、支座反力、预应力钢束回缩反力影响,其中最不利的抗压强度作为选择混凝土强度等级的重要依据。选择或根据经验拟定好混凝土强度等级后,还需结合《公路钢筋混凝土及预应力混凝土桥涵设计规范》(JTG D62—2004)局部承压构件,验算该箱梁的混凝土是否满足局部承压要求。

①箱梁传到每一个支座的最不利竖向荷载 22 MN(2200 t),选择支座 GPZ(Ⅱ)27.5GD。GPZ(Ⅱ)27.5GD 即公路盆式钢支座极限承载力 27.5 MN(2750 t),支座受力面积 1.43 m×1.22 m。

②上部结构采用若干箱梁顶板及腹板预应力钢束、箱梁底板预应力钢束,预应力钢绞线均采用极限抗拉强度 1860 MPa、直径 15.2 mm 的高强低松弛钢绞线。其中最多的一束钢绞线是 15 根,每一根钢绞线张拉力约 200 kN(20 t),该束钢绞线采用锚具,交通标准 15 孔锚具型号 YM15-15 直径 166 mm、高度 60 mm,相应锚下垫板直径 300 mm。

根据上述题干,假定(实际控制因素较多)该箱梁混凝土最不利抗压强度受到①支座和②钢绞线回缩控制,拟定该箱梁的混凝土强度等级。

【解】

(1)混凝土强度等级选择规则

混凝土强度选择规则有两条:一是通用规则或默认规则;二是计算规则。当受力计算大于通用规则时,按照计算值选择;当受力计算小于通用规则时,按照通用规则选择。

通用规则或默认规则举例:按照《公路钢筋混凝土及预应力混凝土桥涵设计规范》(JTG D62—2004)第 3.1.2 条规定,预应力混凝土构件混凝土强度等级不低于 C40。规范中提到预应力混凝土采用高标号的原因是"为了协调和减少徐变损失以及考虑经济效果"。在预应力混凝土中一般采用高强混凝土和高强预应力筋(钢绞线),混凝土标号一般不低于 C40。混凝土考虑抗压强度,考虑结构中多处可能出现抗压强度较大值,并取其中最大或最不利值作为设计控制值,在此基础上加上安全系数,就是该结构抗压强度设计理论值,依据此设计理论值选择混凝土等级。

(2)计算

题干①考虑支座处(竖向)箱梁可能会出现抗压强度较大值:

计算受压截面积　　　　$A_{支座}=1.43\times1.22=1.7446\ \text{m}^2$

计算抗压强度理论值　　$f_{支座}=\dfrac{F}{A_{支座}}=\dfrac{27.5\times10^6}{1.7446\times10^6}=15.76\ \text{MPa}$

题干②考虑锚具处(纵向)箱梁可能会出现抗压强度较大值:

计算受压截面积　　　　$A_{锚具}=\dfrac{\pi d^2}{4}=\dfrac{\pi\times300^2}{4}=70685.83471\ \text{mm}^2$

计算抗压强度理论值　　$f_{锚具}=\dfrac{F}{A_{锚具}}=\dfrac{200\times10^3\times15}{70685.83471}=42.44\ \text{MPa}$

取①和②中较大值作为抗压强度值,锚具下垫板的抗压强度较大,为 42.4 MPa,综合考虑箱梁混凝土强度受到弯矩、剪力及相应的压应力、支座反力、预应力钢束回缩反力影响,其中最不利的抗压强度作为选择混凝土强度等级的重要依据。选取该梁的混凝土强度等级 C55。

该混凝土强度等级 C55 经过支座剪力、跨中弯矩相应的压应力验算,并按照《公路钢筋混凝土及预应力混凝土桥涵设计规范》(JTG D62—2004)局部承压构件验算,符合要求。

最终选取该连续箱梁混凝土强度等级为 C55。

该例题重点不在例题涉及的知识点本身,知识点本身只是土木工程中的一个小点而已,重点在于让读者了解水泥混凝土强度等级,是受到结构中可能的多个抗压强度控制,需要按照相关规范进行综合考虑,充分理解混凝土强度等级选择原则。

3. 某住宅的框架柱,现场取样 6 组 C30 混凝土 28 d 强度分别为 29.5、30.6、33.8、34.6、31.6、32.3(MPa)。回答下列问题:

(1) 一组(单组)标准混凝土试件(150 mm×150 mm×150 mm)是多少个? 一组混凝土标准试件 28 d 强度如何确定?

(2) 直观感觉,题干中哪组混凝土强度合格? 哪组混凝土强度不合格?

(3) 测试强度低于混凝土设计标号 C30 的 30 MPa,该试样就不合格吗? 测试强度高于混凝土设计标号 C30 的 30 MPa,该试样就合格吗?

(4) 题干中 6 组综合评定应采用什么方法? 试用该方法评定该 6 组混凝土。

【解】

(1) 一组(单组)标准混凝土试件(150 mm×150 mm×150 mm)是 3 个。

一组混凝土标准试件 28 d 强度按照下列标准确定:三个试件测值的算术平均值作为该组试件的强度值(精确至 0.1 MPa);三个测值中的最大值或最小值如有一个与中间值的差值超过中间值的 15% 时,则把最大值及最小值一并舍去,取中间值作为该组试件的抗压强度值;如最大值和最小值与中间值的差值均超过中间值的 15% 时,则该组试件的试验结果无效,此时并不说明该组混凝土强度不合格,而是该组试验无效。

(2) 直观感觉,题干中好像 29.5 MPa 这一组强度不合格,其余超过 30 MPa 的各组混凝土强度都合格。但是最终是否合格要根据混凝土强度评定标准进行评定。

(3) 测试强度低于混凝土设计标号 C30 的 30 MPa 的试样不一定不合格。测试强度高于混凝土设计标号 C30 的 30 MPa 的试样也不一定合格。最终是否合格要根据混凝土强度评定标准进行评定。

(4) 根据《混凝土强度检验评定标准》(GB/T 50107—2010),题干中 6 组混凝土应该采用非数理统计法进行混凝土强度的综合评定。

6 组样本的平均值:$m_{f_{cu}} = \dfrac{29.5+30.6+33.8+34.6+31.6+32.3}{6} = 32.1$ MPa

平均条件:$\qquad m_{f_{cu}} = 32.1 < \lambda_3 f_{cu,k} = 1.15 \times 30 = 34.5$ MPa

极限条件:$\qquad f_{cu,min} = 29.5 \geqslant \lambda_4 f_{cu,k} = 0.95 \times 30 = 28.5$ MPa

按照《混凝土强度检验评定标准》(GB/T 50107—2010)应同时满足平均条件和极限条件才能评定混凝土综合评定合格。因平均条件不满足,题干中 6 组混凝土综合评定不合格。

 复习思考题

7.1 什么是水泥混凝土?

7.2 普通水泥混凝土有哪四大部分?

7.3 常用的普通混凝土的表观密度是多少？

7.4 混凝土按其所用的胶凝材料分类较多,常用的有哪两类？

7.5 混凝土按生产和施工方法可分为哪几类？

7.6 混凝土的优点有哪些？

7.7 混凝土的缺点有哪些？

7.8 配制一般普通混凝土水泥强度等级为混凝土强度等级的多少倍左右？

7.9 配制高强度混凝土水泥强度等级为混凝土强度等级的多少倍左右？

7.10 配制混凝土时,若对拟用水的水质有怀疑时,怎么处理？

7.11 配制混凝土时,若对拟用水的水质有怀疑时,需要进行对比试验,对比试验的凝结时间和 28 d 抗压有何具体指标要求？

7.12 对于涉及使用年限为 100 年的结构混凝土,氯离子含量不得超过多少？对于预应力混凝土,氯离子含量不得超过多少？

7.13 混凝土外加剂分为哪两大类？

7.14 混凝土外加剂按其主要使用功能分为哪四类？

7.15 混凝土外加剂有哪几方面的作用？

7.16 商品混凝土的外加剂有哪些？哪种外加剂用途最广？

7.17 土木工程中用作混凝土的掺合料有哪些？其中哪类是目前使用量最大、使用范围最广的一种掺合料？

7.18 拌制混凝土和砂浆用的粉煤灰分为哪两类？

7.19 F 类和 C 类粉煤灰根据其技术要求分为哪几个等级？其中哪类品质最好？

7.20 粉煤灰效应分哪几类？

7.21 混凝土掺用粉煤灰的工程应用有哪些？

7.22 一般掺加粉煤灰的混凝土早期强度不高,后期较长时间强度将继续增长。粉煤灰混凝土强度等级的龄期,地面工程宜为多少天？地下工程宜为多少天？大体积混凝土工程宜为多少天？

7.23 混凝土的技术性质包括哪两点？

7.24 表征混凝土水泥浆的工作性在目前工程实践上常用什么方法？

7.25 表征混凝土的力学性质常用混凝土的强度包括哪些？其中什么强度用来衡量混凝土的标号强度？什么强度用来衡量路面混凝土的弯拉强度(又称为抗折强度)？

7.26 新拌混凝土工作性的概念是什么？它包括哪三方面的含义？

7.27 坍落度法适用于什么混凝土？

7.28 维勃稠度法适用于什么混凝土？

7.29 扩展度适用于什么混凝土？

7.30 新拌混凝土按照坍落度划分为哪几个等级？

7.31 新拌混凝土按照维勃稠度划分为哪几个等级？

7.32 泵送混凝土拌合物的坍落度通常为多少？

7.33 水下混凝土的坍落度宜控制在什么范围？

7.34 当构件截面尺寸较小或钢筋较密时,坍落度可以选择大些。这一结论正确吗？

7.35　当构件截面尺寸较大或钢筋较稀疏,或采用振动器振捣时,坍落度可以选择小些。这一结论正确吗?

7.36　原则上在不妨碍施工操作并能保证振捣密实的条件下,尽可能用较小的坍落度,以节约水泥并获得质量较高的混凝土。这一结论正确吗?

7.37　什么是砂率?什么是最佳砂率?

7.38　改善和易性的措施有哪些?

7.39　水泥凝结时间和混凝土凝结时间的工程意义是什么?

7.40　水泥凝结时间的测定仪器是什么?混凝土凝结时间的测定仪器是什么?

7.41　什么是混凝土的经时损失?泵送混凝土拌合物的坍落度经时损失不宜大于多少?

7.42　水泥混凝土立方体抗压强度的标准养护条件是什么?

7.43　水泥混凝土试件抗压时,对压力机的量程有何要求?

7.44　一组(又称为单组)混凝土三个试件强度如何评定?

7.45　某施工现场取样一组 C30 混凝土试件,28 d 抗压强度分别为 37.8、36.7、37.9(MPa)。问该组混凝土抗压强度是否有效,为什么?如果有效,其单组强度为多少?

7.46　某施工现场取样一组 C30 混凝土试件,28 d 抗压强度分别为 30.8、36.7、37.9(MPa)。问该组混凝土抗压强度是否有效,为什么?如果该混凝土抗压强度有效,单组混凝土强度为多少?

7.47　水泥混凝土立方体抗压强度标准试件的尺寸是多少?非标准试件有哪些?它们的 28 d 强度换算系数是多少?

7.48　高强混凝土是指什么?

7.49　轴心抗压强度的棱柱体标准试件的尺寸是多少?

7.50　公路路面的普通混凝土配合比设计在兼顾经济性的同时,应满足哪三项技术要求?

7.51　写出混凝土强度公式。从公式中可以看出水胶比越大,则混凝土强度越高,这一判断正确吗?

7.52　混凝土强度公式中可以看出,水泥强度等级越高,胶凝材料 28 d 胶砂抗压强度就越高,混凝土 28 d 混凝土强度也就越高。这一判断正确吗?

7.53　什么叫作骨灰比?骨灰比对多少以上的混凝土强度影响很大?

7.54　《混凝土结构工程施工规范》(GB 50666—2011)规定,应在浇筑完毕后的 12 h 以内,对混凝土加以覆盖,并保湿养护;混凝土浇水养护的时间:对采用硅酸盐水泥、普通硅酸盐水泥或矿渣硅酸盐水泥拌制的混凝土,不得少于什么时间?对掺用缓凝型外加剂或有抗渗要求的混凝土以及高强度混凝土,不得少于什么时间?

7.55　写出普通混凝土龄期与强度关系的公式,该公式使用的时间范围是什么?该公式适用于早强水泥拌制的混凝土和掺加了早强剂的混凝土吗?某 C30 混凝土现场取样测定其 6 d 的抗压强度值为 18.7 MPa,根据该公式推测其 28 d 的强度为多少?

7.56　提高混凝土强度的措施有哪些?

7.57　某施工项目部较早之前已经批准了重要结构混凝土 C40 的配合比,而实际施工现场经过随机抽样检测发现拟定实际使用的原材料、掺合料、外加剂与批准的配合比试配时使用的原材料、掺合料和外加剂差别较大。对于试验检测人员怎么处理这种情况？

7.58 什么是混凝土配合比？施工现场常以什么表示？

7.59 某办公楼，框架梁所用的 C30 混凝土 1 m³ 配合比为 $m_{c0}:m_{w0}:m_{s0}:m_{g0}=390:190:692:1200$（单位：kg），$m_{c0}$、$m_{w0}$、$m_{s0}$ 和 m_{g0} 分别表示水泥、水、人工砂和碎石的质量，完成下列内容：（1）如果让你选择普通硅酸盐水泥（P·O），应选择哪个强度等级。（2）工地实验室需要做该配合比的 28 d 平行试验以验证标准配合比的强度要求做两组标准试件，并测定其坍落度，取样量应多于试验所需量的 1.5 倍，且试验用量不小于 25 L（升），计算其试验材料用量。（3）现场天然中砂含水率为 4%。搅拌机的额定容量为 0.2 m³，每次拌和 1 袋水泥（50 kg），计算每盘材料需要掺加水、人工砂和碎石的质量。

7.60 某砖混结构职工住宅楼，基础圈梁所用的 C20 混凝土 1 m³ 配合比为 $m_{c0}:m_{w0}:m_{s0}:m_{g0}=310:200:722:1250$（单位：kg），$m_{c0}$、$m_{w0}$、$m_{s0}$ 和 m_{g0} 分别表示水泥、水、人工砂和碎石的质量，完成下列内容：（1）配制 15 m³ 这样的混凝土分别需要准备水泥、水、人工砂和碎石的理论质量是多少？（2）搅拌机的额定容量为 0.5 m³，但是每盘拌和只掺加两袋水泥，计算每盘材料需要掺加水、人工砂和碎石的质量。

7.61 当混凝土的设计强度等级小于 C60 时，写出该混凝土的配制强度公式。

7.62 有关混凝土的名词解释：干硬性混凝土、抗渗混凝土、抗冻混凝土、大体积混凝土、胶凝材料、矿物掺合料掺量、外加剂掺量。

7.63 写出混凝土强度配合比设计步骤。

7.64 进行混凝土配合比的试配时，因采用三个不同的配合比，其中一个是基准配合比，另外两个配合比在水胶比、用水量和砂率方面有何要求？

7.65 遇到什么情况时，需要重新进行配合比设计？

7.66 混凝土强度试件的取样频率和数量有何要求？

7.67 混凝土强度综合评定方法有哪些？

7.68 某大桥六组 C30 桩基础混凝土 28 d 抗压强度为：35.8、37.8、36.7、28.2、38.8、37.9（单位：MPa）。问该混凝土抗压强度综合评定采用什么方法，并用选定的方法评定其强度。

7.69 提高混凝土的抗渗性的关键是什么？提高混凝土抗渗性的具体措施是什么？

7.70 提高混凝土耐久性的措施有哪两点？

8 特种混凝土

8.1 高强混凝土与高性能混凝土

8.1.1 高强混凝土

现代工程结构正在向超高、大跨、重载方向发展,对混凝土强度的要求越来越高。美国混凝土协会(ACI)高强混凝土委员会将 28 d 抗压强度大于或等于 50 MPa 的混凝土定义为高强混凝土。在我国,通常将强度等级大于或等于 C60 的混凝土称为高强混凝土(High Strength Concrete,简写为 HSC)。

(1)高强混凝土的原材料

① 水泥

硅酸盐水泥、普通硅酸盐水泥及掺活性混合材的硅酸盐水泥均可以用于配制高强混凝土。用于高强混凝土的水泥强度等级应不低于 42.5。通常,配制高强混凝土时,需掺加高效减水剂。使用萘系或三聚氰胺硫黄盐类高效减水剂时存在与水泥的适应性差的问题,新一代的聚羧酸系高效减水剂与大多数水泥的适应性强,坍落度损失小。

② 集料

由于高强混凝土的水胶比低,基体和界面区结构致密,部分集料,如花岗岩和石英岩由于温度应力容易在界面过渡区产生微裂缝,因此,配置高强混凝土的集料应具有高的强度、高的弹性模量和低的热膨胀系数。在特定的水胶比下,减小粗集料的最大粒径可以显著提高混凝土的强度,因此,粗集料的粒径不宜大于 31.5 mm。配制强度为 70 MPa 的混凝土时,适宜的粗集料最大粒径是 20~25 mm,配制强度为 100 MPa 的混凝土时,宜用最大粒径 14~20 mm 的粗集料,而配置强度超过 125 MPa 的超高强混凝土时,粗集料的最大粒径控制在 10~14 mm。细集料宜采用中砂,细度模数应大于 2.6,可达 3.0,略高于普通混凝土用砂的细度模数。

③ 外加剂

高强混凝土可使用一种或多种外加剂,如高效减水剂、缓凝剂、引气剂等。高强混凝土通常还掺用矿物外加剂,如粉煤灰、矿渣和硅灰等。

(2)高强混凝土配合比

高强混凝土的水泥用量通常高于 400 kg/m³,但水泥基材料的总量一般不大于 600 kg/m³。水泥基材料的用量过高会导致水化热高、干燥收缩大,而且水泥用量超过一定范围后,混凝土的强度不再随水泥用量的增加而提高。为降低混凝土的干燥收缩、减小徐变,应尽可能降低水胶比。

（3）高强混凝土的性能与应用

高强混凝土通过使用高效减水剂，即使水胶比很低，新拌混凝土的坍落度仍可达 200～250 mm。由于粉料用量高，很少出现离析和泌水现象。

因水泥用量高，高强混凝土的自收缩不可忽视。根据理论计算，高强混凝土的自收缩值可达 $220×10^{-6}$ m，实测值与理论计算结果的数值一致。高强混凝土水化热大，绝热温升高，用于大体积混凝土时易产生开裂。高强混凝土的干燥收缩大，长龄期高强混凝土的干燥收缩高达 $(500～700)×10^{-6}$ m，即每米收缩 0.5～0.7 mm。水胶比低于 0.29 时，干燥收缩略有降低。高强混凝土的徐变通常是普通混凝土的 1/2～1/3。混凝土的强度越高，徐变越小。弹性模量为 40～50 GPa。

高强混凝土由于结构致密，具有极高的抗渗性和抗溶液腐蚀性能。

高强混凝土可用于高层建筑的基础、梁、柱、楼板，预应力混凝土结构、大跨度桥梁、海底隧道、海上平台、现浇混凝土桥面板、洒除冰盐的车库。

8.1.2 高性能混凝土

随着现代工程结构的高度、跨度和体积不断增加，结构越来越复杂，使用环境日益严格，工程建设对混凝土性能的要求越来越高，使用寿命要求越来越长。近年来，为了适应土木工程的发展，人们对高性能混凝土（High Performance Concrete，简写为 HPC）给予了越来越多的关注。

（1）HPC 的定义

Mehta 和 Aitcin 于 1990 年首先提出 HPC 的概念，并将具有高工作性、高强度和高耐久性的混凝土定义为高性能混凝土。ACI 于 1998 年提出的 HPC 的定义是：能同时满足性能和通过传统的组成材料、拌和工艺、浇筑和养护而达到特殊要求的混凝土。因此，HPC 应具有满足特殊应用和环境的某些特性，如易于浇筑，不离析，早强，密实，长期强度和力学性能高，渗析性和水化热低，韧性和体积稳定性好，耐久性能好。

中国土木工程学会标准《混凝土结构耐久性设计与施工指南》（CCES 01—2004）（2005年修订版）对 HPC 的定义是：以耐久性为基本要求并满足工程其他特殊性能和匀质性要求，用常规材料和常规工艺制造的水泥基混凝土。这种混凝土在配合比上的特点是掺加合格的矿物掺合料和高效减水剂，采用较小的水胶比和较小的水泥用量，通过严格的质量控制，使其达到良好的工作性、均匀性、密实性和体积稳定性。

由此可见，我国土木工程学会标准对 HPC 的定义中，强调了高工作性、高耐久性及高体积稳定性才是 HPC 的基本特性，而非高性能混凝土一定要求其具有高强度。

（2）HPC 的组成材料、性能及应用

高性能混凝土的组成材料具有水胶比低、胶凝材料用量少、掺加活性混合材等特点。HPC 使用的水泥基材总量一般不超过 400 kg/m³，其中粉煤灰或磨细矿渣粉的掺量可达30%～40%。为了同时满足低水胶比、少胶凝材料用量及高工作性要求，配置 HPC 时均需使用高效减水剂。HPC 具有如下特性及应用：

① 自密实性

HPC 用水量较低，但由于使用了高效减水剂，并掺加适量的活性混合材，流动性好，抗离析性高,具有优异的填充密实性。因此,HPC 适用于结构复杂、用普通振捣密实方法施工难以进行的混凝土结构工程。

② 体积稳定性

HPC 对混凝土变形能力的具体要求可通过优选适宜的原材料(包括骨料、水泥、混合材、外加剂),优化施工工艺来达到。因此,HPC 有较好的体积稳定性和抗裂能力。

③ 水化热

由于使用了大量的火山灰质矿物掺合料,HPC 的水化热低于 HSC,这对大体积混凝土结构非常有利。

④ 抗渗性

掺加了活性混合材料的 HPC 渗透性低,特别是 Cl^- 的渗透性较普通混凝土大幅度降低。掺加 7%～10% 的硅灰、偏高岭土或稻壳灰后,HPC 的渗透性(特别是 Cl^- 的渗透性)更低。因此,HPC 特别适用于抗渗性要求高的水下工程或海洋工程。

⑤ 耐久性

现代许多复杂的混凝土结构设计寿命长达 100～200 年,要求混凝土暴露在侵蚀性环境中工作时不出现裂缝,在相当长的时间内应具有极高的抗渗性。HPC 适应变形能力好,抗裂性高,抗侵蚀性强,使用寿命长。因此,HPC 可用于海上钻井平台、大跨度桥梁、高速公路桥面板等高耐久、长寿命要求的工程。

8.2　自密实混凝土

对于密集配筋混凝土结构、异形混凝土结构(如拱形结构、变截面结构等)、薄壁混凝土结构、水下混凝土结构等,采用需振捣密实的普通混凝土已不能满足这些特殊结构的施工要求。近年来,自密实混凝土因其流动性大、无需振捣、能自动流平并密实的优异特性得到快速发展。

自密实混凝土(简写 SCC)是指混凝土拌合物具有良好的工作性,即使在密集配筋条件下仅靠混凝土自重作用而无需振捣也能均匀密实成型的高性能混凝土。SCC 可用于难以浇注甚至无法浇注的结构,解决传统混凝土施工中的振捣、过振以及钢筋密集难以振捣等问题,可保证钢筋、预埋件、预应力孔道的位置不因振捣而移位。SCC 还可增加结构设计的自由度。同时,SCC 能大量利用工业废料做矿物掺合料,大幅度降低工人劳动强度,降低施工噪音,改善工作环境。

8.2.1　原材料和配合比

(1) 原材料

通常,根据针对离析和泌水采取方法的不同将 SCC 分为两种:一种是水泥等粉状材料用量高于 400 kg/m^3 的 SCC;另一种是使用增稠剂(如水解淀粉、硅灰、超细无定形胶状硅酸)的 SCC。前者通过提高粉状材料的用量提高拌合物的黏聚性,后者通过增稠剂提高拌合物的黏聚性。除水泥外,SCC 用粉状材料包括惰性和半惰性填料(如石灰石粉,火山灰质材料如粉煤灰、硅灰),水硬性材料(如磨细矿渣粉)。矿物填料的粒径宜小于 0.125 mm,且

0.063 mm 筛的通过率大于 70%。

集料:SCC 中粒径小于 0.125 mm 的材料为粉料。配制 SCC 时应测试集料的含水率、吸水率、级配;集料使用前最好用水洗干净。粗集料的最大粒径主要取决于钢筋间距,通常为 12～20 mm。

（2）SCC 的配合比

与普通混凝土相比,SCC 的配合比具有粗集料用量低、浆体含量高、水胶比（水与粒径小于 0.125 mm 固体粉料的质量比）低、高效减水剂掺量高、有时使用增稠剂等特点。

表 8.1 是 SCC 配合比设计主要参数范围。

表 8.1　SCC 配合比设计主要参数范围

组分	典型的质量参量范围（kg/m³）	典型的体积参量范围（L/m³）
粉料	380～600	
浆体		300～380
水	150～210	150～210
粗集料	750～1000	270～360
细集料（砂）	砂率 48%～55%（质量比）	
水粉体积比		0.85～1.10

自密实混凝土拌合物工作性包括:填充性、间隙通过性和抗离析性。

自密实混凝土与普通混凝土的主要区别是自密实混凝土具有很好的流变特性。通常,SCC 的坍落度大于 200 mm,坍落度扩展度大于 600 mm,不需振捣、自动流平密实。

8.2.2　SCC 的性能及应用

单位用水量或水胶比相同的条件下,由于 SCC 不需要振捣,浆体与集料的界面得到改善,因此,SCC 的抗压强度略高于普通混凝土,其浆体与钢筋的黏结强度也比普通混凝土的高。SCC 的强度发展规律与普通混凝土一致。普通 SCC 的水胶比为 0.45～0.50,28 d 抗压强度约 40 MPa。通过调整水胶比和组成材料,可配制高强 SCC、轻质 SCC 和低热 SCC。

SCC 浆体体积高于普通混凝土,SCC 的干燥收缩和温度收缩均高于普通混凝土,弹性模量则略低,徐变系数略高于同强度的普通混凝土。但用水量或水胶比相同时,SCC 的徐变略低于普通混凝土,由徐变和收缩引起的总变形则与普通混凝土接近。掺加有机纤维和钢纤维可降低 SCC 的早期塑性收缩和后期干燥收缩及提高韧性,但纤维的加入会降低 SCC 的工作性和间隙通过能力。SCC 的均匀性好,耐久性比普通混凝土高。

SCC 的热膨胀系数与普通混凝土相同,为 $10×10^{-6}～13×10^{-6}/℃$。

SCC 可用于密集配筋条件下的混凝土施工,结构加固与维修工程中混凝土的施工,钢管混凝土、大体积混凝土和水下混凝土施工,以及薄壁结构、拱形结构等形状复杂的钢筋混凝土施工。

8.3　泵送混凝土和喷射混凝土

混凝土的生产和施工除了采用常规的现场搅拌、浇注方法外,还可以采用泵送、喷射、压力灌注、挤压、离心、碾压等特殊方法。本节简要介绍泵送混凝土和喷射混凝土。

8.3.1　泵送混凝土

泵送混凝土是以混凝土泵为动力,通过管道将搅拌好的混凝土混合料输送到建筑物的模板中去的混凝土。

泵送混凝土设计除了考虑工程设计所需的强度和耐久性外,还应考虑泵送工艺对混凝土拌合物的流动性和工作性的要求。混凝土拌合物应具有好的流动性、不离析、不泌水,同时必须具有可泵性。

泵送混凝土所用粗集料的最大粒径应不大于混凝土泵输送管径的 1/3,且应选用连续级配的集料。高效减水剂掺入混凝土中,可明显提高拌合物的流动性,因此,高效减水剂是泵送混凝土必不可少的组分。为了改善混凝土的可泵性,在配制泵送混凝土时可以掺入一定量的粉煤灰。掺入粉煤灰不仅对混凝土的流动性和黏聚性有良好的作用,而且能减少泌水,降低水化热,提高硬化混凝土的耐久性。泵送混凝土的最小水泥用量应不低于 280 kg/m^3,砂率应比普通混凝土高 7%～9%。

对于混凝土可泵性的评定和检验目前尚没有统一的标准。一般来说,石子粒径适宜、流动性和黏聚性比较好的塑性混凝土,其泵送性能也较好。泵送混凝土的坍落度一般宜在 100～130 mm,不应小于 50 mm,不宜大于 200 mm。坍落度太小,摩阻力大,混凝土泵易磨损,泵送时易发生堵管现象。坍落度太大,集料易分离沉淀,使结构物上下部位质量不匀。

目前,德国生产的最大功率的混凝土泵,最大排量为 159 m^3/h,最大水平运距达 1600 m,最大垂直运距为 400 m。我国高 420.5 m 的上海金贸大厦,泵送混凝土的一次泵送高度为 382 m。用混凝土泵输送和浇注混凝土,施工速度快,生产效率高,因此,泵送混凝土在土木工程中应用非常广泛。

8.3.2　喷射混凝土

喷射混凝土是将按一定配比的水泥、砂、石和外加剂等装入喷射机,在压缩空气下经管道混合输送到喷嘴处与高压水混合后,高速喷射到基面上,经层层射捣密实凝结硬化而成的混凝土。

喷射混凝土宜采用硅酸盐水泥或普通硅酸盐水泥,遇到含有较高可溶性硫酸盐的地层或地下水的地方,应使用抗硫酸盐水泥。石子最大粒径不宜大于 20 mm,砂宜用中粗砂,细度模数大于 2.5。砂子过细会使干缩增大,过粗则会增加回弹。用于喷射混凝土的外加剂有速凝剂、引气剂、减水剂和增稠剂等。

在喷射混凝土中掺入硅粉(浆体或干粉),不仅可以提高喷射混凝土的强度和黏着能力,而且可大大降低粉尘,减小回弹率。在喷射混凝土中掺入直径为 0.25 ～0.4 mm 的钢纤维

（1 m³ 混凝土掺量为 80～100 kg），可以明显改善混凝土的性能，抗拉强度可提高 50％～80％，抗弯强度提高 60％～100％，韧性提高 20～50 倍，抗冲击性提高 8～10 倍。此外，抗冻融能力、抗渗性、疲劳强度、耐磨和耐热性能都有明显的提高。

喷射混凝土具有较高的强度和耐久性，它与混凝土、砖石、钢材等有很高的黏结强度，且施工不用模板，是一种将运输、浇灌、捣实结合在一起的施工方法。这项技术已广泛用于地下工程、薄壁结构工程、维修加固工程、岩土工程、耐火工程和防护工程等土木工程领域。

喷射混凝土常用在隧道工程的初期支护中，当然根据围岩不同可以采用钢拱夹、径向锚杆或超前锚杆、超前小导管或超前大管棚和喷射混凝土相结合的初期支护方式。按照施工方式，喷射混凝土分干喷、潮喷和湿喷。其中湿喷效果好、无粉尘，但易堵管。为了使喷射混凝土迅速与围岩面密贴，在进行喷射混凝土配合比设计时常掺加速凝剂，速凝剂应根据水泥品种、水胶比等，通过不同掺量的混凝土实验选择最佳掺量，使用前应做凝结时间试验，要求初凝时间不应大于 5 min，终凝时间不应大于 10 min。

8.4　道路水泥混凝土

道路水泥混凝土是以硅酸盐水泥或专用道路水泥为胶结料，以砂石为集料，掺入矿物掺合料、少量外加剂和水拌和而成的混合料，经浇注或碾压成型，通过水泥的水化、硬化从而形成具有一定强度，用于铺筑道路的混凝土，主要是指路面混凝土。

由于道路路面常年受到行驶车辆的重力作用和车轮的冲击、磨损，同时还要经受日晒风吹、雨水冲刷和冰雪冻融的侵蚀，因此，要求路面混凝土必须具有较高的抗弯拉强度、良好的耐磨性和耐久性。

道路水泥混凝土与沥青混凝土路面相比，具有抗压和抗折强度高、抗磨耗、耐冲击、耐久性好、寿命长、反光力强等优点，适合于繁重交通的路面和机场跑道。但水泥混凝土路面的刚度大，行车舒适性较差；其变形能力差，需要在纵、横向设置施工缝和伸缩缝；施工期较长，除碾压混凝土外，不能立即开放交通。水泥混凝土路面的上述缺点一定程度上限制了其在道路和桥梁工程中的应用。

《公路水泥混凝土路面设计规范》（JTG D40—2011）规定，各级公路水泥混凝土路面结构的设计安全等级及相应的设计基准期、目标可靠度指标与目标可靠度，见表 8.2。水泥混凝土路面设计车道按在设计基准期内所承受的设计轴载累计作用次数，将其交通荷载等级分为极重交通、特重交通、中等交通和轻交通。水泥混凝土的设计强度应采用 28 d 龄期的弯拉强度。各个交通荷载等级要求的水泥混凝土弯拉强度标准值不得低于表 8.3 的规定。为保证道路混凝土的耐磨性、耐久性和抗冻性，其抗压强度不应低于 30 MPa，水泥宜采用抗折强度高、收缩小、耐磨性强、抗冻性好的水泥。道路混凝土的配合比设计一般是先以抗压强度作为初步设计的依据，然后再按抗弯拉强度检验试配结果。砂、石用量仍按普通混凝土设计方法计算，水胶比一般不应大于 0.5。为了改善水泥混凝土路面的变形性能和抗冻性，可使用引气剂，引气量为 4％～6％。

表 8.2　各级公路水泥混凝土路面可靠度标准

公路等级	高速	一级	二级	三级	四级
安全等级	一级		二级	三级	
设计基准期(a)	30		20	15	10
目标可靠度(%)	95	90	85	80	70
目标可靠度指标	1.64	1.28	1.04	0.84	0.52

表 8.3　水泥混凝土弯拉强度标准值

交通荷载等级	极重、特重、重	中等	轻
水泥混凝土的弯拉强度标准值(MPa)	≥5.0	4.5	4.0
钢纤维混凝土的弯拉强度标准值(MPa)	≥6.0	5.5	5.5

道路水泥混凝土的施工方法通常不同于常规振捣成型,多采用碾压法施工或滑模摊铺法施工。因而对混凝土拌合物的工作性要求很高。

8.5　水工混凝土

凡经常或周期性地受环境水作用的水工建筑物(或其一部分)所用的混凝土称为水工混凝土。水工混凝土适用于围堰、大坝、墩台基础等工程。

水位变化区的外部混凝土、建筑物的溢流面和经常受水流冲刷部分的混凝土、有抗冻要求的混凝土,应优先选用硅酸盐大坝水泥,或普通硅酸盐大坝水泥和普通硅酸盐水泥。当环境水对混凝土有硫酸盐侵蚀时,应选用抗硫酸盐水泥。大体积建筑物的内部混凝土、位于水下的混凝土和基础混凝土,宜选用掺混合料的矿渣水泥、粉煤灰水泥或火山灰水泥。配制水工混凝土时,为改善混凝土的性能,宜掺加适量的混合料。同时应遵循最小单位用水量、最大石子粒径和最多石子用量原则,从而减少胶凝材料用量,降低水化热,提高混凝土抵抗变形的能力。

 复习思考题

8.1　配制高强混凝土时,通常需掺加什么外加剂?

8.2　新一代的聚羧酸系高效减水剂有何特点?

8.3　喷射混凝土常用在隧道工程的哪个部位?

8.4　按照施工方式,喷射混凝土分哪几类?

8.5　高强混凝土的水泥用量通常高于多少? 单水泥基材料的用量一般不大于多少?

8.6　高强混凝土通过使用高效减水剂,即使水胶比很低,新拌混凝土的坍落度仍可达200～250 mm,由于粉料用量高,很少出现离析和泌水现象。这一判断正确吗?

8.7　高性能混凝土(HPC)有哪些特性?

8.8 自密实混凝土拌合物工作性能包括哪些？

8.9 自密实混凝土拌合物与普通混凝土的主要区别在哪？

8.10 泵送混凝土坍落度太小,摩阻力大,混凝土泵易磨损,泵送时易发生堵管现象;坍落度太大,集料易分离沉淀,使结构物上下部位质量不均匀。这一判断正确吗？

8.11 喷射混凝土的湿喷法有何特点？

8.12 喷射混凝土的凝结时间有何要求？

8.13 水泥混凝土路面中水泥混凝土的设计强度应采用 28 d 龄期的抗压强度。这一判断正确吗？

9 建筑砂浆

9.1 砂浆的概念和分类

砂浆是由胶结料、细骨料、掺合料和水按适当比例配置而成的复合材料,在建筑工程中起黏接、衬垫和传递应力的作用,主要用于砌筑、抹面、修补和装饰。

建筑砂浆按所用胶凝材料可分为水泥砂浆、水泥混合砂浆、石灰砂浆、石膏砂浆及聚合物水泥砂浆等。按用途可分为砌筑砂浆、抹面砂浆、装饰砂浆及特种砂浆等。按生产砂浆方式有现场拌制砂浆和工厂预拌砂浆两种,后者是国内外生产砂浆的发展趋向,我国建设部门要求尽快实现全面推广应用预拌砂浆。

值得注意的是,《建筑砂浆基本性能试验方法标准》(JGJ/T 70—2009)与《建筑砂浆基本性能试验方法》(JGJ 70—90)的差别很大。例如,《建筑砂浆基本性能试验方法》(JGJ 70—90)中试件一组 6 个,而在 JGJ/T 70—2009 中为一组 3 个。

9.2 砌筑砂浆

将砖、石、砌块等黏接成为砌体的砂浆称为砌筑砂浆。它起着胶结块材和传递荷载的作用,是砌体的重要组成部分。

9.2.1 砌筑砂浆的组成材料

(1) 胶结料及拌合料

砌筑砂浆常用的胶凝材料有水泥、石灰膏、建筑石膏等。胶凝材料的选用应根据砂浆的用途及使用环境决定,干燥环境可选用气硬性胶凝材料,对处于潮湿环境或水中用的砂浆,必须用水硬性胶凝材料。

水泥宜采用通用硅酸盐水泥或砌筑水泥,水泥强度等级应根据砂浆品种及强度等级的要求进行选择。按《砌筑砂浆配合比设计规程》(JGJ/T 98—2010),强度等级 M15 及 M15 以下的砌筑砂浆,宜选用 32.5 级的通用硅酸盐水泥或砌筑水泥;强度等级 M15 以上的砌筑砂浆,宜选用 42.5 级通用硅酸盐水泥。

(2) 细骨料

砂宜选用中砂,并应符合现行行业标准,且应全部通过 4.75 mm 的筛孔。

(3) 水

拌和用水与混凝土的要求相同。

(4) 外加剂

采用保水增稠材料时,应在使用前进行试验验证,并应有完整的型式检验报告。外加剂应符合国家现行有关标准的规定,引气型外加剂还应有完整的型式检验报告。

9.2.2 砌筑砂浆的技术性质

（1）表观密度

砌筑砂浆拌合物的表观密度按《建筑砂浆基本性能试验方法标准》（JGJ/T 70—2009）测定砌筑砂浆拌合物捣实后的单位体积质量（即质量密度），砌筑砂浆拌合物的表观密度宜符合：水泥砂浆大于或等于 1900 kg/m³；水泥混合砂浆和预拌砌筑砂浆大于或等于 1800 kg/m³。

（2）砂浆和易性

新拌砂浆应具有良好的和易性，和易性良好的砂浆易在粗糙的砖、石基面上铺成均匀的薄层，且能与基层紧密黏接。这样，既便于施工操作，提高劳动生产率，又能保证工程质量。砂浆的和易性包括流动性和保水性两方面的含义。

① 流动性

砂浆流动性是指砂浆在自重或外力作用下产生流动的性质，也称稠度。流动性用砂浆稠度测量仪测定，以沉入量（mm）表示。影响砂浆稠度的因素很多，如胶凝材料的种类及用量、用水量、砂子粗细和粒形、级配、搅拌时间等。

砂浆稠度的选择与砌体材料以及施工气候情况有关。一般可根据施工操作经验来掌握，《砌筑砂浆配合比设计规程》（JGJ/T 98—2010）规定，砌筑砂浆的施工稠度宜按表 9.1 选用。

表 9.1 砌筑砂浆的施工稠度

砌体种类	砂浆稠度（mm）
烧结普通砖砌体、粉煤灰砖砌体	70～90
混凝土砖砌体、普通混凝土小型空心砌块砌体、灰砂砖砌体	50～70
烧结多孔砖、烧结空心砖砌体、轻集料混凝土小型空心砌块砌体、蒸压加气混凝土砌块砌体	60～80
石砌体	30～50

② 保水性

新拌砂浆保持其内部水分不泌出流失的能力称为保水性。保水性不好的砂浆在存放、运输和施工过程中容易产生泌水和离析，并且当铺抹于基底后，水分易被基面很快吸收走，从而使砂浆干涩，不便于施工，不易铺成均匀密实的砂浆薄层。同时，也影响水泥的正常水化硬化，使强度和黏结力下降。为提高水泥砂浆的保水性，往往在其中掺入适量的石灰膏。砂浆中掺入适量的微沫剂或塑化剂，能明显改善砂浆的保水性和流动性，但应严格控制掺量。砂浆的保水性试验按《建筑砂浆基本性能试验方法标准》（JGJ/T 70—2009）规定执行，砌筑砂浆的保水率见表 9.2。

表 9.2 砌筑砂浆的保水率

砌体种类	保水率（%）
水泥砂浆	≥80
水泥混合砂浆	≥84
预拌砌筑砂浆	≥88

③ 砂浆的分层度

砂浆的分层度用砂浆分层度测定仪测定。分层度过大，砂浆易产生分层离析，不利于施工及水泥硬化。分层度过小，或接近于零的砂浆，易发生干缩裂缝，故砌筑砂浆分层度控制在 10～30 mm 之间。

（3）砂浆强度与强度等级

① 砂浆强度等级

《建筑砂浆基本性能试验方法标准》(JGJ/T 70—2009)规定砂浆以抗压强度作为其强度指标。水泥砂浆及预拌砌筑砂浆的强度等级可分为 M5、M7.5、M10、M15、M20、M25、M30 共 7 个；水泥混合砂浆的强度等级可分为 M5、M7.5、M10、M15 共 4 个。

② 砂浆立方体抗压强度试验标准养护条件

试件制作后应在室温为 20 ℃±5 ℃环境下静置 24 h±2 h，当气温较低时，可适当延长养护时间，但不应超过两昼夜，然后对试件进行编号、拆模。试件拆模后应立即放入温度为 20 ℃±2 ℃、相对湿度为 90%以上的标准养护室中养护。

③ 压力试验机

砂浆压力试验机精度为 1%，试件破坏荷载应不小于压力机量程的 20%，且不大于全量程的 80%。

④ 单组砂浆强度评定

采用立方体试件，标准试件尺寸为 70.7 mm×70.7 mm×70.7 mm，每组 3 个，标准养护至 28 d，测定其抗压强度，精确至 0.1 MPa。

当 3 个试件的强度比较接近时，以 3 个试件测值的算术平均值的 1.3 倍作为该组砂浆立方体试件抗压强度平均值。

当 3 个测值的最大值或最小值中有 1 个与中间值的差值超过中间值的 15%时，则把最大值或最小值舍去，取剩下两个值的中间值作为该组试件的抗压强度；如有 2 个测值与中间值的差值超过中间值的 15%时，则该组试件的试验结果无效。

⑤ 多组砂浆强度评定

a. 建设系统多组砂浆强度综合评定

建筑工程按《砌体工程施工质量验收规范》(GB 50203—2011)进行水泥砂浆强度评定。砌筑砂浆试块验收时其强度合格标准必须符合以下规定：

同一验收批砂浆试块抗压强度平均值必须大于或等于设计强度等级所对应的立方体抗压强度；同一验收批砂浆试块抗压强度最小一组的强度必须大于或等于设计强度等级所对应的立方体抗压强度的 75%。砌筑砂浆的验收批，同一类型、强度等级的砂浆试块应不少于 3 组；当同一验收批只有 1 组试块时，该组试块抗压强度的平均值必须大于或等于设计强度等级所对应的立方体抗压强度。砂浆强度以标准养护、龄期为 28 d 的试块抗压强度试验结果为准。

抽样检验要求：

每一检验批且不超过 250 m³砌体的各种类型及强度等级的砌筑砂浆，每台班搅拌应至少抽检 1 次；在砂浆搅拌机出料口随机取样制作砂浆试块，同盘砂浆只应制作 1 组试块，最后检查试块强度试验报告单。

b. 交通系统多组水泥砂浆强度综合评定

公路工程按《公路工程质量检验评定标准第一册 土建工程》(JTG F80/1—2017)进行水泥砂浆强度评定。

评定水泥砂浆的强度,应以标准养生 28 d 的试件为准。试件为边长 70.7 mm 的立方体。试件 6 个为 1 组,制取组数应符合下列规定:

不同强度等级及不同配合比的水泥砂浆应分别制取试件,试件应随机制取,不得挑选。重要及主体砌筑物,每工作班制取 2 组。一般及次要砌筑物,每工作班可制取 1 组。拱圈砂浆应同时制取与砌体同条件养生试件,以检查各施工阶段强度。

水泥砂浆强度的合格标准:

同强度等级试件的平均强度不低于设计强度等级。

任意一组试件的强度最低值不低于设计强度等级的 75%。

实测项目中,水泥砂浆强度评为不合格时相应分项工程为不合格。

砂浆的强度除受砂浆本身组成材料及配合比的影响外,还与基面材料的吸水性有关。对于水泥砂浆,可按下列强度公式估算:

a. 不吸水基层(如致密石材)　这时影响砂浆强度的主要因素与混凝土基本相同,即主要取决于水泥强度和水灰比。

$$f_{m,o} = 0.29 f_{ce} \left(\frac{C}{W} - 0.40 \right) \tag{9.1}$$

式中　$f_{m,o}$——砂浆试配强度(MPa);

　　　f_{ce}——水泥的实测强度(MPa);

　　　$\dfrac{C}{W}$——水灰比。

b. 多孔吸水基层(如烧结砖)　由于拌制的砂浆均要求具有良好的保水性,因此,不论拌合用水多少,这时经多孔基层吸水后,保留在砂浆中的水量均大致相同,所以在这种情况下,砂浆强度与水灰比无关,主要取决于水泥强度及水泥用量。

$$f_{m,o} = \frac{\alpha Q_C f_{ce}}{1000} + \beta \tag{9.2}$$

式中　Q_C——每立方米砂浆中水泥用量(kg),对于水泥砂浆 Q_C 不应小于 200 kg;

　　　α, β——砂浆的特征系数,$\alpha = 3.03$,$\beta = -15.09$。

砌筑砂浆的强度等级应根据工程类别及不同砌体部位选定。抹面砂浆可选用 M5 的混合砂浆,而重要的砌体才使用 M10 以上的水泥砂浆。

9.2.3　砌筑砂浆的配合比设计

(1) 计算砂浆的试配强度

$$f_{m,o} = k f_2 \tag{9.3}$$

式中　$f_{m,o}$——砂浆的试配强度(MPa),精确至 0.1 MPa;

　　　k——系数,见表 9.3;

　　　f_2——砂浆强度等级值(MPa),精确至 0.1 MPa。

表 9.3　砂浆强度标准差及 k 值

施工水平	强度标准差 σ(MPa)							k
	M5	M7.5	M10	M15	M20	M25	M30	
优良	1.00	1.50	2.00	3.00	4.00	5.00	6.00	1.15
一般	1.25	1.88	2.50	3.75	5.00	6.25	7.50	1.20
较差	1.50	2.25	3.00	4.50	6.00	7.50	9.00	1.25

(2)强度标准差的确定

① 当有统计资料时,砂浆强度标准差 σ 按公式(9.4)确定:

$$\sigma = \sqrt{\frac{\sum f_{m,i}^2 - n\mu_{f_m}^2}{n-1}} \qquad (9.4)$$

式中　$f_{m,i}$——统计周期内同一品种砂浆第 i 组试件的强度(MPa);

　　　μ_{f_m}——统计周期内同一品种砂浆 n 组试件强度的平均值(MPa);

　　　n——统计周期内同一品种砂浆试件的总组数,$n \geqslant 25$。

② 当无统计资料时,砂浆强度标准差按表 9.3 取值。

(3)水泥用量计算

① 在能够取得水泥的实测强度时,每立方米砂浆中的水泥用量 Q_C(kg)按式(9.2)计算。

② 在无法取得水泥的实测强度时,水泥实测强度 f_{ce} 的计算见公式(9.5):

$$f_{ce} = \gamma_c f_{ce,k} \qquad (9.5)$$

式中　γ_c——水泥强度等级值的富余系数,宜按实际统计资料确定,无实际统计资料时可取

　　　　　1.0;

　　　$f_{ce,k}$——水泥强度等级值(MPa)。

(4)石灰膏用量计算

水泥混合砂浆中石灰膏用量的计算见公式(9.6):

$$Q_D = Q_A - Q_C \qquad (9.6)$$

式中　Q_D——每立方米砂浆中石灰膏用量(kg),应精确至 1 kg,石灰膏使用时的稠度宜为

　　　　　120 mm±5 mm;

　　　Q_C——每立方米砂浆中水泥用量(kg),应精确至 1 kg;

　　　Q_A——每立方米砂浆中水泥和石灰膏总用量(kg),应精确至 1 kg,可为 350 kg,见表 9.4。

表 9.4　砌筑砂浆的胶凝材料用量

砂浆种类	胶凝材料用量(kg/m³)
水泥砂浆	$\geqslant 200$
水泥混合砂浆	$\geqslant 350$
预拌砌筑砂浆	$\geqslant 200$

（5）每立方米砂浆中的砂用量

每立方米砂浆中的砂用量应按干燥状态（含水率小于 0.5%）的堆积密度值作为计算值。

（6）每立方米砂浆中的用水量

每立方米砂浆中的用水量可根据砂浆稠度等要求选用 210～310 kg。

（7）砌筑砂浆配合比试配、调整与确定

① 砌筑砂浆试配

砌筑砂浆试配应考虑工程实际要求，采用机械搅拌。

② 测定砌筑砂浆拌合物的稠度和保水率

按计算或查表所得配合比试拌时，应按现行行业标准《建筑砂浆基本性能试验方法标准》（JGJ/T 70—2009）测定砌筑砂浆拌合物的稠度和保水率，见表 9.1 和表 9.2。当稠度和保水率不能满足要求时，应调整材料用量，直到符合要求为止，然后确定为试配时砂浆基准配合比。

③ 试配时的 3 个配合比

试配时至少应采用 3 个不同的配合比，其中 1 个配合比应为按《砌筑砂浆配合比设计规程》（JGJ/T 98—2010）得出的基准配合比，其余 2 个配合比的水泥用量应按基准配合比分别增加或减少 10%。在保证稠度、保水率合格的条件下，可对用水量、石灰膏、保水增稠剂或粉煤灰等活性掺合料用量作相应调整。

④ 砌筑砂浆的试配配合比

砌筑砂浆试配时稠度应满足施工要求，并应按现行行业标准《建筑砂浆基本性能试验方法标准》（JGJ/T 70—2009）分别测定不同配合比砂浆的表观密度及强度，并应选定符合试配强度及和易性要求、水泥用量最低的配合比作为砂浆的试配配合比。

⑤ 砌筑砂浆试配配合比校正

a. 应根据第④点的砌筑砂浆的试配配合比确定的砂浆配合比材料用量，按公式（9.7）计算砂浆的理论表观密度值。

$$\rho_t = Q_c + Q_d + Q_s + Q_w \tag{9.7}$$

式中 ρ_t——砂浆的理论表观密度（kg/m³），应精确至 10 kg/m³；

Q_c，Q_d，Q_s，Q_w——每立方米水泥砂浆中的水泥、石灰膏、砂、水的用量（kg/m³），精确至 1 kg/m³。

b. 砂浆配合比校正系数 δ

砂浆配合比校正系数 δ，按公式（9.8）计算。

$$\delta = \frac{\rho_c}{\rho_t} \tag{9.8}$$

式中 ρ_c——砂浆的实测表观密度（kg/m³），应精确至 10 kg/m³。

c. 确定砂浆的设计配合比

当砂浆的实测表观密度与理论密度值之差的绝对值不超过理论值的 2% 时，可将按第④点得出的试配配合比确定为砂浆设计配合比。当超过 2% 时，应将试配配合比中每项材料用量均乘以校正系数 δ 后，确定为砂浆设计配合比。

9.2.4 水泥砂浆的配合比设计

按《砌筑砂浆配合比设计规程》(JGJ/T 98—2010)要求,水泥砂浆的配合比确定过程与砌筑砂浆的配合比设计过程基本相同。

(1)水泥砂浆的材料用量

水泥砂浆的材料用量见表9.5。

表9.5 每立方米水泥砂浆中的材料用量(kg)

强度等级	水泥	砂	用水量
M5	200~230		
M7.5	230~260		
M10	260~290		
M15	290~330	砂的堆积密度值	270~330
M20	340~400		
M25	360~410		
M30	430~480		

(2)水泥强度等级选择

强度等级 M15 及 M15 以下的水泥砂浆,水泥强度等级为 32.5 级;强度等级 M15 以上的水泥砂浆,水泥强度等级为 42.5 级。

9.2.5 水泥粉煤灰砂浆的配合比设计

按《砌筑砂浆配合比设计规程》(JGJ/T 98—2010)要求,水泥粉煤灰砂浆配合比确定过程与砌筑砂浆配合比基本相同。

(1)水泥粉煤灰砂浆的材料用量

水泥粉煤灰砂浆的材料用量见表9.6。

表9.6 每立方米水泥粉煤灰砂浆中的材料用量(kg)

强度等级	水泥和粉煤灰总量	粉煤灰	砂	水
M5	210~240			
M7.5	240~270	粉煤灰掺量可占胶凝材料总量的 15%~25%	砂的堆积密度值	270~330
M10	270~300			
M15	300~330			

(2)水泥强度等级

水泥粉煤灰砂浆的水泥强度等级为 32.5 级。

9.3 抹 面 砂 浆

抹于建筑物或建筑构件表面的砂浆统称为抹面砂浆,它兼有保护基层、满足使用要求和增加美观的作用。抹面砂浆应具有良好的工作性,以便于抹成均匀平整的薄层,同时要有较高的黏结力和较小的变形,保证与底面牢固黏接,不开裂、不脱落。

9.3.1 抹面砂浆的组成材料

抹面砂浆的主要组成材料仍是水泥、石灰或石膏以及天然砂等,对这些原材料的质量要求同砌筑砂浆。为减少抹面砂浆因收缩而引起的开裂,常在砂浆中加入一定量纤维材料。常用的纤维增强材料有麻刀、纸筋、稻草、玻璃纤维等。它们加入抹面砂浆中可提高抹灰层的抗拉强度,增加抹灰层的弹性和耐久性,使抹灰层不易开裂脱落。

工程中配制抹面砂浆和装饰砂浆时,还常在水泥砂浆中掺入占水泥质量 10% 左右的聚醋酸乙烯乳液,其作用为:提高面层强度,不致粉酥掉面;增加涂层的柔韧性,减少开裂倾向;加强涂层与基面间的黏接性能,不易爆皮剥落;便于涂抹,且颜色均匀。

9.3.2 抹面砂浆的种类及选用

常用的抹面砂浆有石灰砂浆、水泥混合砂浆、水泥砂浆、麻刀石灰浆、纸筋石灰浆等。

为了保证砂浆层与基层黏接牢固、表面平整、防止灰层开裂,应采用分层薄涂的方法。通常分底层、中层和面层抹面施工。底层抹面的作用是使砂浆与基面能牢固地黏接。中层抹灰主要是为了找平,有时也可以省略。面层抹灰是为了获得平整光洁的表面效果。

用于砖墙的底层抹面,多为石灰砂浆;有防水、防潮要求时用水泥砂浆。用于混凝土基层的底层抹灰,多为水泥混合砂浆。中层抹灰多用水泥混合砂浆或石灰砂浆。面层抹灰多用水泥混合砂浆、麻刀石灰浆或纸筋石灰浆。

在容易碰撞或潮湿部位,应采用水泥砂浆,如墙裙、踢脚板、地面、雨篷、窗台以及水池、水井等。在硅酸盐砌块墙面上做砂浆抹面或粘贴饰面材料时,最好在砂浆层内夹一层事先固定好的钢丝网,以免使用过久而脱落。

9.3.3 常用抹面砂浆的配合比及其应用范围

确定抹面砂浆组成材料及配合比的主要依据是工程使用部位及基层材料的性质。表9.7 为常用抹面砂浆参考配合比及其应用范围。

表 9.7 常用抹面砂浆配合比及其应用范围

材料	配合比(体积比)	应用范围
石灰:砂	1:(2~4)	用于砖石墙面(除檐口、勒脚、女儿墙及潮湿墙体)
石灰:黏土:砂	1:1:(4~8)	用于干燥环境的墙表面
石灰:石膏:砂	1:(0.4~1):(2~3)	用于不潮湿房间的墙及天花板

续表 9.7

材料	配合比(体积比)	应用范围
石灰：石膏：砂	1：2：(2～4)	用于不潮湿房间的线脚及其他修饰工程
石灰：水泥：砂	1：(0.5～1)：(4.5～5)	用于檐口、勒脚、女儿墙及比较潮湿的部位
水泥：砂	1：(2.5～3)	用于浴池、潮湿车间等墙裙、勒脚或地面基层
水泥：砂	1：(1.5～2)	用于地面、天棚或墙面面层
水泥：砂	1：(0.5～1)	用于混凝土地面随时压光
水泥：石膏：砂：锯末	1：1：3：5	用于吸音粉刷
水泥：白石子	1：(1～2)	用于水磨石(打底用1：2.5水泥砂浆)
水泥：白石子	1：1.5	用于剁石[打底用1：(2～2.5)水泥砂浆]
石灰膏：麻刀	100：25(质量比)	用于木板条天棚底层或100 kg石灰膏加3.8 kg纸筋
纸筋：石灰膏	石灰膏1 m³，纸筋3.6 kg	用于较高级墙面、天棚

9.4 装 饰 砂 浆

装饰砂浆用于建筑物表面，以增加其美观的砂浆称为装饰砂浆。它是在砂浆抹面施工的同时，经特殊操作处理而使建筑物表面呈现出各种不同色彩、线条、花纹或图案等装饰效果。

9.4.1 装饰砂浆饰面种类及其特点

装饰砂浆饰面按所用材料及艺术效果不同，可分为灰浆类饰面和石渣类饰面两类。灰浆类饰面是通过砂浆着色和砂浆面层形态的技术加工，达到装饰的目的。其优点是材料来源广，施工操作方便，造价低廉，如拉毛、搓毛、喷毛以及仿面砖、仿毛石等饰面。石渣类饰面是采用彩色石渣、石屑作骨料配制砂浆，施抹于墙面后，再以一定手段去除砂浆表层的浆皮，显示出石渣的色彩、粒形与质感，从而获得装饰效果。其特点是色泽较明快，质感丰富，不易褪色和污染，经久耐用，但施工较复杂，造价也较高。常用的有干粘石、斩假石、水磨石等饰面。

9.4.2 装饰砂浆的组成材料

(1) 胶凝材料

装饰砂浆常用胶凝材料为普通水泥和矿渣水泥，另外还常采用白色水泥和彩色水泥。

(2) 骨料

装饰砂浆用骨料除普通天然砂外，还大量使用石英砂、石渣、石屑等。有时也可采用着色石、彩釉砂、玻璃和陶瓷碎粒。

石粒、石米是由天然大理石、白云石、方解石、花岗石等破碎加工而成。它们具有多种色泽，是石渣类饰面主要骨料，也是生产人造大理石、水磨石的原料。其规格、品种及质量要求见表9.8。

粒径小于 5 mm 的石渣称为石屑,其主要用于配制外墙喷涂饰面用的聚合物砂浆,常用的有松香石屑、白云石屑等。

表 9.8 彩色石碴规格、品种及质量要求

编号	规格	粒径(mm)	常用品种	质量要求
1	大二分	约20	东北红、东北绿、丹东绿、盖平红、粉黄绿、玉泉灰、旺青、晚霞、白云石、云彩绿、红玉花、奶油白、竹根霞、苏州黑、黄花玉、南京红、雪浪、松香石、墨玉、汉白玉、曲阳红等	(1)颗粒坚韧有棱角、洁净,不得含有风化石粒; (2)使用时应冲洗干净
2	一分半	约15
3	大八厘	约8
4	中八厘	约6
5	小八厘	约4
6	米粒石	0.3~1.2

(3)颜料

掺颜料的砂浆一般用于室外抹灰工程,如做假大理石、假面砖、喷涂、弹涂、滚涂和彩色砂浆抹面。这类饰面长期处于风吹、日晒、雨淋之中,且受到大气中有害气体腐蚀和污染。因此,选择合适的颜料是保证饰面质量、避免褪色、延长使用年限的关键。

装饰砂浆中采用的颜料应为耐碱和耐日晒的矿物颜料。工程中常用颜料有氧化铁黄、铬黄、氧化铁红、甲苯胺红、群青、钴蓝、铬绿、氧化铁棕、氧化铁紫、氧化铁黑、炭黑、锰黑等。

9.4.3 常用装饰砂浆的饰面做法

建筑工程中常用的装饰砂浆有以下几种做法:

(1)干粘石

干粘石又称甩石子,它是在掺有聚合物的水泥砂浆抹面层上,采用手工或机械操作的方法,甩粘上粒径小于 5 mm 的白色或彩色石渣,再经拍平压实而成。要求石粒应压入砂浆2/3,必须甩粘均匀牢固,不露浆,不掉粒。干粘石饰面质感好,粗中带细,其色彩取决于所粘石渣的颜色。由于其操作较简单,造价低廉,饰面效果较好,故广泛用于外墙饰面。

(2)斩假石

斩假石又称剁斧石或剁假石,它是以水泥石渣浆或水泥石屑浆做面层抹灰,待其硬化至一定强度时,用钝斧在表面剁斩出类似天然岩石经雕琢的纹理。斩假石一般颜色较浅,其质感酷似斩凿过的灰色花岗岩,素雅庄重,朴实自然,但施工时耗工费力,功效低,一般多用于小面积部位的饰面,如柱面、勒脚、台阶等。

(3)水磨石

水磨石具有润滑细腻之感,色泽华丽,图案细巧,花纹美观,防水耐磨,多用于室内地面装饰。施工时按预先设计好的图案,在处理好的基面上弹好分格线,然后固定分格条。分格条有铜、不锈钢、玻璃三种,其中以铜条最好。通常需浇水打磨两次,第三遍磨光,最后再经喷洒草酸、清水冲洗、晾干、打蜡,即可在光滑表面显露出由彩色石子组成的图案花纹。

(4)拉毛

拉毛是采用铁抹子或木蟹,在水泥砂浆底层上施抹水泥石灰砂浆面层时,顺势将灰浆用

力拉起,以形成凹凸感很强的毛面状。当使用棕刷粘着拉起时,可形成凹凸状的细毛花纹。拉毛工艺操作时,要求拉毛花纹要均匀。拉毛有吸声作用,多用于建筑物外墙及电影院等公共场所。

（5）甩毛

甩毛是用竹丝刷等工具,将罩面灰浆甩洒在基面上,形成大小不一、乱中有序的点状毛面。若再用抹子轻轻压平甩点灰浆,则形成云朵状毛面饰面。甩毛常用于外墙装饰。

（6）拉条

拉条抹灰又称条形粉刷,它是在面层砂浆抹好后,用一表面呈凹凸状的直棍模具,放在砂浆表面,由上而下拉滚出条纹。条纹有半圆形、波纹形、梯形等。拉条饰面立体感强,线条挺拔,适用于层高较高的会场、大厅等公共场所。

（7）假面砖

假面砖的做法有多种,一般是在有氧化铁系颜料的水泥砂浆抹面层上,用专门的铁钩和靠尺,按设计的尺寸进行分格划块,纹理清晰,表面平整,酷似贴面饰面,多用于外墙。也可以在已硬化的抹面砂浆表面,用刀斧锤凿出分格线,或采用涂料画出线条,将墙面做成仿清水砖墙面、仿瓷砖等艺术效果。假面砖常用于建筑物内墙饰面。

 复习思考题

9.1　什么是砂浆？砂浆主要作用是什么？

9.2　砂浆按胶凝材料分为哪几类？

9.3　砂浆按用途分为哪几类？

9.4　砌筑砂浆的和易性包括哪两方面的含义？

9.5　砂浆的流动性用什么仪器测定？

9.6　砂浆的分层度用什么仪器测定？

9.7　水泥混合砂浆的强度等级可分为哪四个等级？

9.8　单组砂浆试件标准尺寸是多少？一组砂浆试件为多少个？

9.9　一组（又称为单组）砂浆强度如何评定？它与单组水泥胶砂强度和单组混凝土强度评定有何区别？

9.10　按照《砌体结构工程施工质量验收规范》（GB 50203—2011）,如何综合评定砂浆强度（又称为多组砂浆强度综合评定）？

9.11　砂浆试件抽样检验有哪些要求？

9.12　按照《公路工程质量检验评定标准》（JTG F80/1—2004）,水泥砂浆强度如何进行单组评定？

9.13　按照《公路工程质量检验评定标准》（JTG F80/1—2004）,水泥砂浆强度如何进行多组综合评定？

9.14　某砖混结构职工住宅楼,其承重墙采用多孔砖砌体砌筑,砂浆为 M15,试件 5 组28 d 抗压强度分别为 11.5、16.4、17.2、18.6、15.9（单位:MPa）。试按照《砌体结构工程施工质量验收规范》（GB 50203—2011）,对该承重墙多孔砖砌体的砂浆强度进行综合评定。

9.15　写出砌筑多孔吸水基层(如烧结砖)的砂浆强度公式。

9.16　砌筑多孔吸水基层(如烧结砖)的砂浆强度与所使用的水泥强度等级和水泥用量有关,而与该砂浆的水灰比无关。这一判断正确吗?

9.17　水泥砂浆强度等级为 M15 及 M15 以下的,水泥强度等级宜选择掺加混合料的硅酸盐水泥 32.5 级;水泥砂浆强度等级为 M15 以上的,水泥强度等级宜选择 42.5 级。这一判断正确吗?

9.18　水泥砂浆中胶凝材料用量宜大于或等于 200 kg,水泥混合砂浆中胶凝材料总用量宜大于或等于 350 kg。这一判断正确吗?

9.19　砌筑砂浆的用水量可根据砂浆稠度等要求选用,一般其用水量为多少?

10 墙体材料简介

10.1 概　述

墙体材料是土木工程中最重要的建筑材料之一,它在结构中起着承重、围护、分隔、绝热及隔声等作用。墙体约占房屋建筑总重的 1/2,用工量和造价要占 1/3。合理选用墙体材料,对建筑的自重、功能、节能及造价等,均有重要意义。

长期以来,我国建筑墙体大都一直沿用黏土砖,但随着社会经济的飞速发展,黏土砖已不能满足高速发展的基本建设和现代建筑的需求,也不符合可持续发展的战略目标。为此,我国近年来提出了一系列墙体改革方案和措施,大力开发和提倡使用轻质、高强、耐久、节能、大尺寸、多功能的新型墙体材料。目前,我国所用的墙体材料品种较多,归纳起来可分为三类,即砌墙砖、砌块和板材。

砌墙砖按所用原料不同可分为黏土砖、页岩砖、灰砂砖、煤矸石砖、粉煤灰砖、炉渣砖等;按生产方式不同可分为烧结砖和非烧结砖;按外形不同可分为普通砖(实心砖)、多孔砖及空心砖。砌块有混凝土砌块、加气混凝土砌块、粉煤灰砌块等。板材有纤维增强水泥板、加气混凝土板、石膏板、硅酸钙板等。

10.2 砌　墙　砖

近年来,虽然各种新型砌块和板材不断涌现,但由于受我国目前建筑结构的主要形式和传统建筑文化的影响,砌墙砖仍然是应用较广泛的墙体材料。

10.2.1 烧结砖

凡通过高温焙烧而制得的砖统称为烧结砖。根据原料不同,烧结砖可分为烧结黏土砖、烧结煤矸石砖、烧结粉煤灰砖、烧结页岩砖等;根据外形不同,烧结砖可分为烧结普通砖、烧结多孔砖、烧结空心砖等。

(1) 烧结砖的原料

① 黏土

黏土的化学成分主要是 SiO_2、Al_2O_3 和结晶水,随着土质生成条件的不同,同时会含少量的碱土金属氧化物(CaO、MgO、K_2O、Na_2O)以及着色氧化物(Fe_2O、TiO_2)等。黏土的矿物组成主要为层状结晶结构的含水铝硅酸盐,在自然界中,黏土很少以单矿物出现,经常是数种黏土矿物共生形成的多矿物组合。黏土矿物可分为高岭石类、蒙脱石类及伊利石类三种。黏土中除黏土矿物外,还含有石英、长石、碳酸盐、铁质矿物及有机质等杂质。

黏土的颗粒组成直接影响其可塑性。可塑性是黏土的重要特性,它决定了制品成型性能。黏土中含有粗细不同的颗粒,其中极细(小于 0.005 mm)的片状颗粒,使黏土获得极高的可塑性。这种颗粒称作黏土物质,含量愈多,可塑性愈高。

烧土制品工业中通常按黏土的杂质含量、耐火度及用途等,将黏土分为:

a. 高岭土(瓷土)。杂质含量极少,为纯净黏土,不含氧化铁等染色杂质,焙烧后呈白色。其耐火度高达 1730～1770 ℃,多用于制造瓷器。

b. 耐火黏土(火泥)。杂质含量小于 10%,焙烧后呈淡黄至黄色。其耐火度在 1580 ℃以上,是生产耐火制品、内墙面砖及耐酸陶瓷制品的原料。

c. 难溶黏土(陶土)。杂质含量为 10%～15%,焙烧后呈淡灰、淡黄至红色,耐火度为 1350～1580 ℃,是生产地砖、外墙面砖及精陶制品的原料。

d. 易熔黏土(砂质黏土)。杂质含量高达 25%,耐火度低于 1350 ℃,是生产黏土砖、瓦及粗陶制品的原料。当其在氧化气氛中焙烧时,因高价氧化铁的存在而呈红色。在还原气氛中焙烧时,因低价氧化铁的存在而呈青色。

黏土在熔烧过程中变得密实,转变为具有一定强度的石质材料的性质,称为黏土的烧结性。

黏土烧结过程中产生物理化学变化,焙烧初期,黏土中自由水逐渐蒸发,110 ℃时自由水完全排出,黏土失去可塑性。500～700 ℃时,有机物烧尽,黏土矿物及其他矿物的结晶水脱出,随后黏土矿物发生分解。1000 ℃以上时,已分解出的各种氧化物将重新结合生成硅酸盐矿物。与此同时,黏土中的易熔化合物开始形成熔融体(液相),一定数量的熔融体包裹未溶的颗粒,并填充颗粒之间的空隙,冷却后便转变为石质材料。随着熔融体数量的增加,焙烧黏土中的开口孔隙减少,吸水率降低,强度、耐水性及抗冻性等提高。

② 页岩

页岩是黏土岩的一种。其成分复杂,除黏土矿物外,还含有许多碎屑矿物(如石英、长石、云母等)和自身矿物(如铁、铝、锰的氧化物与氢氧化物等),呈页状或薄片状层理,经压实、脱水、重结晶作用后形成页岩。常见页岩类型有:

a. 黑色页岩,含较多的有机质。

b. 碳质页岩,含有大量已碳化的有机质,常见于煤系地层的顶底板。

c. 油页岩,含一定数量的沥青,呈黑棕色、浅黄褐色等,层理明显,燃烧有沥青味。

d. 硅质页岩,含有较多的玉髓、蛋白石等。

e. 铁质页岩,含少量铁的氧化物、氢氧化物等,多呈红色或灰绿色,在红层地质和煤系地层中较常见。

③ 煤矸石

煤矸石是煤矿的废料物,是在煤层形成的同时形成的一种沉积岩,大多数是石灰岩,由于长期受煤层浸润扩散,故有较低的含碳量,颜色呈黑灰色。煤矸石的化学成分波动较大,适合作烧土制品的是热值较高的黏土质煤矸石。煤矸石中所含黄铁矿(FeS)为有害杂质,故要求其含硫量应限制在 10% 以下。

④ 粉煤灰

粉煤灰是燃煤电厂排出的主要固体废渣,是从煤燃烧的烟气中收集的细灰。

（2）烧结砖生产工艺

以黏土、页岩、煤矸石、粉煤灰等为原料烧制砌墙砖时，其生产工艺基本相同。主要生产工艺过程如下：

坯料调制→成型→干燥→焙烧→制品

坯料调制的目的是粉碎大块原料，剔除有害杂质，按适当组分配料，再加入适量水分拌和，制成均匀的、适合成型的坯料。

坯料经成型制成一定形状和尺寸后称为生坯。烧结普通砖、多孔砖及空心砖成型方法多为塑性法，将塑性良好的坯料用挤泥机挤出一定断面尺寸的泥条，切割后获得制品的形状。

焙烧砖的窑有两种，一是连续式窑，如轮窑、隧道窑；二是间歇式窑，如土窑。目前，多采用连续式窑生产，窑内有预热、焙烧、保温和冷却四个温度带。

当砖坯在氧化气氛中烧成出窑，则制成红砖。若砖坯在氧化气氛中烧成后，再经浇水闷窑，使窑内形成还原气氛，促使砖内的红色高阶氧化铁（Fe_2O_3）还原成青灰色的低价氧化铁（FeO），即制得青砖。砖的焙烧温度要适当，以免出现欠火砖或过火砖。欠火砖由于烧成温度过低，孔隙率很大，故强度低，耐久性差。过火砖由于烧成温度过高，产生软化变形，造成外形尺寸极不规整。欠火砖色浅、声哑，过火砖色较深、声清脆。

（3）烧结普通砖

根据国家标准《烧结普通砖》（GB/T 5101—2017）的规定，烧结普通砖按其主要原料分为黏土砖（N）、页岩砖（Y）、煤矸石砖（M）、粉煤灰砖（F）、建筑渣土砖（Z）、淤泥砖（U）、污泥砖（W）和固体废弃物砖（G）。

烧结普通砖的规格为 240 mm×115 mm×53 mm（公称尺寸）的直角六面体。在烧结普通砖砌体中，加上灰缝 10 mm，每 4 块砖长、8 块砖宽或 16 块砖厚均为 1 m。1 m^3 砖砌体需用砖 512 块。

① 烧结普通砖的主要技术性质

烧结普通砖的技术要求包括：尺寸偏差、外观质量、强度、抗风化性能、泛霜、石灰爆裂及欠火砖、酥砖和螺纹砖（过火砖）等，并按抗压强度划分为 MU30、MU25、MU20、MU15 及 MU10 五个强度等级。

a. 强度

烧结普通砖取 10 块试样抗压强度的试验结果，应符合表 10.1 的要求。

表 10.1　烧结普通砖和多孔砖的强度（MPa）

强度等级	抗压强度平均值 f，≥	抗压强度标准值 f_k，≥
MU30	30.0	22.0
MU25	25.0	18.0
MU20	20.0	14.0
MU15	15.0	10.0
MU10	10.0	6.5

b.尺寸偏差

各质量等级的烧结普通砖根据 20 块试样的公称尺寸检验结果,应符合表 10.2 的要求。

表 10.2 烧结普通砖的尺寸偏差(mm)

公称尺寸	指标	
	样本平均偏差	样本极差,≤
长度240	±2.0	6
宽度115	±1.5	5
厚度53	±1.5	4

c.外观质量

烧结普通砖的外观质量应符合表 10.3 的规定。产品中不允许有欠火砖、酥砖和螺旋纹砖(过火砖),否则为不合格品。

表 10.3 烧结普通砖的外观质量要求(mm)

项目		指标
两条面高度差,不大于		2
弯曲,不大于		2
杂质突出高度,不大于		2
缺棱掉角的三个破坏尺寸,不得同时大于		5
裂纹长度,不大于	大面上宽度方向及其延伸至条面的长度	30
	大面上长度方向及其延伸至顶面的长度或条顶面上水平裂纹的长度	50
完整面,不小于		二条和二顶面

注:为砌筑挂浆面施加的凹凸纹、槽、压花等不算作缺陷。

d.泛霜

泛霜是指原料中可溶性盐类(如硫酸钠等)随着砖内水分蒸发而在砖表面产生的盐析现象,一般为白色粉末,常在砖表面形成絮团状斑点。国家标准规定,砖不允许出现严重泛霜现象。

e.石灰爆裂

如果原料中夹杂石灰石,则烧砖时将被烧成生石灰留在砖中。有时掺入的内燃料(煤渣)也会带入生石灰,这些生石灰在砖体内吸水熟化时产生体积膨胀,导致砖发生胀裂破坏,这种现象称为石灰爆裂。

石灰爆裂对砖砌体影响较大,轻者影响美观,重者将使砖砌体强度降低直至破坏。最大破坏尺寸大于 2 mm 且小于或等于 15 mm 的爆裂区域每组砖不得多于 15 处;其中大于

10 mm的不得多于7处;不允许出现最大破坏尺寸大于15 mm爆裂区域,试验后抗压强度损失不得大于5 MPa。

f.抗风化性能

抗风化性能是烧结普通砖耐久性的重要标志之一。通常以抗冻性、吸水率及饱和系数等指标来判定砖的抗风化性能。《烧结普通砖》(GB/T 5101—2017)规定,根据工程所处省区,对砖的抗风化性能(吸水率、饱和系数及抗冻性)提出不同要求。将东北、西北及华北各省区划分为严重风化区。山东省、河南省及黄河以南地区划分为非严重风化区。特别是严重风化区的东北、内蒙古及新疆地区的砖,必须进行冻融试验。其他省区的砖,其抗风化性能以吸水率及饱和系数来评定,当符合表10.4的规定时,可不做冻融试验,评为抗风化性能合格,否则,必须进行冻融试验。

表 10.4　砖的抗风化性能

砖种类	严重风化区				非严重风化区			
	5 h煮沸吸水率(%),≤		饱和系数,≤		5 h煮沸吸水率(%),≤		饱和系数,≤	
	平均值	单块最大值	平均值	单块最大值	平均值	单块最大值	平均值	单块最大值
黏土砖	18	20	0.85	0.87	19	20	0.88	0.90
粉煤灰砖	21	23			23	25		
页岩砖	16	18	0.74	0.77	18	20	0.78	0.80
煤矸石砖								

② 烧结普通砖的应用

烧结普通砖在建筑工程中主要用作承重或非承重墙体材料,其中中等泛霜的砖不得用于潮湿部位。烧结普通砖也可用于砌筑柱、拱、烟囱及基础等,还可以作预制振动砖墙板,或与轻混凝土等隔热材料复合使用,砌成两面为砖、中间填以轻质材料的复合墙体。若在砌体中配置适当的钢筋或钢丝网,可代替钢筋混凝土柱、过梁等。

砖砌体的强度不仅取决于砖的强度,而且受砂浆性质的影响很大。由于砖的吸水率大(一般为15%~20%),在砌筑时将大量吸收水泥砂浆中的水分,致使水泥不能正常进行凝结硬化,导致砖砌体强度下降。为此,在砌筑前,必须预先将砖进行吮水润湿,方可使用。

(4) 烧结多孔砖

烧结多孔砖为大面有孔的直角六面体,孔多而小,孔洞垂直于受压面,主要规格有M型(190 mm×190 mm×90 mm)及P型(240 mm×115 mm×90 mm),其外观如图10.1所示。

《烧结多孔砖和多孔砌块》(GB 13544—2011)规定,根据抗压强度,烧结多孔砖分为MU30、MU25、MU20、MU15、MU10五个强度等级(表10.1)。烧结多孔砖的尺寸偏差、外观质量、强度等级和物理性能(冻融、泛霜、石灰爆裂、吸水率等)要求与烧结普通砖一样。烧结多孔砖的孔洞率在28%以上,密度等级有1000、1100、1200、1300(kg/m³)四个等级。烧结多孔砖可用于砌筑六层以下的承重墙。

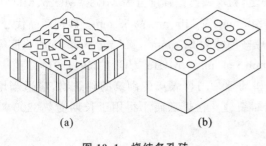

图 10.1　烧结多孔砖

(a)M 型;(b)P 型

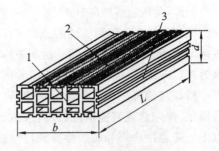

图 10.2　烧结空心砖

1—顶面;2—大面;3—条面

L—长度;b—宽度;d—高度

（5）烧结空心砖和空心砌块

烧结空心砖为顶面有孔洞的直角六面体,孔大而少,孔洞为矩形条孔（或其他孔形）,平行于大面和条面,在与砂浆的结合面上,设有增加结合力的深度为 1 mm 以上的凹线槽,其外观如图 10.2 所示。

根据《烧结空心砖和空心砌块》(GB/T 13545—2014)的规定,空心砖和空心砌块的规格尺寸（长度、宽度及高度）应符合 390、290、240、190、180(175)、140、115、90(mm)的系列（也可由供需双方商定）。按砖及砌块的体积密度分为 800、900、1000 及 1100 四个等级。按抗压强度分为 MU10.0、MU7.5、MU5.0、MU3.5 四个强度等级,见表 10.5。

表 10.5　烧结空心砖和空心砌块的强度等级

强度等级	抗压强度平均值 $\overline{f}$(MPa),≥	抗压强度(MPa)	
		变异系数 $\delta \leqslant 0.21$	变异系数 $\delta > 0.21$
		抗压强度标准值 f_k,≥	单块最小抗压强度 f_{min},≥
MU10.0	10.0	7.0	8.0
MU7.5	7.5	5.0	5.8
MU5.0	5.0	3.5	4.0
MU3.5	3.5	2.5	2.8

烧结空心砖和空心砌块,孔洞率一般在 40% 以上,质量较轻,强度不高,因而多用作非承重墙,如多层建筑内隔墙或框架结构的填充墙等。

10.2.2　非烧结砖

非烧结砖又称免烧砖。这类砖的强度是通过在制砖时掺入一定量胶凝材料或在生产过程中生成一定的胶凝物质而获得。

（1）蒸压粉煤灰砖

蒸压粉煤灰砖是用粉煤灰和石灰为主要原料,可掺加适量石膏等外加剂和其他集料等,经坯料制备、压制成型、高压蒸气养护而制成的砖。产品代号为 AFB。

根据《蒸压粉煤灰砖》(JC/T 239—2014)规定,粉煤灰砖按强度分为 MU30、MU25、MU20、MU15、MU10 五个等级。砖的公称尺寸为:长 240 mm,宽 115 mm,高 53 mm。砖按产品代号、规格尺寸、强度等级、标准编号的顺序标记,如规格尺寸为 240 mm×115 mm×53 mm、强度等级为 MU15 的砖,标记为:AFB 240 mm×115 mm×53 mm MU15 JC/T 239—2014。

粉煤灰砖可用于工业与民用建筑的墙体和基础。用粉煤灰砖砌筑的建筑物,应适当增设圈梁、伸缩缝或其他措施,以避免或减少收缩裂缝。粉煤灰砖不得用于长期受热(200 ℃以上)、受急冷急热和有酸性介质侵蚀的部位。

(2)炉渣砖(又称煤渣砖)

以煤燃烧后的炉渣为主要原料,加入适量石灰、石膏(或电石渣、粉煤灰)和水搅拌均匀,并经陈伏、轮碾、成型、蒸汽养护而成。炉渣砖按抗压强度和抗折强度分为 MU20、MU15、MU10 和 MU7.5 四个强度等级。

炉渣砖可以用于建筑物的墙体和基础,但是用于基础或易受冻融和干湿循环的部位必须采用强度等级 MU15 以上的砖。防潮层以下建筑部位也应采用强度等级 MU15 以上的炉渣砖。

10.3　建筑砌块

砌块是用于建筑工程的人造块材,外形多为直角六面体,也有各种异形的。建筑砌块是我国大力推广应用的新型墙体材料之一,品种规格很多,主要有:混凝土空心砌块(包括小型砌块和中型砌块两类)、蒸压加气混凝土砌块、轻集料混凝土砌块、粉煤灰砌块、煤矸石空心砌块、石膏砌块、菱镁砌块、大孔混凝土砌块等。目前应用较多的是混凝土小型空心砌块、蒸压加气混凝土砌块、粉煤灰硅酸盐砌块和石膏砌块等,其分类见表 10.6。

表 10.6　砌块的分类

按尺寸(mm)分类	按密实情况分类		按主要原材料分类
大型砌块 (主规格高度＞980)	实心砌块		普通混凝土砌块
中型砌块 (主规格高度 380～980)	空心砌块	空心率＜25％	轻骨料混凝土砌块
		空心率 25％～40％	粉煤灰硅酸盐砌块
小型砌块(主规格高度 115～380)	多孔砌块(表观密度 300～900 kg/m³)		煤矸石砌块
			加气混凝土砌块

10.3.1　蒸压加气混凝土砌块

蒸压加气混凝土砌块是以钙质材料和硅质材料及加气剂、少量调节剂,经配料、搅拌浇筑成型、切割和蒸压养护而制成的多孔轻质块体材料。钙质材料多为石灰,硅质材料可分别采用水泥、矿渣、粉煤灰、砂等。

（1）技术性能

根据《蒸压加气混凝土砌块》（GB 11968—2006）的规定,对蒸压加气混凝土砌块的主要技术要求有：

① 规格尺寸

砌块的规格（公称尺寸）：长度（L）一般为 600 mm；宽度（B）有 100、125、150、200、250、300（mm）及 120、180、240（mm）共 9 种规格；高度（H）有 200、240、250、300（mm）四种规格。在实际中,尺寸可根据需要进行生产。

② 砌块等级

加气混凝土砌块根据尺寸偏差与外观质量（缺棱掉角、裂纹长度、平面弯曲、爆裂、疏松、层裂等）、干密度、抗压强度和抗冻性划分为优等品（A）、合格品（B）两个等级。

③ 强度级别

加气混凝土砌块的强度级别是将试样加工成 100 mm×100 mm×100 mm 的立方体试件,一组三块,以平均抗压强度划分为 A1.0、A2.0、A2.5、A3.5、A5.0、A7.5、A10.0 共 7 个级别,见表 10.7。

表 10.7　蒸压加气混凝土砌块的立方体抗压强度

强度级别	A1.0	A2.0	A2.5	A3.5	A5.0	A7.5	A10.0
强度平均值（MPa）,≥	1.0	2.0	2.5	3.5	5.0	7.5	10.0
强度单块最小值（MPa）,≥	0.8	1.6	2.0	2.8	4.0	6.0	8.0

④ 密度级别

加气混凝土砌块根据干燥状态下的体积密度划分为 B03、B04、B05、B06、B07、B08 六个级别。各干体积密度参见表 10.8,密度级别和强度级别对照表参见表 10.9。

表 10.8　蒸压加气混凝土砌块的干体积密度

干体积密度级别		B03	B04	B05	B06	B07	B08
干体积密度（kg/m³）	优等品（A）,≤	300	400	500	600	700	800
	合格品（B）,≤	325	425	525	625	725	825

表 10.9　蒸压加气混凝土干体积密度级别和强度级别对照表

干体积密度级别		B03	B04	B05	B06	B07	B08
强度级别	优等品（A）	A1.0	A2.0	A3.5	A5.0	A7.5	A10.0
	合格品（B）			A2.5	A3.5	A5.0	A7.5

（2）蒸压加气混凝土砌块的应用

蒸压加气混凝土砌块主要用于框架结构的外墙填充和内墙隔断,也可建造三层以下的全加气混凝土建筑,或用于抗震圈梁构造柱多层建筑的外墙或保温隔热复合墙体。其中 B03、B04、B05 级一般用于非承重结构的围护和填充墙,也可用于屋面保温,B06、B07、B08

可用于不高于 6 层建筑的承重结构。在标高±0.000 以下,长期浸水或经常受干湿循环、受酸碱侵蚀以及表面温度高于 80 ℃的部位,一般不允许使用蒸压加气混凝土砌块。

10.3.2 普通混凝土小型砌块

（1）术语

国家标准《普通混凝土小型砌块》(GB/T 8239—2014)规定,普通混凝土小型砌块指以水泥、矿物掺合料、砂、石、水等为原材料,经搅拌、振动成型、养护等工艺制成的小型砌块,包括空心砌块和实心砌块。又可分为主块型砌块、辅助砌块和免浆砌块。主块型砌块指外形为直角六面体,长度尺寸为 400 mm 减砌筑时竖灰缝厚度,砌块高度尺寸为 200 mm 减砌筑时水平灰缝厚度,条面是封闭完好的砌块。辅助砌块指与主块型砌块配套使用的、特殊形状与尺寸的砌块,分为空心和实心两种;包括各种异型砌块,如圈梁砌块、一端开口的砌块、七分头砌块、半块等。免浆砌块指砌块砌筑(垒筑)成墙片过程中,无须使用砂浆砌筑,块与块之间主要靠榫槽结构相连的砌块。

（2）规格

砌块的外形一般为六面体,常用块型的规格尺寸见表 10.10。

表 10.10   砌块的规格尺寸

长度(mm)	宽度(mm)	高度(mm)
390	90,120,140,190,240,290	90,140,190

（3）种类

砌块按空心率分为空心砌块(空心率不小于 25%,代号 H)和实心砌块(空心率小于 25%,代号 S)。

砌块按使用时砌筑墙体的结构和受力情况,分为承重结构用砌块(简称承重砌块,代号 L)和非承重结构用砌块(简称非承重砌块,代号 N)。

常用的辅助砌块代号分别是:半块—50;七分头块—70;圈梁块—U;清扫孔块—W。

（4）强度等级

砌块按抗压强度分级见表 10.11。

表 10.11   砌块的强度等级

砌块种类	承重砌块 L(MPa)	非承重砌块 N(MPa)
空心砌块 H	7.5,10.0,15.0,20.0,25.0	5.0,7.5,10.0
实心砌块 S	15.0,20.0,25.0,30.0,35.0,40.0	10.0,15.0,20.0

（5）标记

砌块按照"砌块种类＋规格尺寸＋强度等级(MU)＋标准代号"标记。例如:

规格尺寸 390 mm×190 mm×190 mm,强度等级 MU15.0,承重结构实心砌块,标记为:LS   390 mm×190 mm×190 mm MU15.0   GB/T 8239—2014。

规格尺寸 395 mm×190 mm×194 mm,强度等级 MU5.0,非承重结构空心砌块,标记为:NH　395 mm×190 mm×194 mm MU5.0　GB/T 8239—2014。

规格尺寸 190 mm×190 mm×190 mm,强度等级 MU15.0,承重结构半块砌块,标记为:LH　190 mm×190 mm×190 mm MU15.0　GB/T 8239—2014。

10.3.3　轻集料混凝土小型空心砌块

（1）术语

轻集料混凝土指用轻的粗集料、轻砂(或普通砂)、水泥和水等原材料配置而成的干表观密度不大于 1950 kg/m³ 的混凝土。

轻集料混凝土小型空心砌块指用轻集料混凝土制成的小型空心砌块。

（2）分类

按照《轻集料混凝土小型空心砌块》(GB/T 15229—2011),轻集料混凝土小型空心砖砌块按照砌筑孔的排数分为:单排孔、双排孔、三排孔和四排孔。

（3）规格尺寸

轻集料混凝土小型空心砖砌块主要规格尺寸为:长 390 mm、宽 190 mm、高 190mm。

（4）等级

砌块表观密度等级分为八级:700,800,900,1000,1100,1200,1300,1400。

砌块强度等级分为五个等级:MU2.5,MU3.5,MU5.0,MU7.5,MU10.0。

（5）标记

轻集料混凝土小型空心砖砌块(代号 LB),按照"代号＋类别(孔的排数)＋密度等级＋强度等级＋标准编号"顺序标记。例如:双排孔,密度等级 800,MU3.5 强度等级的轻集料混凝土小型空心砖砌块标记为:LB　2 800 MU3.5 GB/T 15229—2011。

10.4　建 筑 墙 板

建筑墙板主要用于内墙板或隔墙板,其品种十分繁多,例如有纸面石膏板、石膏纤维板、石膏空心条板、石膏刨花板、GRC 轻质多孔条板、GRC 平板、纤维水泥平板、水泥刨花板、轻质陶粒混凝土条板、固定式挤压成型混凝土多孔条板、轻集料混凝土配筋墙板、移动式挤压成型混凝土多孔条板、SP 墙板等,现就常用的建筑墙板进行介绍。

10.4.1　石膏墙板

石膏墙板是以石膏为主要原料制成的墙板的统称,包括纸面石膏板、石膏纤维板、石膏空心条板、石膏刨花板等,主要用作建筑物的隔墙、吊顶等。

（1）纸面石膏板

纸面石膏板按照其用途可分为普通纸面石膏板(P)、耐水纸面石膏板(S)和耐火纸面石膏板(H)三种。普通纸面石膏板是以建筑石膏为主要原料,掺入适量轻集料、纤维增强材料和外加剂构成芯材,并与护面纸板牢固地黏接在一起的建筑板材。耐水纸面石膏板是以建筑石膏为主要原料,掺入适量纤维增强材料和耐水外加剂等构成耐水芯材,并与耐水护面纸牢固地黏接在一起的吸水率较低的建筑板材。耐火纸面石膏板是以建筑石膏为主要原料,掺入适量轻集料、无机耐火纤维增强材料和外加剂构成耐火芯材,并与护面纸牢固地黏接在一起的改善高温下材料结合力的建筑板材。

根据《纸面石膏板》(GB/T 9775—2008)的规定,纸面石膏板的长度为 1500、1800、2100、2400、2440、2700、3000、3300、3600、3660(mm);宽度为 600、900、1200 和 1220(mm);厚度为 9.5、12.0、15.0、18.0、21.0 和 25.0(mm);也可根据用户要求,生产其他规格尺寸的板材。板材的吸水率应不大于 10.0%,板材的表面吸水量应不大于 160 g/m²,耐火板材遇火稳定时间应不小于 20 min。

(2) 石膏纤维板

石膏纤维板由熟石膏、纤维(废纸纤维、木纤维或有机纤维)和多种添加剂加水配制而成。按照其结构主要有三种:一是单层均质板;二是三层板,上下面层为均质板,芯层为膨胀珍珠岩、纤维和胶料组成;三是轻质石膏纤维板,由熟石膏、纤维、膨胀珍珠岩和胶料组成,主要用作天花板。石膏纤维不以纸覆面,并采用半干法生产,可减少生产和干燥时的能耗,且具有较好的尺寸稳定性和防火、防潮、隔音性能,以及良好的可加工性和二次装饰性。

(3) 石膏空心条板

石膏空心条板是以熟石膏为胶凝材料,掺入适量的水、粉煤灰或水泥和少量的纤维,并掺入膨胀珍珠岩为轻质骨料,经搅拌、成型、抽芯、干燥等工序制成的空心条板,包括石膏、石膏珍珠岩、石膏粉煤灰硅酸盐空心条板等。

石膏空心条板的基本尺寸为:长度 2400～3000 mm,宽度 600 mm,厚度 60 mm,其他规格由供需双方商定。根据《石膏空心条板》(JC/T 829—2010)规定,孔与孔之间和孔与板面之间的最小壁厚不得小于 12 mm;面密度:板厚 $T=60$ mm,面密度≤45 kg/m²,板厚 $T=90$ mm,面密度≤60 kg/m²,板厚 $T=120$ mm,面密度≤75 kg/m²;抗弯破坏荷载大于或等于 1.5 倍板自重;抗冲击性能为承受 30 kg 沙袋、落差 5 m 的摆动冲击三次,不出现贯通裂纹;受 800 N 单点吊挂力作用 24 h,不出现贯通裂纹。

(4) 石膏刨花板

石膏刨花板是以熟石膏为胶凝材料,木质刨花碎料为增强材料,外加适量的水和化学缓凝剂,经搅拌形成半干性混合料,在 2.0～3.5 MPa 的压力下成型并维持在该受压状态下完成石膏和刨花的胶结而形成的板材。

以上几种板材均是以熟石膏作为胶凝材料和主要成分,其性质接近,主要特性有:

① 防火性好

石膏板中的二水石膏含 20%左右的结晶水,在高温下能释放出水蒸气,降低表面温度、阻止热的传导或窒息火焰,达到防火效果,且不会产生有毒气体。

② 绝热、吸声性能好

导热系数小于 0.20 W/(m·K),表观密度小于 900 kg/m³,有较好的吸声效果。

③ 抗震性能好

石膏板表观密度小,结构整体性强,特别适用于地震区高层建筑中的隔墙和贴面墙。

④ 强度低

石膏板的强度均较低,一般只能用作非承重的隔墙板。

⑤ 耐干湿循环性能差,耐水性差

耐干湿循环性能差、耐水性差,故石膏板不宜在潮湿环境中使用。

10.4.2 纤维复合板

纤维复合板的基本形式有三类:第一类是在胶结料中掺加各种纤维质材料经"松散"搅拌复制在长纤维网上制成的纤维复合板。第二类是在两层刚性胶结材料之间填充一层柔性或半硬质纤维复合材料,通过钢筋网片、连接件的胶结作用构成复合板材。第三类是以短纤维复合板作为面板,在用轻钢龙骨等复制岩棉保温层和纸面石膏板构成复合墙板。复合纤维板材集轻质、高强、高韧性和耐水性于一体,可按要求制成任意规格的形状和尺寸,适于外墙及内墙承重或非承重结构。

根据所用纤维材料的品种和胶结材的种类,目前主要品种有:纤维增强水泥平板(TK板)、玻璃纤维增强水泥复合内隔墙平板和复合板(GRC外墙板)、混凝土岩棉复合外墙板等十几种。

(1) GRC 板材

GRC 板材即玻璃纤维增强水泥复合墙板,按照其形状可分为 GRC 平板和 GRC 轻质多孔条板。

GRC 平板由耐碱玻璃纤维、低碱度水泥、轻集料和水为主要原料所制成。它具有密度低、韧性好、耐水、不燃烧、可加工性好等特点,其生产工艺主要有两种,即喷射-抽吸法和布浆-脱水-辊压法。

GRC 轻质多孔条板是以耐碱玻璃纤维为增强材料,以硫铝酸盐水泥轻质砂浆为基材制成的具有若干圆孔的条形板。GRC 轻质多孔条板的生产方式很多,有挤压成型、立模成型、喷射成型、预制泵注成型、钢网抹浆成型等。

以上两种板材的主要技术性质有:密度不大于 $1200~kg/m^3$,抗弯强度不小于 8 MPa,抗冲击强度不小于 $3~kJ/m^2$,干湿变形不大于 0.15%,含水率不大于 10%,吸水率不大于 35%,导热系数不人于 $0.22~W/(m \cdot K)$,隔音系数不小于 22 dB 等。GRC 平板可以作为建筑物的内隔墙和吊顶板,经过表面压花、覆涂之后也可用作建筑物的外墙。

《玻璃纤维增强水泥轻质多孔隔墙条板》(GB/T 19631—2005)规定,GRC 轻质多孔隔墙条板按板的厚度分为 90 型和 120 型,按板型分为普通板(PB)、门框板(MB)、窗框板(CB)和过梁板(LB)。GRC 轻质多孔隔墙条板按其外观质量、尺寸偏差及物理力学性能分一等品(B)和合格品(C),其物理力学性能见表 10.12。

表 10.12 玻璃纤维增强水泥轻质多孔隔墙条板物理力学性能

项　　目		一等品	合格品
含水率(%)	采暖地区,不大于	10	
	非采暖地区,不大于	15	
气干面密度(kg/m²)	90 型,不大于	75	
	120 型,不大于	95	
抗折破坏荷载(N)	90 型,不大于	2200	2000
	120 型,不大于	3000	2800

续表 10.12

项　　　目		一等品	合格品
干燥收缩值(mm/m),不大于		0.6	
抗冲击性(30 kg,0.5 m 落差)		冲击 5 次,板面无裂缝	
吊挂力(N),不小于		1000	
空气声计权隔声量(dB)	90 型,不大于	35	
	120 型,不大于	40	
抗折破坏荷载保留率(耐久性)(%),不小于		80	70
放射性比活度	I_{Rt},不大于	1.0	
	I_t,不大于	1.0	
耐火极限(h),不小于		1	
燃烧性能		不燃	

　　(2) 纤维增强水泥平板(TK 板)

　　纤维增强水泥平板是以低碱水泥、中碱玻璃纤维或短石棉纤维为原料,在圆网抄取机上制成的薄型建筑平板。根据抗压强度分为 100 号、150 号和 200 号三种 TK 板,吸水率分别为<32%、<28%、<28%;抗冲击强度大于 2.5 kJ/m²;耐火极限为 9.3~9.8 min;导热系数为 0.58 W/(m·K)。常用规格为:长 1220、1550、1800(mm);宽 820 mm;厚 40、50、60、80(mm)。TK 板适用于框架结构的复合外墙板和内墙板。

　　(3) 石棉水泥复合外墙板

　　这种复合板是以石棉水泥平板(或半波板)为覆板面,填充保温芯材,以石膏板或石棉水泥板为内墙板,用龙骨为骨架,经复合而成的一种轻质、保温非承重外墙板。其主要特性由石棉水泥平板决定,它是以石棉纤维和水泥为主要原料,经抄坯、压制、养护而成的薄型建筑平板。表观密度为 1500~1800 kg/m³,抗折强度为 17~20 MPa。

　　(4) 钢丝网架水泥岩棉夹芯板(简称 GY 板)

　　这是一种采用钢丝网片和半硬质岩棉复合而成的墙板。板厚 100 mm,其中岩棉 50 mm,两面水泥砂浆各 25 mm,自重约 110 kg/m²,热绝缘系数 0.8 m²·K/W。GY 板适用于建筑物的承重或非承重墙体,也可预制配有门窗的各种异形构件。

　　(5) 纤维增强硅酸钙板

　　纤维增强硅酸钙板通常称为"硅钙板",是由钙质材料、硅质材料和纤维作为主要原料,经制浆、成坯、蒸压养护而成的轻质板材,其中建筑用板材厚度一般为 5~12 mm。生产纤维增强硅酸钙板的钙质原料为消石灰或普通硅酸盐水泥,硅质原料为磨细石英砂、硅藻土或粉煤灰,纤维可用石棉或纤维素纤维。同时,为进一步降低板的密度并提高其绝热性,可掺入膨胀珍珠岩;为进一步提高板的耐火极限温度并降低其在高温下的收缩率,有时也加入云母片等材料。

　　根据《纤维增强硅酸钙板》(JC/T 564.2—2008)规定,硅酸钙板按其密度可分为 D0.8、D1.1、D1.3、D1.5 四种,其物理力学性能见表 10.13。

表 10.13　纤维增强硅酸钙板物理力学性能

项目		类别			
		D 0.8	D 1.1	D 1.3	D1.5
密度 D(g/cm³)		$D \leqslant 0.95$	$0.95 < D \leqslant 1.20$	$1.20 < D \leqslant 1.40$	$D > 1.40$
抗折强度（MPa）	Ⅰ级	—	4	5	6
	Ⅱ级	5	6	8	9
	Ⅲ级	6	8	10	13
	Ⅳ级	8	10	12	16
	Ⅴ级	10	14	18	22
导热系数[W/(m·K)]，不大于		0.20	0.25	0.30	0.35
含水率（%），不大于		10			
湿胀率（%），不大于		0.25			
不燃性		符合 GB 8624 A 级　不燃材料			

　　该板材具有密度低、比强度高、湿胀率小、防火、防潮、防霉蛀、加工性良好等优点，主要用作高层、多层建筑或工业厂房的内隔墙和吊顶，经表面防水处理后可用作建筑物的外墙板。由于该板材具有很好的防火性，特别适用于高层、超高层建筑的墙体。

10.4.3　混凝土墙板

　　混凝土墙板由各种混凝土为主要材料加工制作而成，主要有蒸压加气混凝土板、轻骨料混凝土配筋墙板、混凝土多孔条板等。

　　（1）蒸压加气混凝土板

　　蒸压加气混凝土板是由钙质材料（水泥＋石灰或水泥＋矿渣）、硅质材料（石英砂或粉煤灰）、石膏、铝粉、水和钢筋组成的轻质板材。其内部还有大量微小、非连通的气孔，孔隙率达70%～80%，因而具有自重小、保温隔热性好、隔声性强等特点，同时具有一定的承载能力和耐火性，主要用作内、外墙板，屋面板或楼板。

　　（2）轻骨料混凝土配筋墙板

　　轻骨料混凝土配筋墙板是以水泥为胶凝材料，陶粒或天然浮石为粗骨料，陶粒、膨胀珍珠岩砂、浮石砂为细骨料，经搅拌、成型、养护而制成的一种轻质墙板，为增强其抗弯能力，常常在内部轻骨料混凝土浇筑完后再铺设一层钢筋网片。在每块板墙内部均设置六块预埋铁件，施工时与柱或楼板的预埋钢板焊接，墙板接缝处需采取防水措施（主要有构造防水和材料防水两种）。

　　（3）混凝土多孔条板

　　混凝土多孔条板是以混凝土为主要材料的轻质空心条板。按其生产方式不同，混凝土多孔条板可分为固定式挤压成型混凝土多孔条板、移动式挤压成型混凝土多孔条板两种；按其混凝土的种类不同，混凝土多孔条板可分为普通混凝土多孔条板、轻骨料混凝土多孔条板、VRC 轻质多孔条板等。其中 VRC 轻质多孔条板是以快硬型硫铝酸盐水泥掺入 35％～40％的粉煤灰为胶凝材料，以高强纤维为增强材料，掺入膨胀珍珠岩等轻骨料而制成的一种板材。以上混凝土多孔条板主要用作建筑物的内隔墙。

10.4.4　复合墙板和墙体

单独一种墙板很难同时满足墙体的物理、力学和装饰性能要求，因此，常常采用复合的方式满足建筑物内、外墙体的综合功能要求。由于复合墙板和墙体品种繁多，下面仅介绍常用的几种复合墙板和墙体。

（1）GRC 复合外墙板

GRC 复合外墙板是以低碱度水泥砂浆作为基材，耐碱玻璃纤维作为增强材料制成面层，内设钢筋混凝土肋，并填充绝热材料作为内芯，一次制成的一种轻质复合墙板。

（2）金属面夹芯板

金属面夹芯板是近年来随着轻钢结构的广泛使用而产生的，通过黏接剂将金属面和芯层材料黏接。常用的金属面有钢板、铝板、彩色喷涂钢板、镀锌钢板、不锈钢板等，芯层材料主要有硬质聚氨酯泡沫塑料、聚苯乙烯泡沫塑料、岩棉等。

（3）钢筋混凝土绝热材料复合外墙板

钢筋混凝土绝热材料复合外墙板包括承重混凝土岩棉复合外墙板和非承重薄壁混凝土岩棉复合外墙板。承重复合墙板主要用于采用大模板高层建筑，非承重复合墙板主要用于框架轻板和高层大模板体系的外墙工程。

（4）石膏板复合墙体

石膏板复合墙板是以石膏板为面层、绝热材料（通常采用聚苯乙烯泡沫塑料、岩棉或玻璃棉等）为芯材的预制复合板。石膏板复合墙体是以石膏板为面层、绝热材料为绝热层，与主体外墙进行现场复合而成的保温墙体。

（5）聚苯模块混凝土复合绝热墙体

聚苯模块混凝土复合绝热墙体是将聚苯乙烯泡沫塑料板组成模块，并在现场连接成模板，在模板内部放置钢筋和浇注混凝土，此模板不仅是永久性模板，而且也是墙体的高效保温隔热材料。聚苯板组成聚苯模块时往往设置一定数量的高密度树脂腹筋，并安装连接件和饰面板。此种方式不仅可以不使用木模或钢模，加快施工进度，并且由于聚苯模块的保温保湿作用，便于夏冬两季施工中混凝土强度的增长。在聚苯板上可以十分方便地进行开槽、挖孔以及铺设管道、电线等操作。

 复习思考题

10.1　砖按所用原料不同可分为哪几类？

10.2　砖按生产方式不同可分为哪几类？

10.3　砖按外形不同可分为哪几类？

10.4　砌块有哪几类？

10.5　烧结砖的生产工艺流程是什么?

10.6　按照《烧结普通砖》(GB/T 5101—2017)的规定,烧结普通砖按其主要原料分为哪几类?

10.7　烧结普通砖的规格是什么?

10.8　在烧结普通砖砌体中,加上灰缝 10 mm,1 m^3 砖砌体需用砖多少块?

10.9　烧结普通砖按抗压强度划分为哪几个强度等级?

10.10　烧结普通砖的产品分哪几个质量等级?

10.11　烧结空心砖和空心砌块可以使用在承重墙体上吗?

11 沥青材料简介

11.1 石油沥青概述

11.1.1 沥青的概念和分类

（1）沥青概念

沥青是由不同相对分子质量的碳氢化合物及其非金属（硫、氧、氮等）衍生物组成的黑褐色复杂混合物，呈液态、半固态或固态，传统上作为一种防水、防潮和防腐的有机胶凝材料，也可作为基础建设材料、原料和燃料，主要应用于交通运输、建筑、水利等各个行业。

沥青材料具有不透水性，不导电，耐酸、碱、盐的腐蚀，同时还具有良好的黏接性。

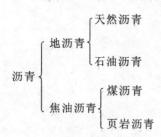

图 11.1　沥青按来源不同分类

（2）沥青的分类

目前对于沥青材料的命名和分类，世界各国尚不统一。沥青材料的品种很多。

① 按沥青在自然界中获得的方式分类

我国通用的命名和分类方法是按照沥青的来源不同进行划分的，如图 11.1 所示。

地沥青即通常所说的沥青，俗称臭油，是有机化合物的混合物，溶于松节油或石油，可以制造涂料、塑料、防水纸、绝缘材料等，又可以用来铺路。它是天然产物或由石油精炼加工而得到的，是以"沥青"占绝对优势成分的材料。

天然沥青指石油在自然条件下，长时间经受地球物理因素作用形成的产物。煤沥青指煤经干馏所得的煤焦油，经再加工后得到的沥青。页岩沥青是页岩炼油工业的副产品。

② 石油沥青

石油沥青指石油经各种炼制工艺加工而得的沥青产品。石油沥青是沥青材料的主要来源，应用最广泛。常用的石油沥青有直馏沥青、氧化沥青、溶剂（脱）油沥青、调和沥青等。石油沥青还可经过加工得到轻质沥青、乳化沥青等。根据石油沥青的用途可分为道路沥青、建筑沥青及专用沥青。道路沥青主要用于路面工程，通常为直馏沥青或氧化沥青；建筑沥青主要用于防水、防腐等土建防护工程中，大多为氧化沥青；专用沥青用作特殊用途。石油沥青生产流程如图 11.2 所示。

通常认为原油是由泥土及页岩碎屑与一起沉积在海底的海洋生物及植物等有机物质经高温高压作用而形成。几百万年以来，有机物和泥土沉积层有数百米厚，上层无限大的重量将下层物质压成沉积岩。经过地壳内热量的作用和上部沉积层的压力，再加上细菌作用和粒子辐射冲击的影响，使有机物质和植物变成碳氢化合物等。多数油和气体埋藏在岩石孔

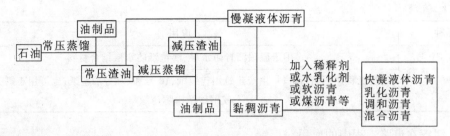

图 11.2　石油沥青生产流程示意

隙中被不渗透的岩石覆盖,形成油田和气体层。

全球 4 个主要产油地区是美国、中东、加勒比海周围诸国和俄罗斯。各地生产的原油在物理及化学性质上均有所差异。它们的物理性能从黏稠的黑色液体到稀薄的稻草色液体不等。化学组成主要是蜡、环烷烃和芳香烃。世界各地生产近 1500 种不同的原油,其中仅有少数原油适用于制造沥青。一般的沥青主要是用中东或南美的原油来生产。

石油沥青产量最大,用途最广,一般所说沥青就是指石油沥青。

③ 其他分类方式

按照沥青的加工工艺不同,可将沥青分为直馏沥青、溶剂(脱)油沥青、调和沥青等。按原油的性质不同,沥青可分为石蜡基沥青、环烷基沥青和中间基沥青。按沥青的形态不同,沥青可分为黏稠沥青、液体沥青。按沥青用途不同,沥青可分为道路沥青、建筑沥青、机场沥青等。

(3) 沥青的主要用途

① 沥青应用概述

沥青材料在各种领域得到广泛应用,直接的原因是:沥青量大面广、价格相对低廉;沥青具有较好的耐久性;沥青有较好的黏接和防水性能;高温时易于进行加工处理,但在低温下又很快变硬,并且有抵抗变形的能力。

所有这些性质与道路施工的沥青材料有很大关系。除了公路铺装以外,沥青在其他方面也有广泛用途,如制造防水材料(石油沥青纸、石油沥青毡及防水膏)、防腐及绝缘材料等,见表 11.1。

表 11.1　各种沥青的应用

品种		应用
道路石油沥青	200 号	用于喷洒浸透法施工的道路铺装和某些路面冬季施工,也用于道路表面处理
	180 号	用于路面加工和冬季道路沥青混凝土施工
	140 号	用于夏季路面表面处理,也可用于喷洒浸透法道路施工及水利施工
	100 号	用于北方铺设路面和水利工程,夏季灌注路面,建筑工程防水,制造毡纸和沥青石棉板
	60 号	用于加热混合法铺设沥青混凝土路面的砂石结合料,生产油毡纸和防潮层
高等级道路沥青		高等级道路

续表 11.1

品种		应用
建筑石油沥青	10 号	用于屋顶沥青防水层、油毡纸防水层结合材料
	30 号	建筑工程用玛琋脂材料,生产建筑用包装纸、10 号和 30 号油毡,也可用于露天管道或钢铁结构防锈涂料

② 沥青在道路工程中的应用

公路建设是沥青材料的主要应用方向,用于公路建设的沥青占沥青总产量的 80%~90%。道路石油沥青(代号 A)可以用于各个等级的公路,适用于任何场合。沥青在道路中的应用,最主要的是在路面面层中的应用,例如热拌沥青混合料适用于各种公路的沥青路面。其次是在路面养护中的应用。

11.1.2　石油沥青的组成成分

(1) 沥青的元素组成

沥青不是单一的物质,而是由多种化合物组成的混合物,成分极其复杂。但从化学元素分析来看,其主要由碳(C)、氢(H)两种化学元素组成,故又称碳氢化合物。通常石油沥青中碳和氢的质量占 98%~99%,其中,碳的质量又占 84%~87%,氢为 11%~15%。此外,沥青中还含有少量的硫(S)、氮(N)、氧(O)以及一些金属元素(如钠、镍、铁和钙等),它们以无机盐或氧化物的形式存在,约占 5%。

沥青是由原油经过处理以后的产品,由复杂的碳氢化合物和非金属取代碳氢化合物中的氢生成新的衍生物所组成,主要由烷烃、环烷烃、缩合的芳香烃组成。烷烃是碳原子以单链(C_nH_{2n+2})相连的碳氢化合物,17 个碳原子以上时,易发生氧化反应。碳环化合物是含有完全由碳原子组成环的碳氢化合物,包括脂环族和芳香族。芳香族是含一个或多个苯环结构的碳氢化合物。

沥青的元素组成对沥青的性质具有重要意义,但在很多情况下,不同种类的沥青元素组成同时却又有不同的使用性能,这是由沥青本身的组分和结构的复杂性引起的。组成沥青的化学元素在不同的情况下形成不同的组分和结构(将大小和结构不同但性能相近的烃类归入某一组分),这些不同的组分和结构在条件变化时还会相互转化,形成新的组分组成和结构组成,从而影响到沥青的性能变化。因此,研究沥青的性能,不仅要研究沥青的元素组成,还要研究沥青的组分组成(各种组分在沥青中的比例);在研究沥青元素组成的同时,要了解沥青各组分的元素组成;需要注意,不同种类的沥青其元素组成是不同的,某一沥青组分的元素组成却是固定的。

沥青组分的分类方法也有很多,一般按是否溶于轻石油馏分或低分子烷烃(正戊烷、正庚烷)划分为可溶质和不可溶质,可溶质一般包括沥青中的油分(含蜡油)和胶质,不可溶质一般指的是沥青质,即用轻质烃类溶解沥青后沉淀下来的那部分,但须注意所使用的溶剂不同(可以用 30~60 ℃石油醚、正戊烷、正庚烷等)沉淀下来的量也不同,因此,必须说明所采用的溶剂。含蜡油经稀释、冷冻、结晶过滤后得到的固体部分称为蜡,液体部分称为油。另外,还有油焦质(不溶于二氧化硫和四氯化碳)和碳青质(溶于二硫化碳但不溶于四氯化碳，又称半油焦质），以及沥青质酸和酸酐（游离酸性物质及酸酐类，溶于苯基乙醇但不溶于石油醚）。

绝大部分的石油沥青实际上都不含油焦质。在用裂化渣油生产的沥青中，可能含有少量的油焦质，一般不超过2%。油焦质为高度缩合的、含氢量少的类似焦炭的物质。

在石油沥青中碳青质的含量也很少。道路石油沥青中碳青质的质量一般不超过0.2%，裂化产品中的含量可能稍高些。碳青质也是芳香度很高的，由沥青质加热或氧化缩合生成的难溶性物质，在外观和相对密度等性质方面与沥青很相似，但不溶于苯。

（2）石油沥青的化学组分

石油沥青的组成元素主要是碳（82%～88%）、氢（8%～11%），其次是硫（<6%）、氧（<15%）、氮（<1%）等和微量的金属元素。由于沥青的组成极其复杂，并存在有机化合物的同分异构现象，许多沥青的化学元素组成虽然十分相似，但它们的性质往往区别很大。沥青中各组成的含量和性质与沥青的黏滞性、感温性、黏附性有直接的联系，在一定程度上能说明它的路用性能，但其分析流程复杂，时间长。

《公路工程沥青及沥青混合料试验规程》（JTG E20—2011）中，有沥青化学组分试验三组分分析法和沥青化学组分试验四组分分析法两种分析方法。

石油沥青的三组分分析法是将石油沥青分离为油分、树脂和沥青质三个组分。脱蜡后的油分主要起柔软和润滑的作用，是优质沥青不可缺少的组分。油分含量的多少直接影响沥青的柔软性、抗裂性和施工难度。油分在一定条件下可以转化为树脂，甚至沥青质。树脂又分为中性树脂和酸性树脂，中性树脂使沥青具有一定的塑性、可流动性和黏接性，其含量增加，沥青的黏结力和延展性增强。酸性树脂即沥青酸和沥青酸酐，含量较少，为树脂状黑褐色黏稠物质，是沥青中含量最大的组分，能改善沥青对矿物材料的润湿性，特别是可以提高沥青与碳酸盐类岩石的黏附性，还能够增加沥青的可乳化性。沥青质为黑褐色到黑色易碎的粉末状固体，它决定着沥青的黏结力和温度稳定性。沥青质含量增加时，沥青的黏度、软化点和硬度都随之提高，见表11.2。

表11.2 石油沥青三组分分析法的各组分性状

组分	性状			
	外观特征	平均相对分子质量	C与H之比	质量比（%）
油分	淡黄色液体	200～700	0.5～0.7	45～60
树脂	红褐色黏稠半固体	800～3000	0.7～0.8	13～30
沥青质	深褐色固体微粒	1000～5000	0.8～1.0	5～30

石油沥青的四组分分析法是将石油沥青分离为饱和分、芳香分、胶质和沥青质四个组分。按照沥青四组分分析法，各组分对沥青性质的影响为：饱和分含量增加，可使沥青稠度降低（针入度增大）；胶质含量增大，可使沥青的延性增加；在有饱和分存在的条件下，沥青质含量增加，可使沥青获得低的感温性；胶质和沥青质的含量增加，可使沥青的黏度提高，见表11.3。

表 11.3　石油沥青四组分分析法的各组分性状

组分	性状			
	外观特征	平均相对密度	平均相对分子质量	主要化学结构
饱和分	无色液体	0.89	625	烷烃、环烷烃
芳香分	黄色至红色液体	0.99	730	芳香烃、含硫衍生物
胶质	棕色黏稠液体或无定形固体	1.09	970	多环结构,含硫、氧、氮衍生物
沥青质		1.15	3400	缩合环结构,含硫、氧、氮衍生物

11.2　道路石油沥青的路用技术性能

11.2.1　物理性质

（1）密度和相对密度

密度是指某种物质的质量和其体积的比值,即单位体积的某种物质的质量。相对密度是指物体的质量与同体积水的质量的比值,没有单位。

沥青的相对密度是指在规定温度下,沥青质量与同体积水质量之比。《公路工程沥青及沥青混合料试验规程》（JTG E20—2011）中的 T 0603—2011 沥青密度与相对密度试验规定,沥青使用比重瓶测定沥青材料的密度与相对密度,宜在试验温度为 25 ℃ 及以下测定沥青密度与相对密度;对于液体石油沥青,也可以采用适宜的液体比重计测定密度或相对密度。沥青的密度和相对密度是沥青的基本参数,在沥青储运和沥青混合料设计时都要用到。沥青的密度或相对密度在质量与体积之间相互计算时颇为重要。例如在铺筑路面时,经常需要将一定质量或体积的沥青与其他骨料以一定的比例混合。

许多研究表明,沥青的密度具有一定规律:沥青密度与其芳香分含量有关,芳香分含量越高,沥青密度越大;沥青密度与各组分之间的比例有关,沥青质含量越高,其密度越大;沥青密度与含蜡量有关,由于蜡的密度较低,故含蜡量高的沥青其密度较低;沥青中硫的含量还与其稠度有关,稠度高的沥青密度也大。

（2）溶解度

沥青属于有机胶凝材料,沥青的溶解度是指沥青在有机溶剂（三氯乙烯、四氯化碳、苯等）中可溶物的质量百分比。溶解度可以反映沥青中起黏接作用的有效成分的含量。利用溶解度的大小,可以清洗或稀释沥青。

11.2.2　黏滞性

黏滞性（黏性）是指沥青在外力作用下抵抗变形的能力,是反映沥青内部材料阻碍其相对流动的特性,是技术性质中与沥青路面力学行为联系最密切的一种性质。沥青的黏性通常用黏度表示。在现代交通条件下,为防止路面出现车辙,沥青黏度的选择是首要考虑的参数。各种石油沥青的黏滞性变化范围很大,黏滞性的大小与组分和温度有关。当沥青质含量较高、胶质适量、油分较少时,沥青的黏滞性较大。在一定温度范围内,当温度升高时,沥青的黏滞性随之降低,反之则增大。沥青的黏滞性用沥青的绝对黏度和沥青的相对黏度表示;在实际工作中,沥青的绝对黏度测定较为复杂,多使用沥青的技术黏度(或称为条件黏度、相对黏度)来作为沥青的黏滞性评价指标。实际工作中,评价沥青的条件黏度最常用的指标有针入度和软化点。

(1) 黏度的类别

黏度有绝对黏度、运动黏度、相对黏度和条件黏度,另外还有表观黏度等。

(2) 稠度

稠度是指当剪切应力作用于材料时,材料抵抗流动(永久变形)的性质。稠度是材料内部摩擦的一种表现。稠度和黏度是沥青最重要的性质。沥青的稠度和黏度随其化学组分和温度高低在一个很大的范围内变化。

(3) 沥青的黏度

沥青的黏滞性是反映沥青材料内部阻碍沥青粒子产生相对流动的能力,用黏度表示。沥青的黏度是沥青首要考虑的技术性质之一。

黏度是沥青的力学指标,它的大小反映沥青抵抗流动的能力,黏度越大,沥青路面抗车辙的能力越强。

(4) 针入度

针入度试验是国际上普遍采用的测定黏稠石油沥青黏接性的一种方法。本方法适用于测定道路石油沥青、改性沥青针入度以及液体石油沥青蒸馏后或乳化沥青蒸发后残留的针入度。沥青的针入度是在规定温度和时间内,附加一定质量的标准针垂直贯入试样的深度,以0.1 mm 表示,如图 11.3 所示。《公路工程沥青及沥青混合料试验规程》(JTG E20—2011)中的 T 0604—2011 沥青针入度试验,明确标准试验条件为温度 25 ℃,荷重 100 g,贯入时间 5 s。例如,某沥青在该条件下测得针入度为 70(0.1 mm),可以表示为:$P_{(25 ℃,100 g,5 s)}=70(0.1 mm)$。

11.2.3 低温性能

(1) 延性

沥青的低温性能与沥青路面的低温抗裂性有密切关系。沥青的延性与脆性是重要的路用性能指标,它们多通过沥青的低温延度试验和脆点试验来测定。

沥青的延性是指当受到外力的拉伸作用时,所能承受的塑性变形的总能力,是沥青内聚力的衡量,通常用延度作为条件延性指标来标示。

延度是将沥青试样制成"∞"形标准试模(中间最小截面为 1 cm²),在规定速度(5 cm/min)和温度[通常为 25、15、10 或 5(℃)]下拉伸至断裂时的长度,以 cm 表示。沥青的延度采用延度仪来测定,如图 11.4 所示。《公路沥青路面施工技术规范》(JTG F40—2004)中规定,A、B 级沥青可以采用 10 ℃延度,C 级可以采用 15 ℃延度来分别评定沥青的低温塑性性能。按照《公路工程沥青及沥青混合料试验规程》(JTG E20—2011)中的 T 0605—2011 沥青延

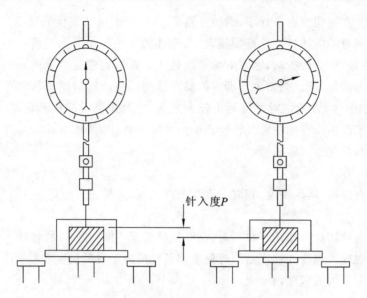

图 11.3 沥青针入度测定装置

度试验,测定沥青延度。

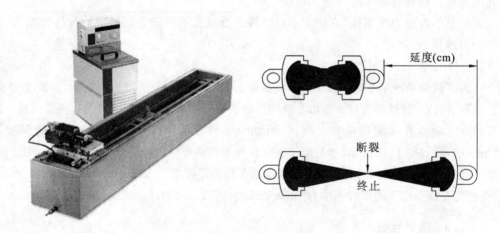

图 11.4 沥青延度仪及延度测定示意图

(2) 脆性

沥青材料在低温下受到瞬时荷载作用时,常表现为脆性破坏。沥青脆性的测定极为复杂,通常采用弗拉斯脆点试验求出沥青达到临界硬度时发生脆裂的温度,并以此作为条件脆性指标。

《公路工程沥青及沥青混合料试验规程》(JTG E20—2011)中的 T 0613—1993 沥青脆点试验(弗拉斯法)测定各种材料的弗拉斯脆点,它是将 0.4 g 沥青试样均匀涂在金属片上,置于有冷却设备的脆点仪内,摇动脆点仪的曲柄,使涂有沥青的金属片产生重复弯曲,随着冷却设备中温度以 1 ℃/min 的速度降低,沥青薄膜的温度也逐渐降低,当沥青薄膜在规定弯曲条件下产生断裂时,对应的温度即为脆点。在实际工作中,通常要求沥青具有较高的软化点和较低的脆点,否则沥青材料在夏季容易发生流淌,或是在冬季变脆甚至开裂。

　　脆点实质上反映了沥青由黏弹性体转变为弹脆体(玻璃体)时的温度,即达到临界硬度时发生脆裂的温度。沥青出现脆裂时的劲度为 2.1×10^9 Pa。

11.2.4　高温性质

　　沥青是一种非晶质高分子材料,没有明确的固化点或液化点,它由液态凝结为固态,或由固态融化为液态时,通常采用条件的硬化点和滴落点来表示。沥青材料处于硬化点至滴落点之间的温度区间时,是一种黏滞流动状态,通常取固化点到滴落点间隔的 87.21% 作为软化点。《公路工程沥青及沥青混合料试验规程》(JTG E20—2011)中的 T 0606—2011 沥青软化点试验适用于测定道路石油沥青、聚合物改性沥青的软化点,也适用于测定液态石油沥青、煤沥青蒸馏残留物或乳化沥青残留物的软化点。沥青软化点采用环球法测定,它是将沥青试样装入规定尺寸的铜环(内径 19.8 mm)内,试样上放置标准钢球(直径为 9.53 mm,质量为 3.5 g),在水中或甘油中以规定的升温速度(5 ℃/min)加热,使沥青软化下垂至规定距离(25.4 mm)时的温度,以 ℃表示。软化点越高,表明沥青的耐热性能越好,即高温性越好。沥青的软化点试验见图 11.5。

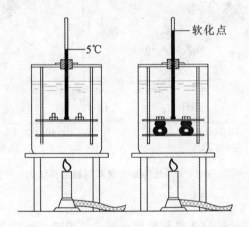

图 11.5　环球法测定沥青软化点装置及示意图

11.2.5　感温性

　　沥青的感温性(即温度敏感性)是指石油沥青的黏性和塑性随温度升降而变化的性能,主要包括石油沥青的高温稳定性和低温抗裂性。它是在给定的温度变化下,沥青的针入度或黏度的变化,对沥青路面的使用性能有很大影响。沥青感温性是决定沥青使用时的工作性质以及沥青面层使用性能的重要指标。沥青在低温(低于玻璃化温度 T_g)状态下是玻璃状的弹性状态,在高温时是流动状态,在常温时是类似于橡胶的黏弹状态,不易出现堆挤、雍包、车辙等病害。沥青作为沥青混合料的胶结料(结合料),修筑的沥青路面在不同温度情况下表现为不同的力学状态。人们希望沥青材料在夏季高温不致过分软化,而保持足够的黏滞性;在冬季不致过分脆化,而保持足够的柔韧性。不同品种、不同标号的沥青对温度的敏感性往往有很大的差别。通常采用沥青黏度随温度而变化的特点(黏-温关系)来评价沥青的感温性。国际上用以表示沥青感温性的指标有多种,壳牌石油公司研究所提出的沥青试验数据图(BTDC)反映了沥青在较宽温度范围内稠度性质的变化。而现在普遍采用针入度指数 PI、针入度黏度指数 PVN、黏温指数 VTS(黏温曲线斜率)等,以及模量指数、劲度指数、软化点、复数模量 GTS 等表示沥青的温度敏感性。它们都是以两个或两个以上不同温度的沥青指标的变化幅度来衡量的。

(1) 黏温指数

黏度与温度的关系在半对数坐标中大多为直线,图 11.6 所示为几种沥青薄膜烘箱加热试验(TFOT)前后的黏温曲线。不同沥青由于化学组成的差异,它们在图中表现为不同的斜率,这表明它们的温度敏感性不同。斜率越大,敏感性越强,其温度稳定性也就越差。

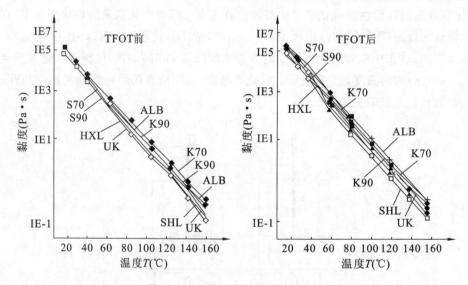

图 11.6　几种沥青材料的黏温曲线

(2) 针入度指数

针入度指数是应用经验的针入度和软化点试验结果来表征沥青感温性的一种指标。同时,针入度指数也可用来评价沥青的胶体结构状态。

针入度指数 PI 是评价沥青感温性应用最广泛的指标。PI 值越小,表示沥青的温度敏感性越强。大多数沥青的针入度指数 PI 值在 $-2.6 \sim 8$ 之间,而适合铺筑路面的道路沥青的针入度指数 PI 必须符合一定的要求。例如西班牙、瑞士要求 $-1.0 \leqslant PI \leqslant 1.0$;荷兰要求 $-1.5 \leqslant PI \leqslant 1.0$。《公路工程沥青路面施工技术规范》(JTG F40—2004)对道路石油沥青、聚合物改性沥青也提出了相应的沥青针入度指数 PI 的要求,道路石油沥青 A 级 $-1.5 \leqslant PI \leqslant 1.0$,B 级 $-1.8 \leqslant PI \leqslant 1.0$;聚合物改性沥青 $-1.2 \leqslant PI \leqslant -0.4$。

11.2.6　耐久性

(1) 耐久性概述

沥青在储运、加工、施工及使用过程中,由于长时间暴露在空气中,在风雨、温度变化等自然条件的作用下,会发生一系列的物理及化学变化,如蒸发、脱氧、缩合、氧化等。此时,沥青中除含氧官能团增多外,其他的化学组成也有变化,最后使沥青逐渐老化、变脆开裂,不能继续发挥其原有的黏接或密封作用。沥青所表现出的这种胶体结构、理化性质或机械性能的不可逆变化,称为老化。

在实际应用中,人们要求沥青有尽可能长的耐久性,老化的速度应尽可能地慢一些,因而提出了对沥青耐久性的要求。耐久性是沥青使用性能方面一个十分重要的综合指标。

（2）沥青老化的特征

沥青老化的表现方式较多,有沥青常规指标的变化,沥青组分的变化,沥青胶体结构的变化,沥青流变性质的变化等。

（3）沥青老化的原因

沥青老化过程一般分为两个阶段,即施工过程中的短期老化（蒸发损失）和路面在长期使用过程中的长期老化（氧化）。

在沥青路面的施工过程中,沥青的运输与储存、沥青混合料的拌和以及拌和后的施工期间,沥青始终处于高温状态,特别是在沥青与矿料的拌和阶段,沥青在薄膜状态暴露于170～190 ℃的空气中,在此短暂时间内由于空气氧化以及沥青中挥发成分的丧失,使沥青的性质发生变化,该施工阶段的老化称为短期老化。另外,沥青路面在长期使用过程中,由于空气、辐射、水与光等作用,使得沥青的性质发生改变,此过程发生的老化称为长期老化。老化的结果使得沥青变硬变脆。

沥青老化的原因主要有蒸发损失、沥青的氧化和其他因素（聚合作用、自然硬化、车辆荷载作用等）三个方面。

（4）延长沥青耐久性的可能途径

选择合适的生产沥青的石油,提高沥青的耐久性。改进生产沥青的加工过程,可以提高沥青的耐久性。还可加入某些用于石油轻馏分的抗氧化剂来改进沥青的耐久性,究竟以何种添加剂合适,必须针对沥青进行试验才能确定,此外,经济效果也是重要的考虑因素之一。

11.2.7　黏附性

沥青的黏附性是指沥青与石料之间相互作用所产生的物理吸附和化学吸附的能力,而黏结力则是指沥青内部的黏接能力。两者区别不大,黏结力大的沥青对同一骨料的黏附性也应该大一些,有时可混淆。

在许多情况下,由于沥青和石料的表面接触不十分好,特别是当沥青的黏度较大或石料的表面有水或其他杂质时,就可能在骨料表面产生气泡或空隙,使润湿变差,从而影响黏附性。骨料固体的表面状态、性状、清洁程度等都对黏附性有明显的影响。需要注意的是,水对黏附能力的影响特别严重。由于大多数的矿物骨料都是亲水的,所以,应当把沥青与骨料的润湿作用看作是沥青-水-骨料三相共存的体系,沥青和水在骨料表面进行润湿是黏附中的选择性竞争的过程。此外,还有渗透到骨料内部毛细管的水,它在沥青与石料作用时可能并不明显,但在以后会慢慢渗到沥青与石料的界面之间。所以,有时在外表上看去好像沥青已将骨料矿石完全覆盖起来,但两者之间由于水的存在并不能保证黏附得很好,长时间之后,水就会沿着骨料表面流动使沥青与石料相互分离,所以骨料在使用期间应当烘干。

沥青黏附薄膜的厚度对黏附作用也有重要的影响。随着薄膜厚度变小,黏附力增大,但覆盖层变薄后容易出现不完全润湿的现象,这样反而又破坏了黏附层。

11.3　石油沥青的技术性质

沥青材料作为有机胶结材料已经有上百年历史,在长期的使用过程中,人们拟定了一套检验和评价沥青性能的技术指标,并且纳入世界许多国家的技术规范中。虽然各国规范中的指标有所不同,但大同小异。检验和评价沥青的技术指标主要有:针入度、软化点、延度、闪点、溶解度、含蜡量、相对密度等。

11.3.1　建筑石油沥青技术标准

建筑石油沥青和道路石油沥青一样都是按针入度指标来划分牌号的。在同一品种石油沥青材料中,牌号越小,沥青越硬;牌号越大,沥青越软。同时,随着沥青牌号增加,针入度增加,沥青的黏性减小;延度增大,塑性增加;软化点降低,温度敏感性增大。

建筑石油沥青黏性较大,耐热性较好,但塑性较小,主要用于制造油毡、油纸、防水涂料和沥青胶。它们绝大部分用于屋面及地下防水、沟槽防水及管道防腐等工程。

为了避免夏季沥青流淌,屋面用沥青材料的软化点应比当地气温下屋面可能达到的最高温度高 20 ℃以上。

建筑石油沥青的技术标准见表11.4。

表 11.4　建筑石油沥青的技术标准

项目		质量指标		
		10 号	30 号	40 号
针入度(25 ℃,100 g,5 s)(1/100 mm)		10～25	26～35	36～50
针入度(46 ℃,200 g,5 s)(1/100 mm)		报告①	报告①	报告①
针入度(0 ℃,200 g,5 s)(1/100 mm)	不大于	3	6	6
延度(25 ℃,5 cm/min)(cm)	不小于	1.5	2.5	3.5
软化点(环球法)(℃)	不低于	95	75	60
溶解度(三氯乙烯)(%)	不大于	99		
蒸发后质量变化(163 ℃,5 h)(%)	不大于	1		
蒸发后 25 ℃针入度比②(%)	不大于	65		
闪点(开口杯法)(℃)	不低于	260		

注:①报告应为实测值。

　　②测定蒸发损失后样品的 25 ℃针入度与原 25 ℃针入度之比乘以 100 后,所得的百分比,称为蒸发后 25 ℃针入度比。

11.3.2 道路石油沥青的技术标准

（1）道路石油沥青技术要求

《公路沥青路面施工技术规范》(JTG F40—2004)中规定的道路石油沥青技术要求有：针入度(25 ℃,100 g,5 s)、适用的气候分区、针入度指数 PI、软化点、60 ℃动力黏度、10 ℃延度、15 ℃延度、蜡含量、闪点、溶解度、密度(15 ℃)以及 TFOT(或 RTFOT)后的质量变化、残留针入度比(25 ℃)、残留延度(10 ℃)和残留延度(15 ℃)等指标。

（2）道路石油沥青的牌号和等级

道路石油沥青按《公路沥青路面施工技术规范》(JTG F40—2004)中的技术要求划分为 160 号、130 号、110 号、90 号、70 号、50 号、30 号七个牌号，每个牌号的沥青又按其评价指标的高低划分为 A、B、C 三种不同的质量等级。道路石油沥青的适用范围见表11.5。

表 11.5　道路石油沥青的适用范围

沥青等级	适用范围
A 级沥青	各个等级的公路,任何层次
B 级沥青	① 高速公路、一级公路沥青下面层及以下的层次,二级及二级以下公路的各个层次 ② 用作改性沥青、乳化沥青、改性乳化沥青、稀释沥青的基质沥青
C 级沥青	三级及三级以下公路的各个层次

沥青路面的气候条件按高温指标、低温指标和雨量指标进行了分类。

① 高温区

气候分区的高温指标是采用最近 30 年内年最热月的平均日最高气温的平均值作为反映高温和重载条件下出现车辙等流动变形的气候因子,并作为气候区划的一级指标。全年高于 30 ℃的气温及连续高温的持续时间可作为辅助参考值。

对于屋面防水工程,应注意防止过分软化。据高温季节测试,沥青屋面达到的表面温度比当地最高温度高 25～30 ℃,为避免夏季流淌,屋面用沥青材料的软化点应比当地气温下屋面可能达到的最高温度高 20 ℃以上。高温气候区的划分见表 11.6。

表 11.6　高温气候区的划分

高温气候区	1	2	3
气候区名称	夏炎热区	夏热区	夏凉区
最热月平均最高气温(℃)	＞30	20～30	＜20

② 低温区

气候分区的低温指标是采用最近 30 年内的极端最低气温作为反映路面温缩裂缝的气候因子,并作为气候区划的二级指标。温降速率、冰冻指数可作为辅助参考值。低温气候区划分见表 11.7。

表 11.7　低温气候区划分

低温气候区	1	2	3	4
气候区名称	冬严寒区	冬寒区	冬冷区	冬温区
极端最低气温(℃)	<−37.0	−37.0~−21.5	−21.5~−9.0	>−9.0

③ 雨量分区

按照设计雨量分区指标,三级区划分为 4 个区,见表 11.8。

表 11.8　设计雨量分区

雨量气候区	1	2	3	4
气候区名称	潮湿区	润湿区	半干区	干旱区
年降雨量(mm)	>1000	1000~500	500~250	<250

沥青路面温度分区由高温和低温组合而成,第一个数字代表高温分区,第二个数字代表低温分区,数字越小表示气候因素越严重,对沥青的性能要求越高。

11.4　改性沥青

11.4.1　概述

(1) 改性沥青概述

近年来,由于交通运输业的迅速发展,交通量增大,汽车轴载不断增加,对沥青和沥青混合料的性能提出了更高的要求。一方面要求沥青混合料具有高温稳定性,不产生车辙;另一方面要求沥青混合料具有低温抗裂性、抗疲劳性,延长沥青的使用寿命。因此,研究沥青性能改善的方法及其配制技术,开发与之匹配的加工设备,并逐步推广,越来越受到道路建设工作者的关注。

改性沥青技术为提高沥青的实用性能做出了巨大贡献,但传统的改性沥青是利用聚合物或无机材料的微细颗粒与沥青形成复合材料,这种复合材料不改变沥青材料的结构,是一种物理改性,存在一定的技术盲区。例如,路用性能的提高受到一定限制,尤其是对于石蜡含量比较高的沥青,改性困难。随着技术的发展,人们认识到只有改善沥青的结构和组分,才能真正改善沥青的性能。纳米材料由于具有巨大的比表面积和极高的表面活性,可以在微观上影响沥青的结构和组成,从而显著改善沥青性能,尤其是对于我国的石蜡基沥青,有望产生良好的改性效果。

(2) 国产沥青概况

我国 20 世纪 80 年代中期以前开采的都是石蜡基石油,用它炼制出来的沥青中蜡的含量多,常在 10% 以上。这就导致用我国国产原油所生产的沥青的延度小,与石料的黏结力较差,沥青混合料的低温抗裂性能和高温稳定性都不好,不适合用于生产高等级道路沥青。

我国国产原油生产的沥青存在的问题有：

① 沥青产品结构不合理

我国的道路沥青占沥青总量的 50%～60%，比例明显偏低。美国、日本道路沥青在沥青总量中的比例都在 80%以上，而我国的高等级道路沥青在沥青总量中的比例则更低。

② 产品标准低，用户认识不一，使用不统一

占道路沥青总产量 25%的高等级道路沥青以前执行的标准是《重交通道路石油沥青》(GB/T 15180—2010)。该标准中对用户关注的蜡含量未做规定。沥青的含蜡量并非是反映沥青性能的指标，含蜡量的高低与沥青的主要性能指标密切相关，而且相关性很强。沥青作为工程建设的特殊原材料，其产品质量直接与工程质量有关，这对沥青的生产、运输、储存、改性加工和使用都有不同的要求。含蜡量高的沥青其软化点低，热稳定性也差，表现在夏天流淌变形，冬天收缩开裂。进入 21 世纪以来，我国公路建设每年需要沥青 250 万吨以上，城市建设需 160 万吨以上，防水材料需要 140 万吨以上，其他用途需要 50 万吨，合计每年至少需要各种沥青 600 万吨以上。我国的炼油厂分布不均衡，主要集中在华北、东北和西北三个区域，南方除茂名石化和广州石化外基本没有其他炼油厂。

（3）改性沥青分类

当石油沥青不能满足土木工程中对石油沥青的性能要求时，可通过某些途径改善其性能。通过在沥青中添加各种聚合物或其他无机材料，经过充分混溶，使之均匀分散在沥青中，可大幅度改善沥青的路用性能。改性剂不同，其形成的改性沥青的性能也不同。

按照《公路沥青路面施工技术规范》(JTG F40—2004)中的术语，改性沥青指掺加橡胶、树脂、高分子聚合物、天然沥青、磨细的橡胶粉，或者其他材料等外掺剂（改性剂）制成的沥青混合料，从而使沥青或沥青混合料的性能得以改善。

改性沥青及其混合料按不同的分类方式，可分为以下几类：

① 掺加改性剂类

改善力学性能（高温稳定性、抗疲劳性能和低温抗裂性），例如橡胶类的 SBR、CR、EPDM；热塑性橡胶类的 SBS；热塑性树脂类的 PE、EVA。改善黏附性（掺加抗剥离剂），例如金属皂（有机锰等）、有机胺、消石灰等。改善耐老化剂（掺加抗老化剂），例如受阻粉、受阻胺等。

② 物理改善类

物理改善类，可以掺加矿物填料，如炭黑、硫黄、石棉、木质素纤维等，也可以掺加玻璃纤维格栅、塑料格栅、土工布以及废橡胶粉等。

③ 调和沥青改善类

调和沥青改善类，可以掺加天然沥青，例如湖沥青、岩沥青、海底沥青等。

④ 沥青工艺改善类

沥青工艺改善类，可以掺加半氧化沥青、泡沫沥青等。

（4）改性沥青的关键问题

① 改性沥青的相容性

相容性是改性沥青的首要条件。相容性好的改性沥青体系，改性剂粒子很细，很均匀地

分布于沥青中,而相容性差,则改性剂粒子呈絮状、块状或发生相分离和分层现象。聚合物(特别是嵌段共聚物)在低剂量下发生溶胀,形成一种连续的网络结构,发挥改性作用,改善储存、运输过程中的稳定性。相容性差的改性沥青,在搅拌完成且温度降低后可能发生相分离或分层现象,这将导致前期工作的失败。

② 溶胀

初步认为,聚合物加入沥青后,没有发生化学反应,但是在沥青轻质组分的作用下,体积将会胀大。在高剂量情况下,聚合物在沥青中的溶胀程度略有降低,但形成网状结构。它使沥青的力学性质得到很大的改善,而实际上限于经济的因素,聚合物剂量应有所限制。所以,在低剂量聚合物情况下,保证聚合物的溶胀是很重要的。

③ 分散度

分散度是指聚合物在沥青中的分布状态及聚合物粒子的大小。改性技术中工艺之所以重要,就是为了要保证良好的分散度。聚合物在沥青中的分散度对改性沥青性质有很大影响,改性沥青制备的过程,就是使聚合物尽可能地分散,分散度的好坏是加工质量的重要标志。聚合物只有充分分散在沥青中,才能真正发挥改性作用。

(5) 进口沥青概况

随着我国基础建设的迅猛发展,国产沥青不论从数量上还是质量上均不能满足国内市场的需求。进口沥青是不可避免的。对沥青用户而言,要深入了解沥青市场的动态,结合当地气候、环境特点及公路等级标准,从而选择最适合自己的沥青品种与品牌。

我国进口沥青主要来自我国周边的国家和地区,如新加坡、韩国、日本、泰国、马来西亚等。近年来,不少国外公司先后在我国沿海地区建设了沥青库,一些省(市)如江苏、浙江、福建、山东、天津、河北等地也开始建设散装沥青库。

国产沥青与进口原油炼制沥青一样,决定沥青质量的主要是原油品种,不同沥青厂之间在生产工艺上的差别不是很大,其中运输成本在沥青销售中占了相当比例,不同厂家的沥青将受运输费用的影响,在质量、价格大体相当的条件下,选择国产沥青是符合国家长远利益的。目前我国已生产出符合要求的重交通沥青,基本可以取代进口,满足国内道路建设的需要。

11.4.2　常用聚合物改性沥青

(1) 橡胶类改性沥青

丁苯橡胶(SBR)和氯丁橡胶(CR)是最为常用的橡胶类改性沥青。这类改性剂常以乳胶的形式加入沥青中制成橡胶沥青,可以提高沥青的黏度、韧性、软化点,降低脆点,并使沥青的延度和感温性得到改善。其改性机理是橡胶吸收沥青中的油分产生溶胀,改善了沥青的胶体结构,从而使沥青的黏度等指标得以改善。SBR 是较早开发的沥青改性剂,其应用范围非常广泛。SBR 的性能与结构随苯乙烯与丁二烯的比例和聚合工艺而变化,选择沥青改性剂时应通过试验加以确定。

目前,常采用 SBR 乳胶或 SBR 沥青母体作为改性剂。随着 SBR 掺量的增加,改性沥青的黏度增大,软化点升高,抗变形能力得到改善;25 ℃针入度下降,而低温针入度升高,说明沥青的感温性得到改善;此外加入 SBR 乳胶后,沥青的低温延度大幅度提高,韧度和黏韧性增强,耐老化性能得到不同程度的改善。

（2）热塑性橡胶类改性沥青

热塑弹性体(TPE)是通过橡胶类弹性体热塑化和弹性体与树脂熔融共混热塑化技术而生产出的弹性材料,其品种牌号繁多,性能优异,其中苯乙烯-二烯烃嵌段共聚物广泛应用于改性沥青。当二烯烃采用丁二烯时,所得产品即为 SBS,其共聚物中丁二烯称为软段,苯乙烯称为硬段。

热塑性弹性体对沥青的改性机理除了一般的混合、溶解、溶胀等物理作用外,更重要的是改性剂在一定条件下产生交联作用,形成了不可逆的化学键,同时形成立体网状结构,使沥青获得较高的弹性和强度。而在沥青拌和温度条件下,网状结构消失,具有塑性状态,便于施工。改性沥青在路面使用温度条件下为固态,具有高抗拉强度。

（3）热塑性树脂类改性沥青

热塑性树脂是聚烯烃类高分子聚合物,包括聚乙烯(PE)、聚丙烯(PP)、聚氯乙烯(PVC)、聚苯乙烯(PS)、乙烯-乙酸乙酯共聚物(EVA)、无规聚丙烯(APP)、乙烯基丙烯酸共聚物(EEA)、丙烯腈丁二烯丙乙烯共聚物(NBR)等。这些改性剂在道路改性中均有不同程度的使用。热塑性树脂的共同特点是加热后软化,冷却时变硬。此类改性剂可以使沥青结合料的常温黏度增大,高温稳定性增加,沥青的强度和劲度提高,但对沥青结合料的弹性改善效果有限,且加热后易离析,再次冷却时会产生众多的弥散体。

（4）热固性树脂类改性沥青

热固性树脂品种有聚氨酯(PV)、环氧树脂(EP)、不饱和聚酯树脂(VP)等,其中环氧树脂已成功用于配制改性沥青。环氧树脂是指含有两个或两个以上环氧或环氧基团的醚或酚的齐聚物或聚合物。配制环氧改性沥青的关键在于选择合适的混合沥青作基料,并需选择适合此类环氧树脂的固化剂。比较便宜的固化剂以芳香胺类为主。环氧树脂改性沥青的延伸性不好,但其强度很高,具有优越的抗永久变形、耐燃料油和润滑油的能力。

 复习思考题

11.1　什么是沥青?

11.2　沥青具有哪些特性?

11.3　沥青按照来源不同分为哪两大类?

11.4　地沥青分为哪两大类?

11.5　根据《公路工程沥青及沥青混合料试验规程》(JTG E20—2011),石油沥青的三组分分析法中石油沥青由哪三个组分组成?

11.6　根据《公路工程沥青及沥青混合料试验规程》(JTG E20—2011),石油沥青的四组分分析法中石油沥青由哪四个组分组成?

11.7　实际工作中,评价沥青的条件黏度最常用的指标有哪两个?

11.8　根据《公路工程沥青及沥青混合料试验规程》(JTG E20—2011),沥青针入度试验标准条件是什么？

　　11.9　沥青延度试验的规定速度是多少？通常温度条件有哪些？

　　11.10　根据《公路工程沥青及沥青混合料试验规程》(JTG E20—2011)，沥青软化点采用什么方法测定？

　　11.11　根据《公路工程沥青及沥青混合料试验规程》(JTG E20—2011)，简述沥青软化点试验。

　　11.12　根据《公路沥青路面施工技术规范》(JTG F40—2004)规定，道路石油沥青划分为七个牌号，每个牌号的沥青又可以分为哪几个等级？

　　11.13　根据《公路沥青路面施工技术规范》(JTG F40—2004)规定，道路 A 级石油沥青可以用于什么场合？

12　水泥稳定土

12.1　概　述

无机结合料稳定土是在土粉碎或原来松散的土中掺入一定比例的无机结合料(水泥、石灰、粉煤灰工业矿渣、火山灰等工业废渣)和水,经过冷拌场拌制,分层填筑,分层压实,养护,得到的比原来松散土体更好的强度、更好的整体性、水温稳定性较好的一种复合材料。

无机结合料稳定土结构层是半刚性基层,刚度比刚性路面中的水泥混凝土路面小,但是比柔性路面中的沥青混凝土路面大。

根据胶凝材料不同,无机结合料分为水泥稳定土、石灰稳定土、石灰工业废渣稳定土。根据土颗粒的粗细程度,又分为水泥稳定粗粒土、中粒土和细粒土。无机结合料稳定土用于公路、城市道路的基层,水泥混凝土路面和沥青混凝土路面常常采用水泥稳定土结构层为基层或底基层。根据《公路路基路面基层施工技术细则》(JTG/T F20—2015),水泥稳定土主要是土,水泥掺加量较少,水泥掺加量约 3‰~6‰,这一结构层强调的不是强度有多高,强调的是整体稳定性和良好的应力扩散能力,车辆荷载直接作用在路面面层,通过面层传递到基层,基层迅速将力均匀扩散并均匀传递到路基。公路水泥稳定土基层或底基层如果处于松散或整体性差的状态,将直接影响路面基层的耐久性,进而影响到路面面层的耐久性。

12.2　水泥稳定土一般要求

12.2.1　基本术语

按照土中单个颗粒的粒径大小和组成,将土分为细粒土、中粒土和粗粒土三种。

水泥剂量:指水泥质量占全部粗细粒土颗粒(即砾石、砂粒、粉粒和黏粒)的干质量的百分率,即水泥剂量 $=\dfrac{水泥质量}{干土质量} \times 100\%$。水泥稳定土可适用于各级公路的基层和底基层。水泥稳定中粒土和粗粒土用做基层时,水泥剂量不宜超过 6‰。

基层:直接位于沥青路面面层下的主要承重层,或直接位于水泥混凝土面板下的结构层。

底基层:在沥青路面下铺筑的次要承重层或在水泥混凝土路面基层下铺筑的辅助层。

水泥稳定材料:以水泥为结合料,通过加水与被稳定材料共同拌和形成的混合料,包括水泥稳定级配碎石、水泥稳定级配砾石、水泥稳定石屑、水泥稳定土、水泥稳定砂等。

综合稳定材料:以两种或两种以上材料为结合料,通过加水与被稳定材料共同拌和形成的混合料,包括水泥石灰稳定材料、水泥粉煤灰稳定材料、石灰粉煤灰稳定材料等。

石灰稳定材料:以石灰为结合料,通过加水与被稳定材料共同拌和形成的混合料,包括石灰碎石土、石灰土等。

工业废渣稳定材料:以石灰或水泥为结合料,以煤渣、钢渣、矿渣等工业废渣为主要被稳定材料,通过加水拌和形成的混合料。

级配碎石:各档粒径的碎石和石屑按照一定比例混合,级配满足一定要求且塑性指数和承载比均符合规定要求的混合料。

级配砾石:各档粒径的砾石和砂按一定比例混合,级配满足一定要求且塑性指数和承载比均符合规定要求的混合料。

松铺系数:材料的松铺厚度与达到规定压实度的压实厚度之比。

12.2.2　水泥稳定土结构层施工时应遵循的规定

(1) 土块应尽可能粉碎,土块最大尺寸不应大于 15 mm。

(2) 配料应严格按照批准的配合比,称量应准确。

(3) 洒水、摊铺、拌和应均匀。

(4) 严格控制基层厚度和高程,其路拱横坡度应与面层一致。

(5) 应在混合料处于或略大于最佳含水量(气候干燥时,基层混合料可大 1%～2%)时,进行碾压,直到达到重型击实试验法确定的要求压实度(基本要求)。

(6) 水泥稳定土结构层应用 12 t 以上的压路机碾压。用 12～15 t 三轮压路机碾压时,每层的压实厚度不应超过 15 cm;用 18～20 t 三轮压路机和振动压路机碾压时,每层的压实厚度不应超过 20 cm。

(7) 路拌法施工时,应严密组织,采用流水作业,尽可能缩短从加水拌和到碾压终了的延迟时间,此时间不应超过 3～4 h,并应短于水泥的终凝时间。采用集中厂拌法施工时,延迟时间不应超过 2 h。

(8) 施工结束必须迅速保湿养护。

(9) 水泥稳定土施工或养护期间,除了施工车辆外,严禁一切车辆通行碾压基层。

12.2.3　材料要求

(1) 二级及二级以下公路水泥稳定土要求如下:

水泥稳定土用作底基层时,单个颗粒的最大粒径不应超过 53 mm,土的均匀系数应大于 5,并应满足表 12.1 要求。

表 12.1　用作底基层时水泥稳定土的颗粒级配

筛孔尺寸(mm)	53	4.75	0.6	0.075	0.002
通过质量百分率(%)	100	50～100	17～100	0～50	0～30

水泥稳定土用作基层时,单个颗粒的最大粒径不应超过 37.5 mm,并应满足表 12.2 要求。

表 12.2 用作基层时水泥稳定土的颗粒级配

筛孔尺寸(mm)	通过百分率(%)	筛孔尺寸(mm)	通过百分率(%)
37.5	90～100	2.36	20～70
26.5	66～100	1.18	14～57
19	54～100	0.6	8～47
9.5	39～100	0.075	0～30
4.75	28～84		

（2）高速公路、一级公路水泥稳定土应满足下列规定：

水泥稳定土用作底基层时，单个颗粒的最大粒径不应超过 37.5 mm。水泥稳定土的颗粒组成应满足表 12.3 中 1 区的要求，土的均匀系数应大于 5。细粒土的液限不应超过 40%，塑性指数不应超过 17。对于中粒土和粗粒土，如土中小于 0.6 mm 的颗粒含量在 30% 以下，塑性指数可稍大。实际工作中，宜选用均匀系数大于 10、塑性指数小于 12 的土。

表 12.3 水泥稳定土的颗粒组成范围

级配区	1	2	3
筛孔尺寸(mm)	通过质量百分率(%)		
37.5	100	100	
31.5	—	90～100	100
26.5	—	—	90～100
19	—	67～90	72～89
9.5	—	45～68	47～67
4.75	50～100	29～50	29～49
2.36	—	18～38	17～35
0.6	17～100	8～22	8～22
0.075	0～30	0～7	0～7
液限(%)	—	—	<28
塑性指数	—	—	<9

水泥稳定土用作基层时，单个颗粒的最大粒径不应超过 31.5 mm。水泥稳定土的颗粒组成应满足表 12.3 中 3 区的要求。

水泥稳定土用作基层时，对所用的碎石或砾石，应预先筛分 3～4 个不同粒级组成，然后掺配，使得级配符合表 12.3 的要求。

（3）水泥选用：

三大硅酸盐水泥（普通硅酸盐水泥、矿渣硅酸盐水泥和火山灰质硅酸盐水泥）均可用于水泥稳定土基层或底基层，但是应选择初凝时间超过 3 h 和终凝时间超过 6 h 的水泥。不应使用快凝水泥、早强水泥以及已经受潮变质的水泥。不宜采用 52.5 及 62.5 等较高强度等级的水泥，可以采用 32.5 或 42.5 级水泥，一般采用复合硅酸盐水泥 P·C32.5。

12.3 水泥稳定土基层混合料组成设计

无机结合料稳定材料组成设计应包括原材料检验、混合料的目标配合比设计、混合料的生产配合比设计和施工参数确定四部分,如图 12.1 所示。

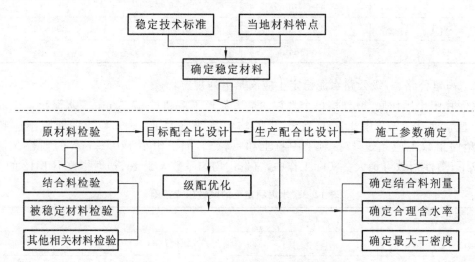

图 12.1 无机结合料稳定材料设计流程

原材料检验应包括结合料、被稳定材料及其他相关材料的检验。所有检测指标均应满足相关设计标准或技术文件的要求。

目标配合比设计应包括:选择级配范围;确定结合料类型及掺配比例;验证混合料相关的设计及施工技术指标。

生产配合比设计应包括:确定料仓供料比例;确定水泥稳定材料的容许延迟时间(相当于初凝时间);确定结合料剂量的标定取得;确定混合料的最佳含水量和最大干密度。

施工参数确定包括:确定施工中结合料的剂量;确定施工合理含水率及最大干密度;验证混合料强度技术指标。

12.3.1 一般规定

(1) 各级公路用水泥稳定土的 7 d 浸水无侧限抗压强度应符合表 12.4 的要求。

表 12.4 公路水泥稳定土路面的基层或底基层强度指标

结构层	公路等级	极重、特重交通	重交通	中、轻交通
基层	高速公路和一级公路	5.0~7.0	4.0~6.0	3.0~5.0
	二级及二级以下公路	4.0~6.0	3.0~5.0	2.0~4.0
底基层	高速公路和一级公路	3.0~5.0	2.5~4.5	2.0~4.0
	二级及二级以下公路	2.5~4.5	2.0~4.0	1.0~3.0

注:① 公路等级高或交通荷载等级高或结构安全性要求高时,推荐取上限强度标准。
  ② 表中强度标准指的是 7d 龄期无侧限抗压强度的代表值。

（2）水泥稳定土的组成设计应根据表12.4的强度指标，通过试验选取最适宜于稳定的土，确定必需的水泥剂量，确定混合料的最佳含水量和最大干密度，在需要改善混合料的物理力学特性时，还应确定掺加材料的比例。

（3）综合稳定土的组成设计应通过试验选取适宜于稳定的土，确定必需的水泥和石灰剂量，确定混合料的最佳含水量和最大干密度。

（4）采用综合稳定时，如水泥用量占结合料总量的30%以上，应进行混合料组成设计，水泥和石灰的比例宜取 60∶40、50∶50 或 40∶60。

12.3.2　原材料试验

在水泥稳定土层施工前，应取所定料场中有代表性的土样按《公路土工试验规程》（JTG E40—2007）进行下列试验：颗粒分析、液限和塑性指数、相对密度、击实试验、碎石或砾石的压碎值、有机质含量（必要时做）、硫酸盐含量（必要时做）。

对于级配不良的碎石、碎石土、砂砾土、砂等，宜改善其级配。

应检查水泥的强度等级和凝结时间。

12.3.3　混合料的设计步骤

（1）分别按照下列要求，采用 5 种水泥剂量配制同一种土样、不同水泥剂量的混合料。

做基层时，中粒土和粗粒土：3%，4%，5%，6%，7%；塑性指数小于 12 的细粒土：5%，7%，8%，9%，11%；其他细粒土：8%，10%，12%，14%，16%。

做底基层时，中粒土和粗粒土：3%，4%，5%，6%，7%；塑性指数小于 12 的细粒土：4%，5%，6%，7%，8%；其他细粒土：6%，8%，9%，10%，12%。

（2）确定各种混合料的最佳含水量和最大干密度，至少应做 3 个不同水泥剂量混合料的击实试验，即最小剂量、中间剂量和最大剂量。其他两个剂量混合料的最佳含水量和最大干密度用内插法确定。

（3）按规定压实度分别计算不同水泥剂量的试件相应的干密度。

（4）按照最佳含水量和计算得到的干密度制备试件。进行强度试验时，作为平行试验的最少试件数量不少于表 12.5 规定。如试验结果的偏差系数大于表 12.5 中的规定，则应重做试验，并找出原因；如不能降低偏差系数，则应增加试件数量。

表 12.5　水泥稳定土击实试验最少试件数量

土类别	试件数量不少于（个）		
	偏差系数		
	<10%	10%～15%	16%～20%
细粒土	6	9	—
中粒土	6	9	13
粗粒土	—	9	13

（5）试件在规定温度下（可以参照水泥和水泥混凝土标准养护条件）保湿养生 6 d，浸水

1 d(24 h)后,按照《公路工程无机结合料稳定材料试验规程》(JTG E51—2009)进行无侧限抗压强度试验。

(6) 计算试验结果的平均值和偏差系数。

(7) 根据表 12.4 的强度标准,选定合适的水泥剂量,此剂量试件室内试验结果的平均抗压强度 $\overline{R}$,应满足公式(12.1)。

$$\overline{R} \geqslant \frac{R_d}{1 - Z_a C_v} \tag{12.1}$$

式中　R_d——设计抗压强度(MPa),按表 12.4 取值;

　　　Z_a——标准正态分布表中随保证率(或置信度 a)变化的系数,高速公路和一级公路取保证率 95%,即 $Z_a = 1.645$;其他公路取保证率 90%,即 $Z_a = 1.282$;

　　　C_v——试验结果的偏差系数。

(8) 工地实际采用的水泥剂量应比室内试验确定的剂量多 0.5%~1.0%。

(9) 水泥的最小剂量应满足表 12.6 的规定。

表 12.6　水泥稳定土水泥最小剂量

土类	水泥最小剂量(%)	
	路拌法	集中厂拌法
中粒土和粗粒土	4	3
细粒土	5	4

12.4　水泥稳定土基层混合料试验及质量控制

水泥稳定土基层混合料试验及质量控制,参见《公路路基路面基层施工技术细则》(JTG/T F20—2015)第 8 章,主要内容涵盖铺筑试验路段、施工过程检验和质量检验。质量控制关键点是钻芯取样和弯沉检测。

 复习思考题

12.1　什么是无机结合料稳定土?它是如何分类的?

12.2　水泥稳定土的材料有何要求?

12.3　试述无机结合料稳定材料的组成设计。

12.4　试述水泥稳定土结构层的施工原则。

附录 《土木工程材料》试题×卷

（试题编号：×××）

开卷（　）　闭卷（√）　　　学期：　　　适用专业、年级：土木工程×××级

姓名_____　学号_____　专业_____　年级_____　班级_____　座位号_____

本试卷共 5 大题,共 6 页,满分 100 分。考试时间 120 分钟。

题号	一	二	三	四	五	六	七	总分	阅卷人
题分	10	9	20	30	31				
得分									

一、名词解释（每小题 2 分,共 10 分）

1. 水泥混凝土——

2. 表观密度——

3. 抗压强度——

4. 混凝土外加剂掺量——

5. 水胶比——

二、分析题（每小题 3 分,共 9 分）

1. 分别全面分析理解 P・O42.5 和 P・C32.5R。

参考答案

任课教师签名：_____　　　　系(室)主任签名：_____

2. 全面分析理解表1。

表 1　不同品种、不同强度等级的通用硅酸盐水泥的强度要求

品种	强度等级	抗压强度（MPa）		抗折强度（MPa）	
		3 d	28 d	3 d	28 d
硅酸盐水泥	42.5	≥17.0	≥42.5	≥3.5	≥6.5
	42.5R	≥22.0		≥4.0	
	52.5	≥23.0	≥52.5	≥4.0	≥7.0
	52.5R	≥27.0		≥5.0	
	62.5	≥28.0	≥62.5	≥5.0	≥8.0
	62.5R	≥32.0		≥5.5	
普通硅酸盐水泥	42.5	≥17.0	≥42.5	≥3.5	≥6.5
	42.5R	≥22.0		≥4.0	
	52.5	≥23.0	≥52.5	≥4.0	≥7.0
	52.5R	≥27.0		≥5.0	
矿渣硅酸盐水泥 火山灰质硅酸盐水泥 粉煤灰硅酸盐水泥 复合硅酸盐水泥	32.5	≥10.0	≥32.5	≥2.5	≥5.5
	32.5R	≥15.0		≥3.5	
	42.5	≥15.0	≥42.5	≥3.5	≥6.5
	42.5R	≥19.0		≥4.0	
	52.5	≥21.0	≥52.5	≥4.0	≥7.0
	52.5R	≥23.0		≥4.5	

3. 全面分析理解表2。

表 2 砂的颗粒级配

级配区	1 区	2 区	3 区
方孔筛	累计筛余百分率(%)		
4.75 mm	10～0	10～0	10～0
2.36 mm	35～5	25～0	15～0
1.18 mm	65～35	50～10	25～0
0.60 mm	85～71	70～41	40～16
0.30 mm	95～80	92～70	85～55
0.15 mm	100～90	100～90	100～90

三、简答题(每小题 10 分,共 20 分)

1. 简述水泥胶砂强度试验过程。

2. 简述水泥混凝土立方体抗压强度试验过程。

四、论述题（每小题 **10** 分，共 **30** 分）

1. 储存了 6 个月的 P·O42.5R 水泥应如何处理？

2. 试述水泥混凝土的优缺点。

3. 某工地新运进一批 HRB400、直径 20 mm 的钢筋，共计 50 t。

（1）多少吨钢筋为一个检验批？该批钢筋应该算几个检验批？

（2）一个检验批的 HRB400 拉伸试验应该取样多少组？一组多少个拉伸试件？一个拉伸试件的长度大致是多少？

（3）一个检验批的 HRB400 弯曲试验应该取样多少组？一组多少个弯曲试件？一个弯曲试件的长度大致是多少？

（4）试验人员对这批钢筋取样进行拉伸试验，屈服强度分别为 430 MPa、440 MPa，极限抗拉强度分别为 550 MPa、570 MPa，第一根拉伸试件标距原长、拉伸后的长度分别为 200 mm、222 mm，第二根拉伸试件标距原长、拉伸后的长度分别为 200 mm、230 mm。该组拉伸试件是否合格？

（5）试验人员对这批钢筋取样进行弯曲试验，其弯心直径为多少？

五、计算题(第 1、2 小题各 10 分,第 3 小题 11 分,共 31 分)

1. 某工地试验人员进行河砂的含泥量试验,称取烘干试样 A、B 质量均为 400 g,通过 1.18 mm 和 0.075 mm 的方孔筛筛洗并烘干,试验后的烘干试样 A、B 质量分别为 390 g、392 g。

(1) 计算该组河砂的含泥量。

(2) 根据《建设用砂》(GB/T 14684—2011),砂按要求分为哪几类?该标准要求每类天然砂的含泥量分别是多少?根据试验结果判断该天然砂为哪类天然砂?该天然砂是否符合混凝土 C30 的含泥量标准?

(3) 采用什么试验判定机制砂中小于 0.075 mm 颗粒是石粉还是泥?机制砂中小于 0.075 mm 颗粒如果是泥,根据《建设用砂》(GB/T 14684—2011)衡量各类机制砂含泥量标准是多少?

(4) 机制砂中小于 0.075 mm 颗粒如果是石粉,根据《建设用砂》(GB/T 14684—2011)衡量各类机制砂含石粉量标准是多少?

(5) 如果题干中已知条件更换成机制砂,并采用混凝土 C30,其余题干不变。该机制砂需要进行试验判定小于 0.075 mm 颗粒是石粉还是泥吗?

2. ×××市白沙大桥空心梁板采用 C40 混凝土,1 m³ C40 混凝土配合比为 $m_{co} : m_{wo} : m_{so} : m_{go} = 410 : 205 : 582 : 1203$(单位:kg),$m_{co}$、$m_{wo}$、$m_{so}$ 和 m_{go} 分别表示水泥、水、人工砂和碎石的质量。计算并完成下列问题:

(1) 配制 1000 m³ 这样的混凝土分别需要准备水泥、水、人工砂和碎石的理论质量是多少?

(2) 搅拌机的额定容量为 0.5 m³,但是每盘拌和只掺加 2 袋水泥,计算每盘材料需要掺加的水、人工砂和碎石的质量。(计算结果保留整数)

3. 某工地试验室进行 5~25 碎石筛分。准确称取烘干碎石试样 m g(假定试验过程中质量损失为 0,即不考虑筛分过程中的质量损失),筛分后各筛(31.5 mm、26.5 mm、19.0 mm、16.0 mm、9.50 mm、4.75 mm、2.36 mm)的筛底筛余质量分别为 0 g、189 g、2930 g、2416 g、308 g 和 157 g;后来试验人员感觉还需要 19.0 mm 和 9.5 mm 筛子,又重新把所有碎石放到此两个筛上筛分,其筛余质量分别为 2730 g 和 2730 g。《建设用卵石、碎石》(GB/T 14685—2011)规定粗集料的颗粒级配见表 3。要求:

(1)计算该碎石的分计筛余百分率、累计筛余百分率,完善表 4(答题时可以利用原表)。

(2)画出试验报告中的有关筛分级配曲线示意图;判断该碎石级配是否符合规范要求。

表 3　粗集料的颗粒级配要求

公称粒径 (mm)		累计筛余百分率(%)								
		2.36	4.75	9.50	16.0	19.0	26.5	31.5	37.5	53
连续粒级 (mm)	5~16	95~100	85~100	30~60	0~10	0				
	5~20	95~100	90~100	40~80	—	0~10	0			
	5~25	95~100	90~100	—	30~70	~	0~5	0		
	5~31.5	95~100	90~100	70~90	—	15~45	—	0~5	0	
	5~40	—	95~100	70~90	—	30~65	—	—	0~5	0

表 4　碎石的筛分结果和计算过程表

孔径(mm)	筛余质量(g)	分计筛余百分率(%)	累计筛余百分率(%)	规范规定累计筛余百分率(%)		备注
				下限	上限	

参 考 文 献

[1] 符芳. 建筑材料. 南京：东南大学出版社，2001.

[2] 符芳. 土木工程材料. 南京：东南大学出版社，2006.

[3] 申爱琴. 道路工程材料. 北京：人民交通出版社，2010.

[4] 吴科雄，张雄. 土木工程材料. 上海：同济大学出版社，2003.

[5] 中华人民共和国行业标准. 公路沥青路面施工技术规范：JTG F40—2004. 北京：人民交通出版社，2004.

[6] 中华人民共和国国家标准. 预应力混凝土用钢棒：GB/T 5223.3—2017. 北京：中国标准出版社，2017.

[7] 中华人民共和国国家标准. 普通混凝土拌合物性能试验方法标准：GB/T 50080—2016. 北京：中国建筑工业出版社，2016.

[8] 中华人民共和国国家标准. 烧结普通砖：GB/T 5101—2017. 北京：中国标准出版社，2017.

[9] 中华人民共和国国家标准. 焊接接头弯曲试验方法：GB/T 2653—2008. 北京：中国标准出版社，2008.

[10] 中华人民共和国国家标准. 建设用砂：GB/T 14684—2011. 北京：中国标准出版社，2011.

[11] 中华人民共和国国家标准. 建设用卵石、碎石：GB/T 14685—2011. 北京：中国标准出版社，2001.

[12] 中华人民共和国行业标准. 建筑砂浆基本性能试验方法标准：JGJ 70—2009. 北京：中国建筑工业出版社，2009.

[13] 中华人民共和国行业标准. 普通混凝土配合比设计规程：JGJ 55—2011. 北京：中国建筑工业出版社，2011.

[14] 中华人民共和国国家标准. 钢筋混凝土用钢　第 1 部分：热轧光圆钢筋：GB/T 1499.1—2017. 北京：中国标准出版社，2017.

[15] 中华人民共和国国家标准. 钢筋混凝土用钢　第 2 部分：热轧带肋钢筋：GB/T 1499.2—2018. 北京：中国标准出版社，2007.

[16] 中华人民共和国行业标准. 公路工程集料试验规程：JTG E42—2005. 北京：人民交通出版社，2005.

[17] 中华人民共和国国家标准. 混凝土外加剂：GB 8076—2008. 北京：中国标准出版社，2008.

[18] 中华人民共和国行业标准. 钢筋焊接及验收规程：JGJ 18—2012. 北京：中国建筑工业出版社，2012.

[19] 中华人民共和国行业标准. 钢筋机械连接技术规程：JGJ 107—2016. 北京：中国建筑工

业出版社,2016.

[20] 中华人民共和国行业标准. 钢筋焊接接头试验方法标准:JGJ/T 27—2014. 北京:中国
建筑工业出版社,2014.

[21] 中华人民共和国国家标准. 砌体结构工程施工质量验收规范:GB 50203—2011. 北京:
中国建筑工业出版社,2011.

[22] 中华人民共和国国家标准. 混凝土结构工程施工质量验收规范:GB 50204—2015. 北
京:中国建筑工业出版社,2015.

[23] 中华人民共和国国家标准. 水泥取样方法:GB/T 12573—2008. 北京:中国标准出版
社,2008.

[24] 中华人民共和国国家标准. 冷轧带肋钢筋:GB/T 13788—2017. 北京:中国标准出版
社,2017.

[25] 中华人民共和国国家标准. 混凝土强度检验评定标准:GB/T 50107—2010. 北京:中国
建筑工业出版社,2010.

[26] 中华人民共和国国家标准. 混凝土质量控制标准:GB 50164—2011. 北京:中国建筑工
业出版社,2011.

[27] 中华人民共和国国家标准. 金属材料拉伸试验　第1部分:室温试验方法:GB/T 228.1—
2010. 北京:中国标准出版社,2010.

[28] 中华人民共和国国家标准. 碳素结构钢:GB/T 700—2006. 北京:中国标准出版
社,2006.

[29] 中华人民共和国国家标准. 砌筑水泥:GB/T 3183—2017. 北京:中国标准出版
社,2017.

[30] 中华人民共和国国家标准. 普通混凝土力学性能试验方法标准:GB/T 50081—2002.
北京:中国建筑工业出版社,2002.

[31] 中华人民共和国国家标准. 水泥胶砂强度检验方法(ISO法):GB/T 17671—1999. 北
京:中国标准出版社,1999.

[32] 中华人民共和国国家标准. 水泥标准稠度用水量、凝结时间、安定性检验方法:GB/T
1346—2011. 北京:中国标准出版社,2011.

[33] 中华人民共和国国家标准. 普通混凝土长期性能和耐久性能试验方法标准:GB/T
50082—2009. 北京:中国建筑工业出版社,2009.

[34] 中华人民共和国行业标准. 砌筑砂浆配合比设计规程:JGJ/T 98—2010. 北京:中国建
筑工业出版社,2010.

[35] 中华人民共和国行业标准. 高强混凝土应用技术规程:JGJ/T 281—2012. 北京:中国
建筑工业出版社,2012.

[36] 中华人民共和国行业标准. 公路水泥混凝土路面设计规范:JTG D40—2011. 北京:人
民交通出版社,2011.

[37] 中华人民共和国行业标准. 公路工程水泥及水泥混凝土试验规程:JTG E30—2005.
北京:人民交通出版社,2005.

[38] 中华人民共和国行业标准. 公路水泥混凝土路面施工技术规范:JTG F30—2014. 北

京:人民交通出版社,2014.

[39] 中国工程建设标准化协会标准. 高强混凝土结构技术规程:CECS 104—1999. 北京:
中国计划出版社,1999.

[40] 中华人民共和国行业标准. 公路工程沥青及沥青混合料试验规程:JTG E20—2011.
北京:人民交通出版社,2011.

[41] 中华人民共和国行业标准. 公路工程质量检验评定标准:JTG F80/1—2017. 北京:人
民交通出版社,2004.

[42] 中华人民共和国国家标准. 混凝土结构设计规范:GB 50010—2010. 北京:中国建筑工
业出版社,2010.

[43] 中华人民共和国行业标准. 混凝土用水标准:JGJ 63—2006. 北京:中国标准出版
社,2006.

[44] 中华人民共和国国家标准. 混凝土外加剂应用技术规范:GB 50119—2013. 北京:中国
建筑工业出版社,2013.

[45] 中华人民共和国行业标准. 公路路面基层施工技术细则:JTG/T F20—2015. 北京:人
民交通出版社,2015.

[46] 中华人民共和国国家标准.普通混凝土小型空心砌块:GB/T 8239—2014.北京:中国
标准出版社,2014.

[47] 中华人民共和国行业标准.蒸压粉煤灰砖:JC/T 239—2014. 北京:中国建材工业出版
社,2014.

[48] 中华人民共和国国家标准.轻集料混凝土小型空心砌块:GB/T 15229—2011. 北京:中
国标准出版社,2011.

[49] 中华人民共和国行业标准.建筑生石灰:JC/T 479—2013. 北京:中国建材工业出版
社,2013.

[50] 翟晓静,赵毅.道路建筑材料.武汉:武汉理工大学出版社,2013.

[51] 陈志源,李启令.土木工程材料.3 版.武汉:武汉理工大学出版社,2012.

[52] 王立久.建筑材料学.北京:中国水利水电出版社,2013.